HAND SEWING LEATHER CRAFT

皮革工艺

[绅士配件]

日本 STUDIO TAC CREATIVE 编辑部 编

李永智 译

中原农民出版社

· 郑州 ·

前言

花费时间让作品
更加成熟

当你动手做手工艺品的时候，花费的时间越多，
作品的完成度也会随之提升，完成时的喜悦也会更加强烈。
也就是说，你投注在作品上的时间与精力，
将会完全反映在作品上。

职业的工匠们制作作品时是不会吝啬时间的。
他们拥有非常优秀的技术，熟知“正确地”花费时间的方法，
因此作品的完成度往往很高。
他们是如何利用时间的？
又是如何做出这些与众不同的作品的呢？
本书将会进行详尽讲解。
将几片简单、平坦的皮革，组合成复杂形状的紧张感；
一步一步地进行烦琐的步骤，提高作品的完成度。
当这两项条件互相结合，就是完美作品诞生的幸福时刻。
而这一个瞬间，就是本书所追求的目的。

作品一览

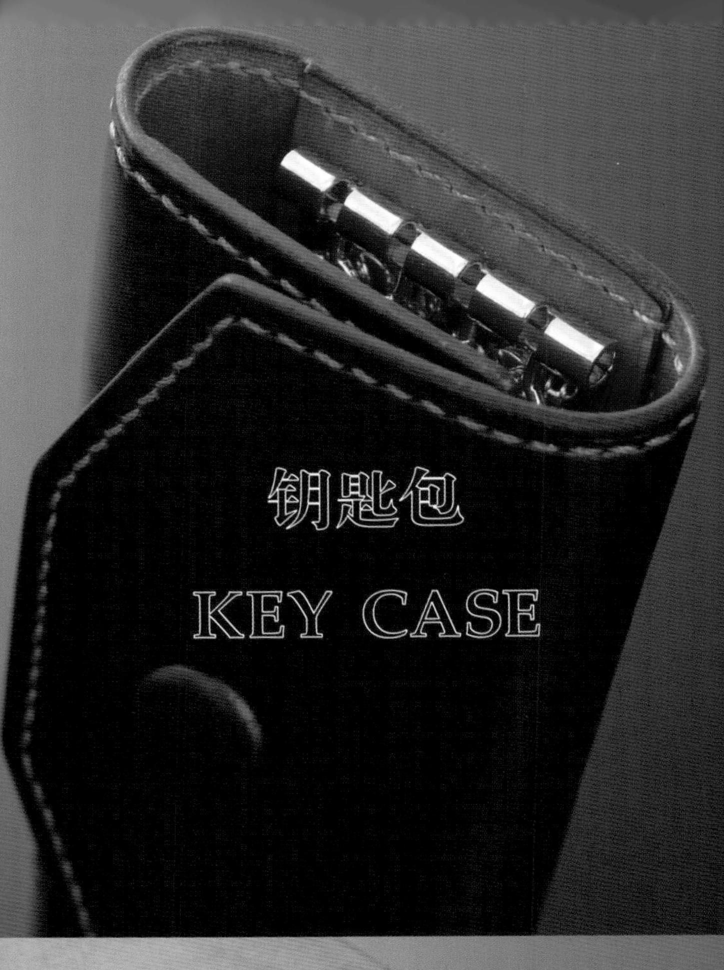

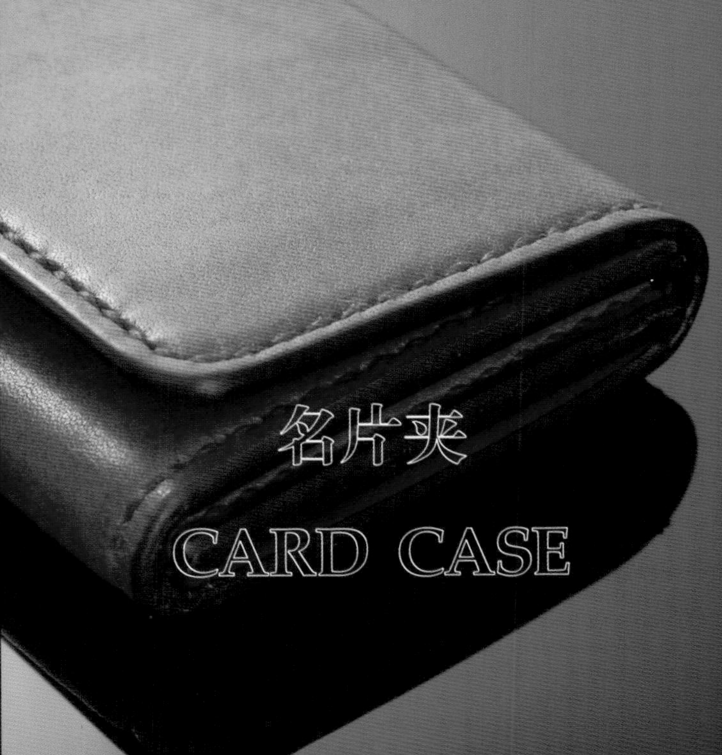

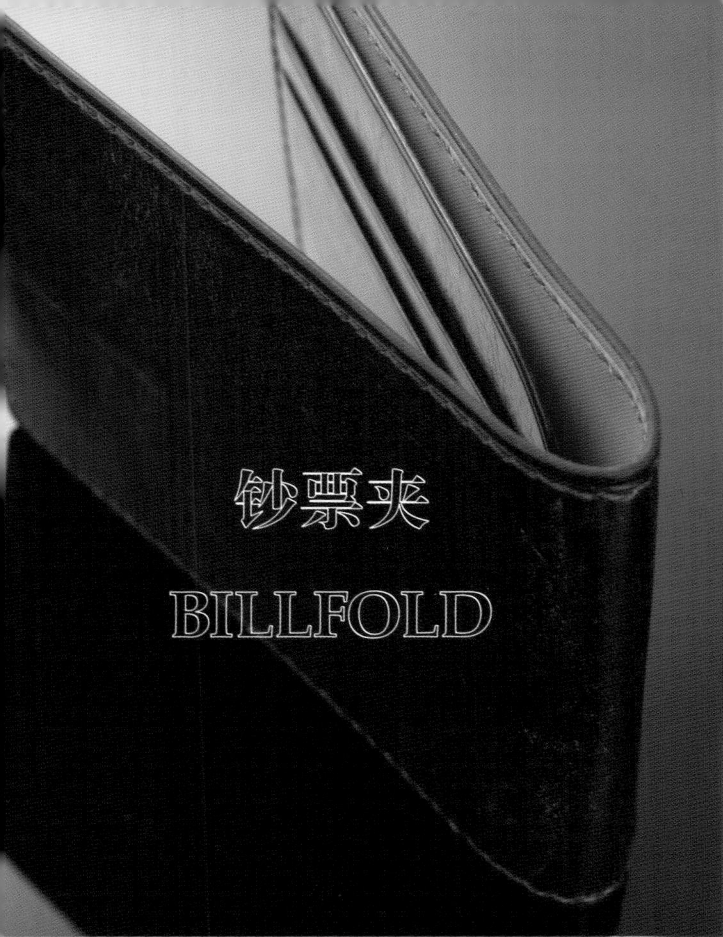

钞票夹

BILLFOLD

表带

WATCH BAND

零钱包

COIN CASE

马蹄形零钱包

HORSESHOE CHANGE PURSE

目 录
CONTENTS

皮革工艺：绅士配件

[重点篇]

本书中讲解了各种皮件的制作方法，
其中存在着许多共通的技巧。
请各位先熟读这些重点，
并将这些重点作为制作前的必要功课。
当各位记住了之后，
便更容易理解[实践篇]的讲解内容，
也能更有效率地学习各种技术。

POINT 1

切除黏合后多余的皮革，让边缘更加整齐

皮革在处理的过程中会出现延展的情况，因此，不管技术如何高超，都无法切出两片完全相同的皮革零件。当要黏合两片相同形状的皮革零件时，需要先将其中一片以粗裁方式处理，待黏合后再将多余的部分切除。这个动作在本书中经常出现，请各位要事先记住。

建议使用此方法的原因有两个。第一，可以节省切割的时间，提高作业的效率（正确地切割两片皮革需要花费较多的时间）；第二，消除切口部分的高低差，加强修边的效果。切口没有了高低差，就可以让之后的砂纸研磨与磨边作业更加顺畅。

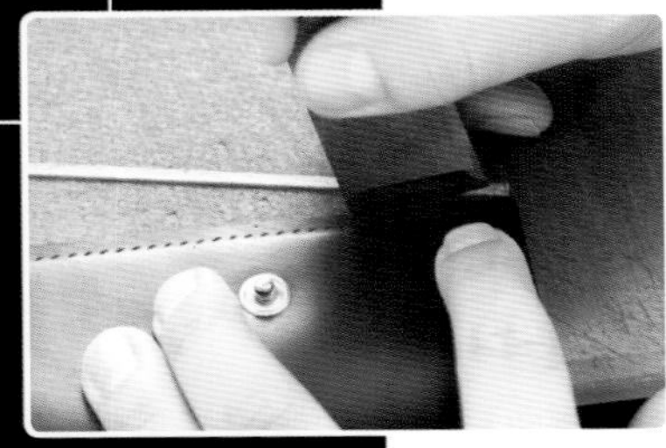

将部件裁下时，外侧皮革要按照纸型的尺寸裁切，内侧皮革的轮廓要预留数毫米（粗裁）。两片皮革确实黏合后，使用刀具沿着边缘将多余的部分切除。只要使用此方法，便能将黏合后的皮革边缘裁切整齐。

此外，也可以将两张部件都用粗裁的方式切下，黏合之后再统一依照纸型的尺寸做修整。本书所讲解的制作方法是制作者本身认为最适合的方法，但要选择哪种方式因人而异，希望各位能够自行判断。

POINT 2

黏合剂薄涂即可

使用黏合剂时，均匀地涂上薄薄的一层就好。若是涂得太厚或是涂抹不均匀，则可能会让成品的厚度产生变化，表面变得凹凸不平，从边缘就能看见胶层。不仅不美观，还会增加缝制时穿针的困难等。本书虽然以树脂类的橡皮胶为主，但若使用白胶（聚醋酸乙烯酯类的水溶性黏合剂），则原理是相同的。

在此建议各位多做“涂抹黏合剂”的练习。涂抹的时候可以使用塑钢制的上胶片，拿零碎的皮革或报纸来练习，尽可能控制涂抹时的力道，以涂得均匀且薄。练习时可以假设是在涂抹较小的皮革零件或皮革以外较薄的材料。只要做好这项练习，相信一定能够提升作品的整体质感。

以上胶片的前端蘸取少量的黏合剂，然后轻柔地涂抹在皮革表面。以适度的力道按压皮革表面，在黏合剂干燥之前迅速地将其推开至黏合面上，顺利的话便可达到均匀且几乎无厚度的黏合。

均匀地薄涂黏合剂除了可以控制成品的厚度、防止边缘漏胶之外，也能减少穿针时的困难。如果针无法顺利地穿过线孔，就容易造成黏合部分的脱落、皮革歪斜等。

POINT 3

微调皮革的厚度，控制作品的尺寸

想要像职业工匠一样做出高雅且精致的作品，除了要保持皮革的韧性，还要尽可能地控制皮革的厚度。职业工匠都是以 0.1mm 为单位来控制部件厚度的。这是在考虑到材料的质感、强度、黏合张数等条件，配合纸型不断地微调之后才能达到的。

如果没有削薄机，则无法进行如此精密的厚度调整。这时可以请专业人员帮忙削至想要的厚度，或是寻找厚度最接近的皮革。本书所介绍的作品皆标明了皮革的厚度，并附有纸型，请各位参考后再寻找最吻合的皮革。当然，您也可以依照自己的想法做出修改。

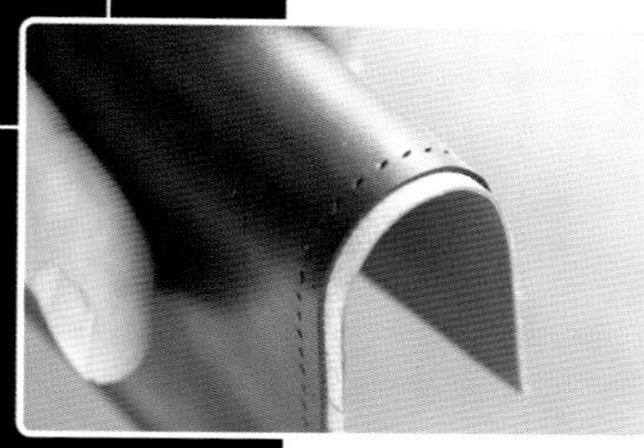

本书中会经常用到弯曲黏
技法。这种技法会依据两
革的尺寸与厚度而有所变
因此，若想重现相同的弯
度，就必须准备同样厚度
革，或是在尺寸上做些细
整。

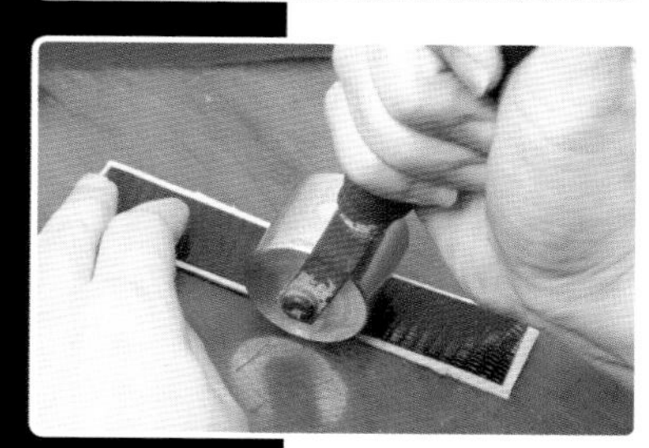

可以利用蜥蜴皮这类较薄
久力较低的皮革作为调整
的材料（将蜥蜴皮贴在部件
面）。使用削皮机时能够轻
将皮革调整至希望的厚度
有削皮机时就要寻找能配
蜴皮调整到刚好厚度的皮革

POINT 4

多使用部分削薄的技法

本书中的作品运用到的削薄技法有：调整周围的厚度，方便缝线穿过皮革的斜削；制作内里皮革时，消除高低差的平削；削薄固定幅度，让较薄的部分可以反折的沟状削。透过这些削薄技法能细微地改变皮革的厚度，让作品更精致、开合更流畅，也能提升作品的整体质感，请各位一定要灵活运用。

想要做好削薄动作，拥有一把好用且保养得当的刀具就显得非常重要。因此职业工匠们都有良好的刀具保养技巧。现在，市面上也有销售小型刨刀或削薄刀等可以用来削薄的专用工具。各位可以善用这些工具，研发出专属于自己的削薄技法。

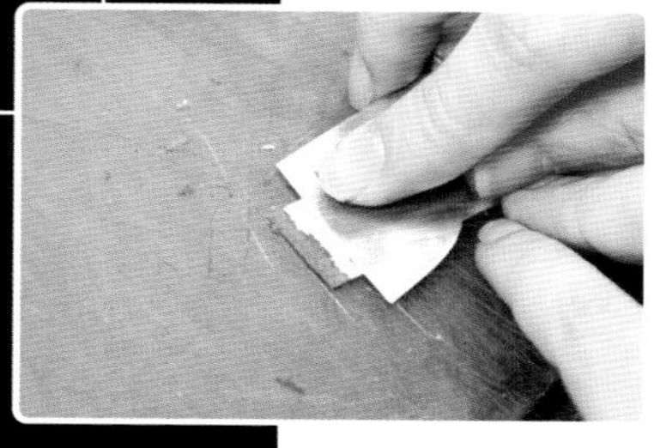

若是需要贴合的部位或夹
间的部件太厚，就会出现
不平、形状走样等情形。
的作品皆明确标示出了需
薄的部位，虽然有点难度
希望各位作业时多花些心
增加作品的整体质感。

用削薄的方式控制内里的
与切断面的形状。尤其是
中的马蹄形零钱包，只要
或角度有稍微的不同就会
到整体的完成度，需要利
薄技巧做巧妙的控制。

NT

活用装饰边线器

装饰边线器是利用金属加热后的温度来修整、补强皮革边缘的工具。金属部分的前端有一段沟槽，方便贴合皮革的边缘（沟槽有各种形状，也可以自行加工），将沟槽加热后按压在边缘，让皮革均匀受热。受热后皮革的纤维会收缩，该部分即会变得稍微坚固。加热后的装饰边线器就像熨斗一样，不仅能整形，还能画出直线痕迹。画出线条能让边缘部分更加的美观，起到修饰的效果。

装饰边线器在职业皮革工匠之间被广泛使用，但一般玩家似乎较少接触到这件工具，有兴趣的读者可以尝试一下。

将沟槽轻轻地按压在皮革的边缘，以等速画线使皮革均匀受热。若是加热的温度与按压时间无法控制在适当的范围内，则会出现痕迹不明显或因受热过度而烧焦的情形。建议各位可以先拿碎皮革做练习。

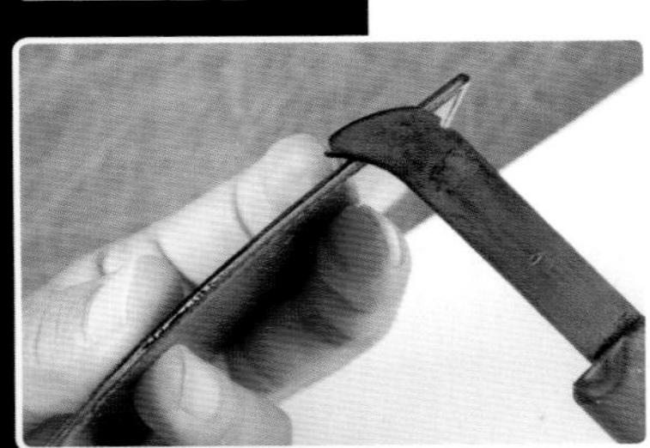

本书有介绍利用涂蜡将边缘包覆而产生光泽的方法，其中也会用到装饰边线器，请各位多加注意。

[基本的使用方式]

一般都是用酒精灯加热，依照加热的时间来调节温度。有些人会用喷灯烤，虽然加热速度快，但是较难调节温度。想要调整至适当的温度，只能依靠经验，因此可以先拿不要的皮革余料做练习，试着画出漂亮的痕迹。各位可以参考本书的做法，寻找理想的作业方式。

装饰边线器两支组

I☆N FACTORY
电话：045-241-8620
网址：http://kawazairyo.com

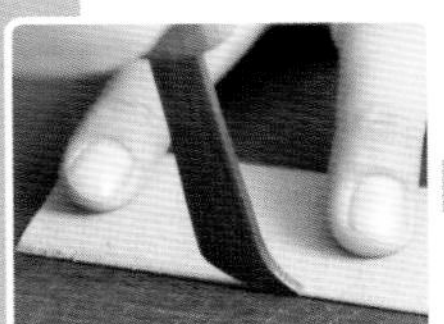

一般皮革两侧都要画线，这时原则上要先从内侧（完成后看不到的那面）开始作业。若是先处理外侧，画完内侧边缘后外侧的线条就会变得不够明显。

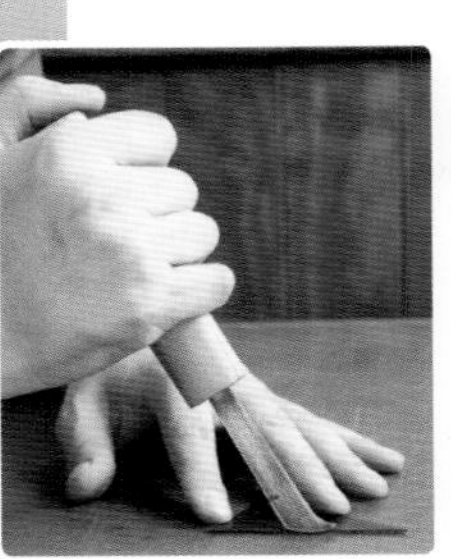

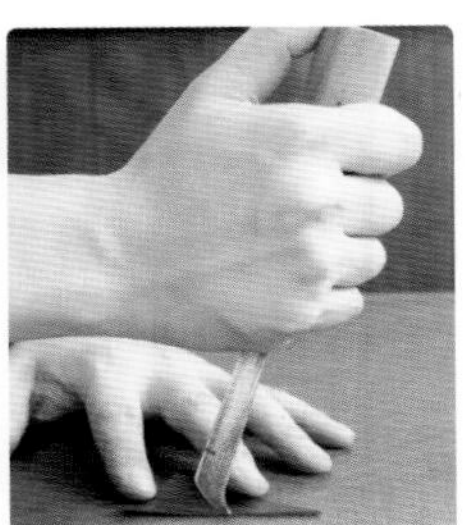

拿法与拿裁皮刀相同。画较长的直线时手腕向后倾，加大接触面积。遇到曲线、边角等处要立起，用前端的部分仔细作业。

POINT 6

掌握理论后再研发出个人的边缘处理法

皮革的边缘处理方法与工具有很多，如何选择要看个人习惯。我们甚至可以说制作者有多少，边缘的处理方法就有多少。本书依据不同的作品，介绍了不同的处理方法与顺序。只要仔细观察，就可以发现其中的共通理论。

边缘处理的关键在于完美的切口。一开始裁切时，注意尽量不要让切断的边缘凹凸不平。在使用床面处理剂前，先研磨一遍，然后涂抹床面处理剂，再细心地重复这些琐碎的流程，便能提升边缘的完成度。但若是切口不够平整，就会降低作业的效率。相信很多人都有“不管怎么磨，仍会残留细微凹凸”的经历吧。

各种皮革的特性皆不同，因此没有所谓的万能方法，这正是边缘处理最困难的地方。不过只要理解了其中的共同点，稍微下点功夫练习，就能快速进步。为了提升作品的完成度，职业工匠们无时无刻不在摸索新的方法与工具。希望各位也能仿效他们，试着寻找最适合自己的方法。

首先用砂纸对切口进行研磨。一般先用较粗的砂纸研磨，最后用较细的砂纸收尾。磨完后仍会有些许纤维突出，这时就轮到床面处理剂登场了。

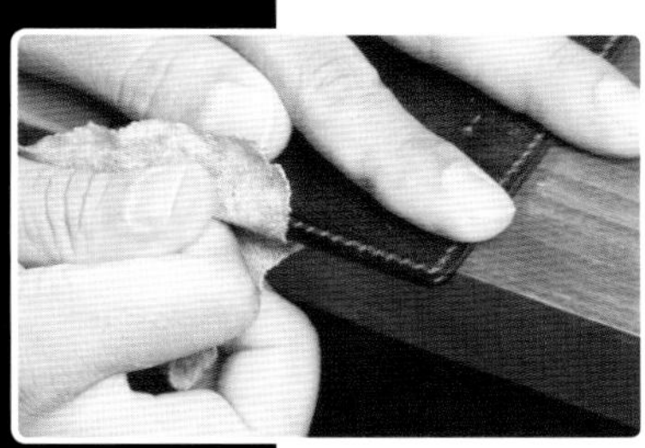

接着涂抹床面处理剂，用棉布进行磨整。床面处理剂能让纤维紧紧地贴在皮革上，均等研磨的同时能让切面变得平整。只要细心处理，皮革的边缘就会产生光泽。

最后给皮革边缘上蜡，做类似打蜡的动作，以达到保护皮革与上光的作用。上蜡的方式主要有两种：一种为直接涂，另一种则是利用装饰边线器，让蜡融入皮革内。

POINT 7

要考虑完成时的样式

想要做出美丽的立体作品，掌握皮革的特性便十分重要。要能确实地区分同一皮革的柔软弯曲的部分和具有韧性、能够保持形状的部分，这样才能充分利用皮革特性，做出美观与实用性兼具的作品。本书介绍了许多类似“故意涂上黏合剂来调整活动自由度”的技巧，希望各位能够根据作品的特征，运用这些技巧，提升作品的完成度。

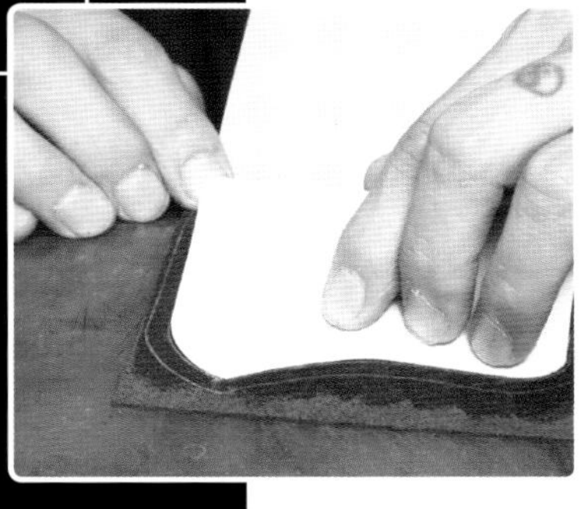

为了增加特定位置的延展性，有时会在皮革间加入芯材。如果不在这些地方用些巧思，就有可能做出“太硬且不实用的名片夹”或“软趴趴的皮夹”等失败的半成品。

POINT 8

要做好工具的保养

如同前面介绍到的，本书有许多裁切、削薄、开孔等精细的作业。若是想要准确地完成这些作业，顺手好用的刀具是不可或缺的。像裁皮刀与菱锥这类需要锋利度的工具，就必须做好保养，并且要妥善保管。甚至有些职业工匠认为，如果使用的工具保养不当，则无法提升技术水平。

在职业工匠的眼中，每件作品都是商品。为了不伤及皮革，制作时的每一个动作都会特别小心。若只是将皮革工艺当成休闲娱乐，那当然不需顾虑这么多。但是，如果您想做出高完成度的作品，那么不妨学习一下职业工匠的精神，相信一定能够收获颇丰。

想要在预设的范围内削出预设的厚度与角度，必须依靠锋利且顺手的刀具。裁切时若是有拉扯的情形，皮革则可能会因此歪斜或切口不平，从而无法顺利作业。因此，若想提升技术水平，就要做好刀具的保养。

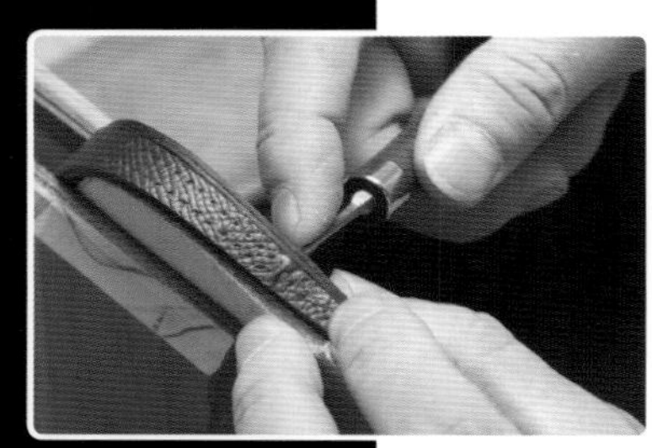

如果用稍钝的菱锥穿洞，则可能会造成皮革歪斜、黏合剂剥落、多出不必要的孔等。此时只要稍微研磨锥尖，便会有明显的改善。所以各位一定要做好工具的保养工作，维持工具的功能与寿命。

POINT 9

不拘泥于固有观念

皮革的加工技术有一定的规律。选择适用于各种作业的工具，掌握工具的用法与制作方法，谁都能轻松地做出皮革作品，这是皮革工艺业界的前辈们留给我们的宝贵财富。

不过，皮革工艺技术的提升是永无止境的。职业工匠们会舍弃旧的观念，持续地研发出新的技术。大家也可以持着“让作业更有效率、作品完成度更高”的想法，试着研究出个人的做法与工具。当你按照自己的方法实际去做，发现作品有变得更好的倾向时，那么这种方法就是你独创的。有了这种经历，应该就能够体会到业界前辈们的伟大之处吧。

在研磨皮革边缘时，通常都是使用砂纸或磨边器。本书也介绍了电动研磨工具的使用方式。此工具会改变皮革的特性，若是使用不当，可能会伤害到皮革。不过若考虑到效率与完成度，则非常具有使用价值。

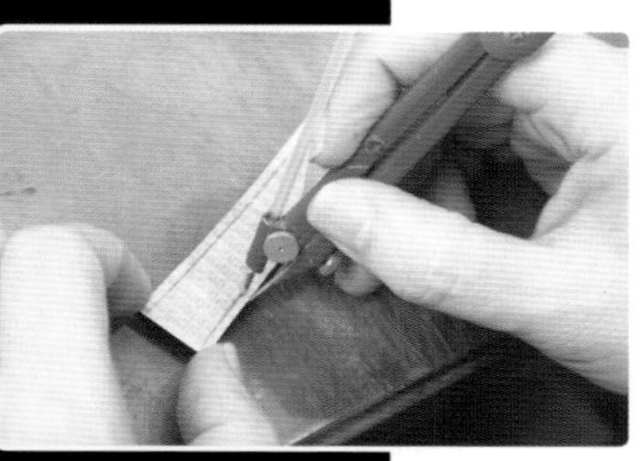

画缝线通常是使用边线器或挖槽器。不过只要利用纸胶带，就算用圆珠笔也能达到相同的效果。此法尤其适合不能伤害的皮革与难以看出痕迹的皮革。

皮革工艺：绅士配件

[实践篇]

接着要开始实际制作了。
虽然作品会运用到各式各样的技巧，
只要以“提升完成度”的观点去思考，
就会发现其中存在着某种法则。
只要掌握了这种法则，
就有可能衍生出超越模仿程度的独特技法。
请将本书当作 Know-How，
学习能够应付各种场面的技术吧。

钥匙包

KEY CASE

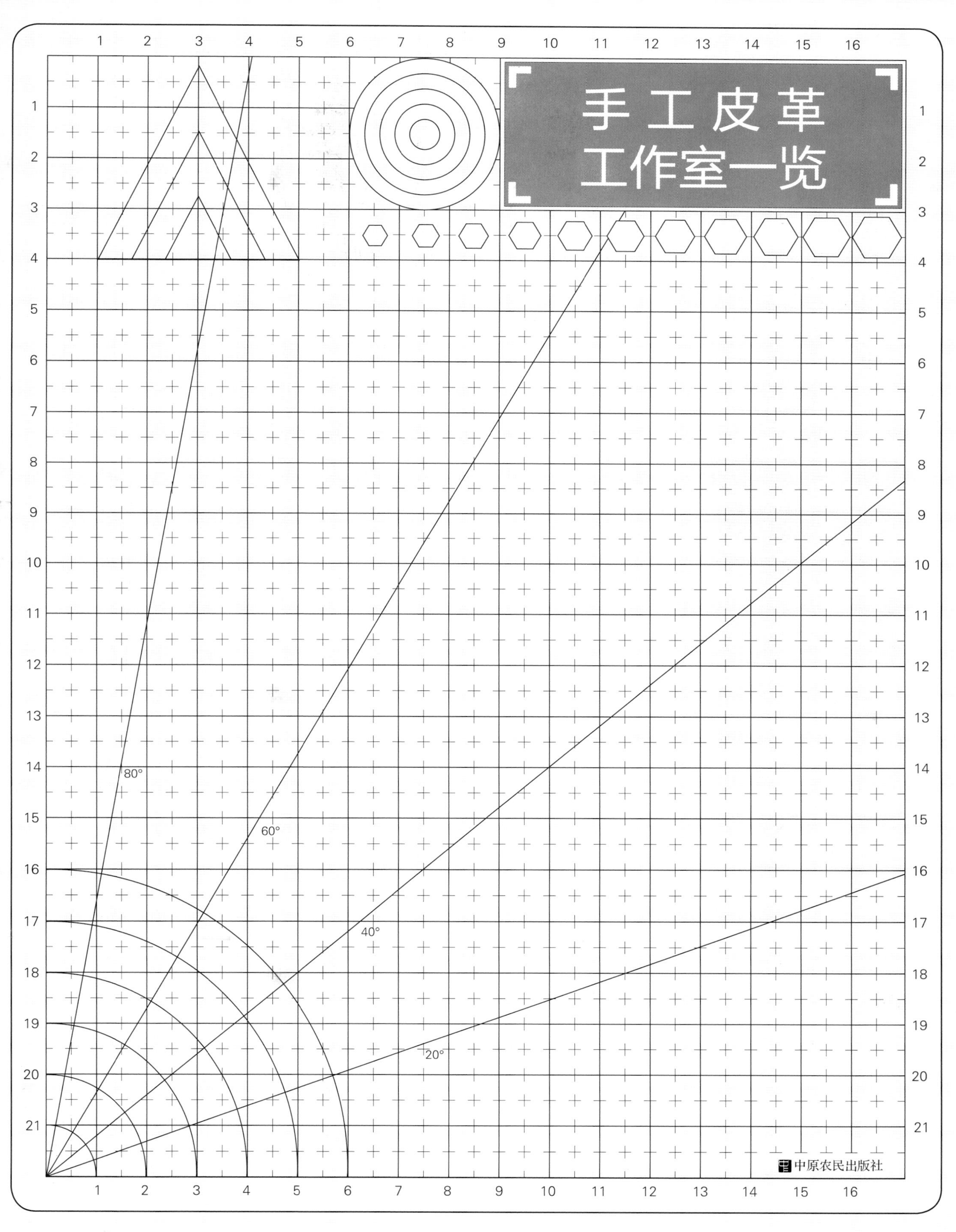

手工皮革
工作室一览
80°
60°
40°
20°
中原农民出版社

CILE 中国首届国际（中、美、日）皮雕艺术博览会

The China International Leathercraft Exposition

中国首届国际皮雕艺术大赛

The Inaugural China International Leathercraft Championship

20170601～20170605 中国深圳

了解详情：13824342711（皮夫子微信）

匠人的生活，
就是一场场较量，
自己和自己的较量……

这将是国际上最有特色
（比日本规模大，比美国有特色）的一次**皮雕盛会**，
也是中国皮雕匠人亮相国际的重要一步，
优秀作者将前往美国参加比赛

美国标准
亚洲之最
跨国联合评委
实现匠人自我价值……

罗伯特
Robert Beard
美国评委

酷猫
（李荣宗）
中国台湾评委

国际皮雕学术论坛
皮雕大赛颁奖晚会
国际皮雕大师研习班
皮雕作品舞台秀

巴里金
Barry King
美国评委

大竹正博
日本评委

切格尔
Chan J Geer
美国评委

鲍勃帕克
Bob Park
美国评委

小屋敷清一
日本评委

凯茜
Kathy Flanagan
美国评委

主办单位：
深圳市皮雕艺术促进会
深圳市夫子皮雕艺术有限公司
深圳市龙岗区布吉记牛堂艺术品商店

协办单位：
深圳市工艺美术行业协会
深圳市皮革协会
深圳市 2013 创客园
中原农民出版社

咨询热线：
0755-28709400
0755-84746080

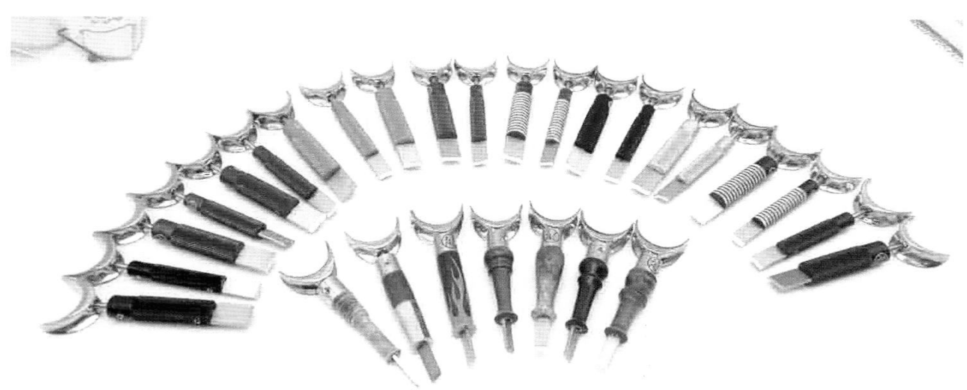

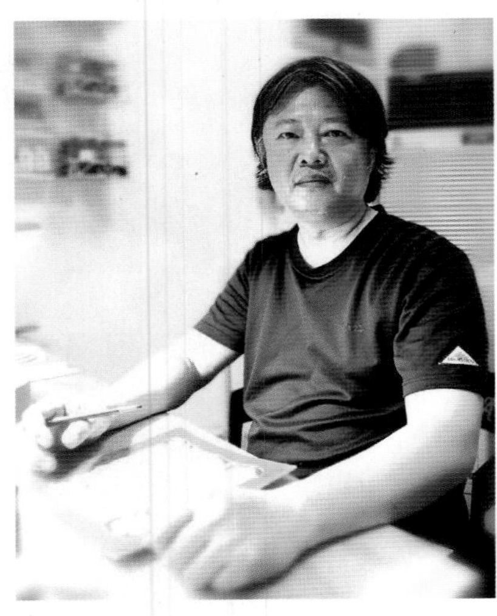

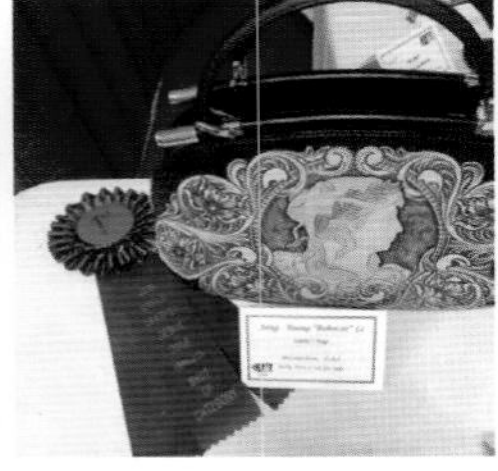

酷猫皮雕工房

地址：上海市静安区西藏北路 198 号大悦城北座 8 楼 N828

酷猫（李荣宗）

台湾花莲县革艺职人职业工会理事长

台湾花莲县文化创意产业工会皮革艺术类技术顾问

2006 年李荣宗先生来到大陆，在北京开设了皮雕课程。

2014 年李荣宗先生凭借“马上赚”和“枫叶口金”获得世界皮雕大赛（World Leather Debut）随身物品组的冠亚军。

2015 年又再次凭借“龙”高尔夫球包蝉联同组冠军。其子李建鸿凭借”唐草牡丹”获得同组季军。

2016 年李荣宗先生凭借“玛丽安娜”获得世界皮雕大赛（World Leather Debut）随身物品组的冠军。

酷猫皮雕工房以皮雕教学为主，在全国拥有 5 家加盟店、多位世界级皮雕大师、超过 10 年的专业皮雕皮具教学经验，在整个行业拥有非常强的知名度和号召力。

蔡弘灏工作室

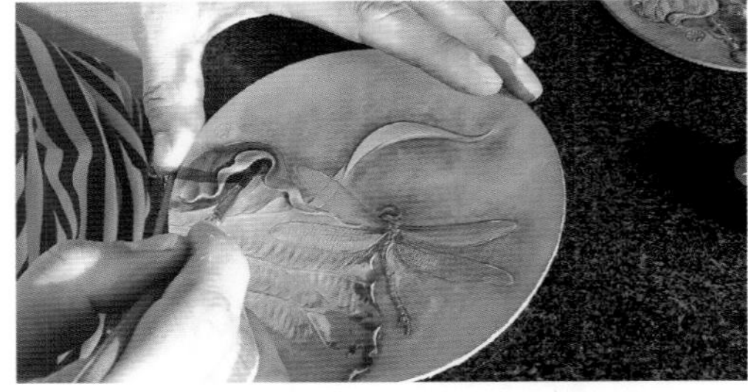

地址：北京市朝阳区悠乐汇 C 座一层 127 室

蔡弘灏工作室开创于 2010 年，创办人老蔡曾获得 2016 年美国西部皮具大赛 Picture 组一等奖。2016 年起，工作室开设皮雕基础及人物花鸟等专业课程，毕业的学员已有六十多名。目前蔡弘灏日本工作室在日本茨城县启动，课程内容包括皮雕课程、参观日本大师工作室等。

Since 手工皮艺

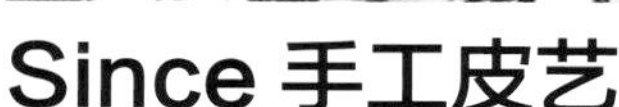

地址：北京市东城区银河 SOHO 一楼

北京行思（Since）皮艺文化传播有限公司是一家服务大众娱乐、传播皮艺文化的年轻公司。Since 皮艺实体体验店于 2016 年在北京的核心地段开业，它的落成很好地解决了各个层面喜爱手工皮艺的朋友们的切实需求。不管您是从未接触过手工皮艺的“小白”，还是已经“身怀绝技”的圈内资深人士，您都会在这里找到属于您的乐趣。Since 皮艺作为国内第一家手工皮艺体验店，为喜爱手工、喜爱皮艺的您提供一站式皮艺体验及全面的产品服务。

IZZZI 艺匠

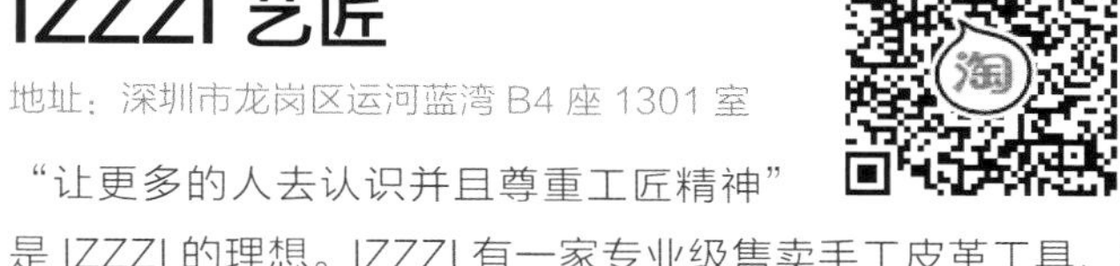

地址：深圳市龙岗区运河蓝湾 B4 座 1301 室

“让更多的人去认识并且尊重工匠精神”是 IZZZI 的理想。IZZZI 有一家专业级售卖手工皮革工具、材料、上等进口皮料的良品集合店，店中售卖的每一件产品都是经过 IZZZI 测试部的反复测试，确认良品后才上架售卖的。IZZZI 在深圳有一家专业的皮革体验教室，有专业的老师，他们愿意毫无保留地把手缝皮具、皮雕的技术分享给大家。

匠心艺语

地址：北京市丰台区宋家庄政馨园一区北门底商匠心艺语

北京匠心艺语商贸有限公司（简称匠心艺语）2011 年创办于北京，是国内第一家尝试集皮革和布艺材料销售、手工艺培训、手工材料产品开发、海外学术交流等为一体的推广手工艺文化的专业机构，其一直在尝试建立完备的网络与实体综合服务模式。公司通过学习海外手工产业的先进经验，发掘全球市场的优秀产品和模式，努力为中国手工文化产业贡献绵薄之力。

匠心艺语手工皮革教室是全国第一家实现培训、手工原材料支持、后期制作指导、职业化引导一体化的手工皮具培训机构。在分析和研究日本 70 年的手工皮具教学经验后，升级出全新的、最适合中国人的手工皮具系统化学习体系。

匠心艺语手工皮具材料超市，经营着超过 1500 种的各类专业工具、化料、皮料、五金附件，采用现代化陈列，便于手工爱好者采购。

淘宝

微信

笑雕堂

笑雕堂主营手工皮具工具、皮雕工具及相关材料。为了推动手工皮雕、皮具圈的发展，笑雕堂引进了日本著名的工具品牌 Craft、美国工具品牌巴里金以及先进的手作理念。目前笑雕堂也开设了手工皮具、皮雕培训课程，方便兴趣爱好者学习、提升专业技术。

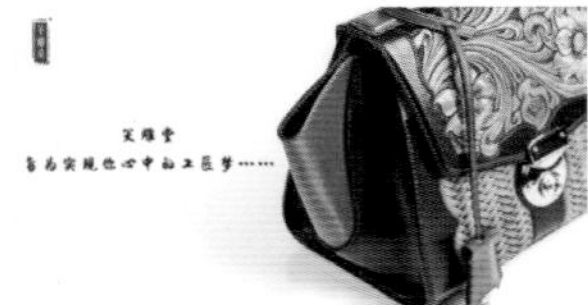

北京皮工坊

地址：北京市东城区鼓楼东大街 24-1 号
电话：010-84043063

“北京皮工坊”成立于 1997 年，是日本协进 (ELLE) 株式会社中国大陆独家总代理。 在手工皮艺、皮雕领域，北京皮工坊拥有很多项第一：国内第一家销售手工皮艺工具材料的网站、国内第一家实体店、举办中国大陆首次皮雕培训……

E-mail&MSN：
sales@leathercraft.cn
piaostudio@hotmail.com

匽薇苑皮雕艺术工作室

地址：太原市晋阳街北美 N1 文创艺术区 10 号楼 01 底铺
电话：18636880870、13007079870

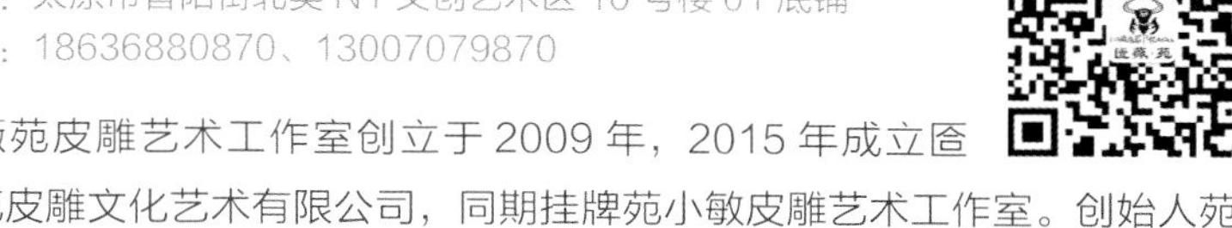

匽薇苑皮雕艺术工作室创立于 2009 年，2015 年成立匽薇苑皮雕文化艺术有限公司，同期挂牌苑小敏皮雕艺术工作室。创始人苑晓敏专注于皮雕艺术创作、高端定制以及皮雕皮艺培训。山西人物志、山西新闻网、山西晚报等多家媒体都对其做过专访。工作室主营皮雕、皮具作品（烟斗、中式服装），以及以手工原创、自然融合为主题的艺术品，代理经销皮雕印花工具以及高级五金皮具配件，并进行皮具、皮雕专业培训。

洛可郡艺术皮雕

地址：杭州市富阳区银湖街道美和院艺术中心
电话：15088641791

洛可郡艺术皮雕工作室致力于皮雕工艺文化的传播和发展，致力于原创皮雕的设计开发，长期开设皮雕培训课程，拥有着超高的人气。期待与广大皮雕爱好者一起推动皮雕工艺的发展。

周氏皮雕

地址：杭州市拱墅区手工艺活态展示馆小河路 450 号拱宸桥桥西
电话：13757117008

周传炳

江西省玉山县人，自幼随家人学习皮雕，至今已有 20 多年。

近年来他的皮雕作品在国内多次获得各项大奖。2011 年受杭州工艺美术博物馆邀请至手工艺活态馆进行皮雕技艺培训，弘扬传统技艺文化。2016 年 4 月“玉山周氏皮雕技艺”被列为玉山县非物质文化遗产。

花间手工皮具

地址：杭州市余杭良渚文化村阳光天际 88 幢 102

花间手工皮具始于 2013 年，主理人花间老师追求简约、精致风格的纯手工皮具，耐心打磨自己的产品。 工作室位于杭州良渚文化村内，环境清幽，适合静心手作。花间老师希望能将自己的制作理念和方法与大家分享，共同推进中国手工皮具的进步。

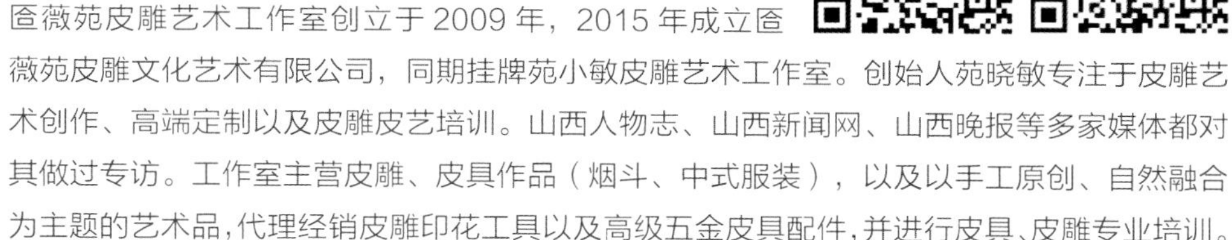

革也手工皮艺工作室

地址：上海市淞兴西路 258 号 4159 室

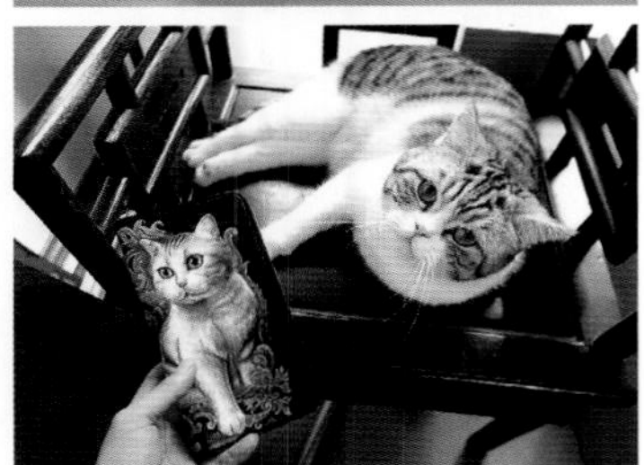

革也手工皮艺工作室位于上海，是一家新型的纯手工皮具创造研发中心。其将皮雕、染色、缝制技术相结合，创造出极具特色的作品。工作室经营高端私人定制与原创设计皮具产品，致力于发扬原创手工文化，打造中国的高品质手工皮具品牌。

老约翰皮雕皮艺南京店

地址：南京市秦淮区集庆路 215 号中诚建设 301

老约翰皮雕皮艺南京店向广大皮友主要提供老约翰牌优质纯黄铜五金配件、精致纽扣、各类皮雕皮艺工具、染料、线材，如国产优质纯铜玉米拉链、几大品牌进口高奢拉链、美国制造纯铜装饰爪钉、进口高端锁具等，满足不同皮友的需要。长期开设手工皮具培训课程，为手工皮具爱好者提供一个学习交流的平台。

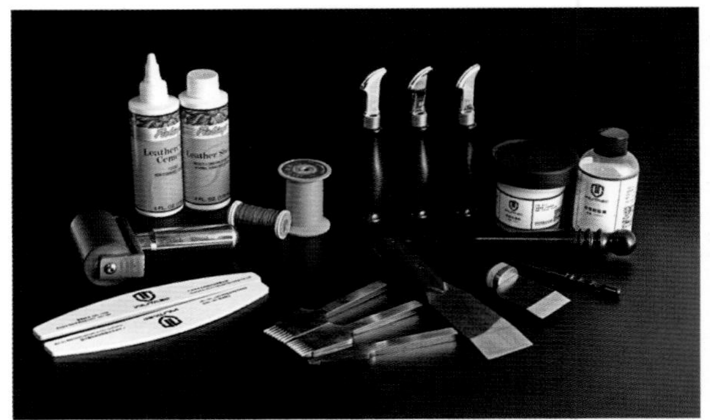

无它

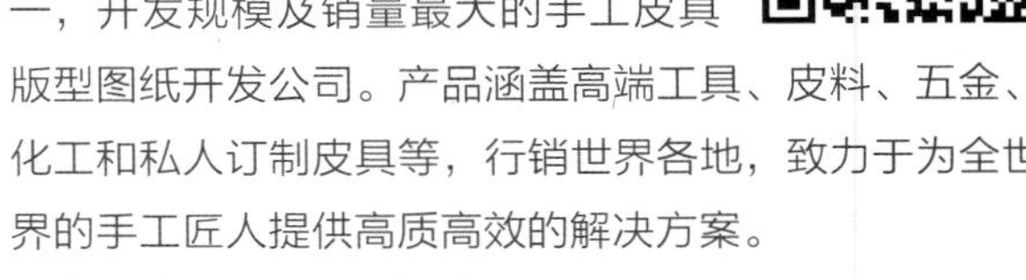

淘宝店：https://wutadiy.taobao.com/

无它，中国最大手工皮具行业品牌之一，开发规模及销量最大的手工皮具版型图纸开发公司。产品涵盖高端工具、皮料、五金、化工和私人订制皮具等，行销世界各地，致力于为全世界的手工匠人提供高质高效的解决方案。

无它，给你全世界最好的。

打磨时光手作堂

地址：郑州市花园路农业路 国贸 360 广场

电话：18503810360

打磨手工的技艺，拾起光阴的故事——打磨时光手作堂，用纯手工皮具激发你内心的共鸣，创造出无限的可能。

业务范围：皮具礼品定制、体验，商业合作及活动暖场等。

无合手工皮具工作室

地址：广东省广州市海珠区华洲街道小洲村
电话：18603088951

无合手工皮具工作室成立于 2015 年年底，位于广州城区内最具岭南水乡特色的古村寨“小洲村”。工作室现今两人，李彬、闫冬，以法式和美式风格皮具高级定制为主，从沟通、选材到后期的制作都无一例外秉承着匠人精神，希望把最好的纯手工皮具带给大家。

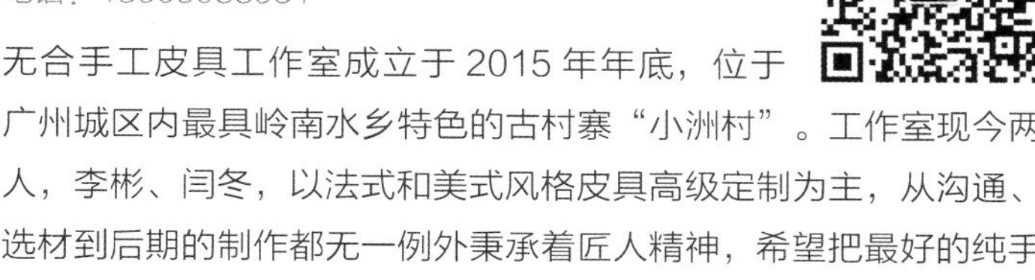

顽木顽皮

地址：河南郑州大学路花卉市场二楼 2115

“顽木顽皮”皮具工作室位于郑州市大学路花卉市场二楼。踏进古色古香的大门，就能看到琳琅满目的手工皮具、皮雕作品。工作室主要以手工高端定制和培训体验为主。店主李斌为人谦虚、随和，从事手工皮具十余年，默默地坚持着一个匠人的本心，分享自己技艺和乐趣。

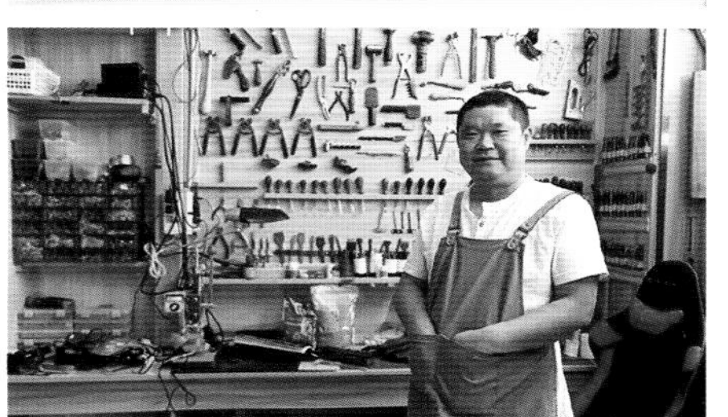

夕拾创意皮革工坊

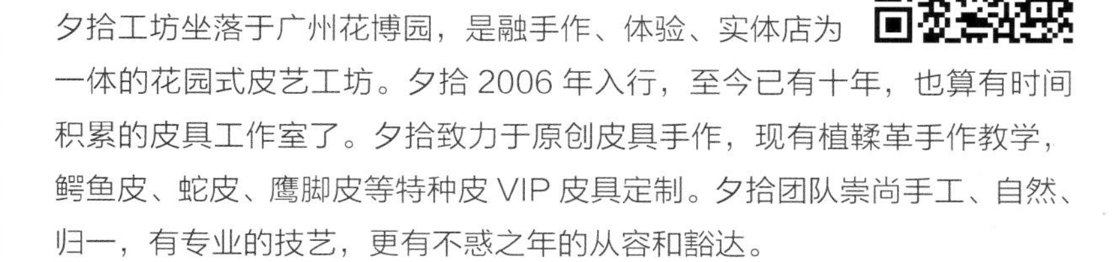

地址：广州市荔湾区芳村花卉博览园花博大道 3 号
电话：13808886200

夕拾工坊坐落于广州花博园，是融手作、体验、实体店为一体的花园式皮艺工坊。夕拾 2006 年入行，至今已有十年，也算有时间积累的皮具工作室了。夕拾致力于原创皮具手作，现有植鞣革手作教学，鳄鱼皮、蛇皮、鹰脚皮等特种皮 VIP 皮具定制。夕拾团队崇尚手工、自然、归一，有专业的技艺，更有不惑之年的从容和豁达。

深圳市创铭培训中心

地址：深圳市观澜镇新田村委老三村 4 号
电话：0755-29836355 28012998

深圳市创铭培训中心，开办 14 年来，坚持走“皮艺”专业化路线，100% 干货培训！包学会 + 创业指导。

2017 核心专业：

一、手工皮具制作培训
二、皮雕培训
三、皮具出格设计培训
四、电脑出格培训
五、高端皮具定制
六、百雕堂皮具店、工作室创业加盟

诚邀全国院校、单位、公司、实体店以及个人等多方面合作。

也身皮具工作室

地址：广州市白云区黄边南路
广永工业区 B 栋 6 楼

在这里，一张张皮革原料经过上百道工序、上千针的缝制、上万次的敲打后变为一件件精妙绝伦的手工皮具。工作室致力于皮具、皮雕的原创设计与制作，同时愿意将手工皮具与皮雕技术分享给大家，欢迎前来体验、学习。

鲸鱼座皮具

地址：深圳市南山区中心路
天虹商场总部君尚五楼

端坐 静心 精心制皮
鲸鱼座手工皮具工作室
深根南方春城——深圳
5 年有余

一刀 一锤 一张皮
一针 一线 一世界
以手为道
以心制物

三人之行
亦师亦友
抛开烦杂
洗净内心

壹间皮革工作室

地址：杭州市余杭区南苑临平桂花城北区

2015 年春，
我成为了一名独立手作匠人，
从那天起，劈柴，喂马，用双手劳作传递温度；
从那天起，用作品实践工匠的生活态度。
至今将近两年时间，日出而作，日落而息。
擅长以最天然的植鞣革牛皮为原料，
制作各式风格简约、线条流畅的手作皮具。
同期也有开设手工皮具课程，
让自我创作能给更多人带去快乐！

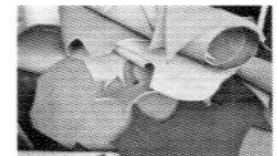

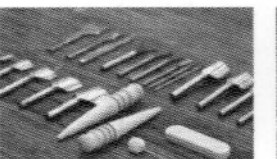

鹿造

LUZAO 是一个文艺而又复古的品牌，制作过程漫长且严格，下料、染色、上油、缝线的过程都由匠人亲手操作。最终的成品十分耐用，并会随着时间的推移，变得更加细腻、有光泽。

史优作为一名产品设计师，怀着一颗匠心，认为一双温暖的手要比冰冷的机器更懂你的感受。

晁安为服装设计师出身，放弃丰厚的薪资，转身投入手工皮具制作，一直坚信这是一种生活态度、一种文化。

岩屋手造

地址：北京市昌平区东小口镇中东路卢卡新天地 5 号楼 - 105

岩屋手造手工设计工作室成立于 2014 年。在这里有一群筑梦的年轻人，他们不怕任何困难，用梦想武装自己，在实践中磨练自己，把匠心融进每一件作品当中。工作室主要以手工鞋履高级定制和手工皮具培训为主，不定期开设手工鞋履和手工皮具课程。

LEATHER&LIFE

地址：云南省大理市大理大学古城校区民族住宅小区 419 号

LEATHER&LIFE 工作室是一个做复古皮具的工作室，复的是哪个年代的“古”，我们也说不清楚。一开始也不是为了复古而复古，只是对那个物品结实耐用又有质感的年代有一种莫名其妙的向往，所以我们把我们的生活和产品都尽量还原到那个年代。我们工作室在苍山的山腰，用一台老式的缝制马鞍用的缝纫机制作产品，或者手工缝制，制作的款式也尽量从结实耐用的角度出发，摒弃掉与实用无关的装饰。坚持使用没有涂层修饰的牛皮和没有镀层的实心黄铜五金配件来体现原始的质感，随着时间的流逝，皮具会呈现出斑驳的质感。因为太喜欢牛皮的质感，所以我们用它做任何我们能想到的东西。

最后幽默一下：“如果警察不管，我们想骑马出门，上山打猎。”

手工培训　　购买皮料

朴作手工皮革

地址：广州市天河区体育东横街 14 号 102

朴作创立于 2012 年，工作室位于广州天河 CBD 区域，环境优雅，闹中取静。我们配备了国内外优质的皮革工具、配件，精选来自意大利、日本、美国等地的环保皮料，由经验丰富的授课老师带你领略手工皮革的魅力。

迷虫皮艺工作室

淘宝店：迷虫皮艺私人订制

http://michongpiyi.taobao.com

赵玉彬（迷虫），青岛迷虫皮艺工作室的理事人，2008 年开始研究皮雕和皮艺，擅长唐草、动物、植物以及人物雕刻，其作品惟妙惟肖，精妙绝伦。迷虫皮艺工作室以设计创作、私人定制、培训教学为主，有着一批专业的创作与制作人员。工作室在皮圈内有着很强的影响力，与国内多个工作室保持着合作关系，共同发展并引导国内皮雕皮艺文化。

RANDOSERU 皮具志

地址：广州市白云区黄边南路广永工业区 B 栋 6 楼

蔡杰，毕业于苏州大学平面设计专业。2013 年创办了皮具设计工作室，创立了原创独立品牌 RANDOSERU 和独立工作室 EXTEND DESIGN。2015 年参与江苏省大学生创业大赛，荣获三等奖，并且多次受邀参加上海 CHIC、上海皮革展等。

为了提升皮具的设计感和实用性，团队曾经多次飞往意大利工坊进行学习研究交流。

RANDOSERU & EXTEND DESIGN 的作品更注重简约、干净利落、实用。

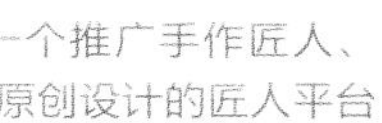

一个推广手作匠人、原创设计的匠人平台

叶云手缝皮革 & 纯银 DIY

地址：厦门市明发商业广场东区 305 号

叶云手缝皮革 & 纯银 DIY 工作室位于福建厦门，开设已有 9 年。工作室主要业务为课程教学、手工 DIY、高端定制三大项。教学内容有创业课程和纯兴趣班，这些是可以按自己的需求来调整的，因为有实体店的经验可以分享，所以创业课程更具有说服力。

指尖的温度

手工艺术分享平台，以皮艺为主，兼及一切以手工劳动为价值的艺术。指尖的温度，心中的热度，生活的态度；匠心文化传承者，手艺精神守望者，工艺技法探索者；因热爱而分享，因分享而快乐，因快乐而坚持。

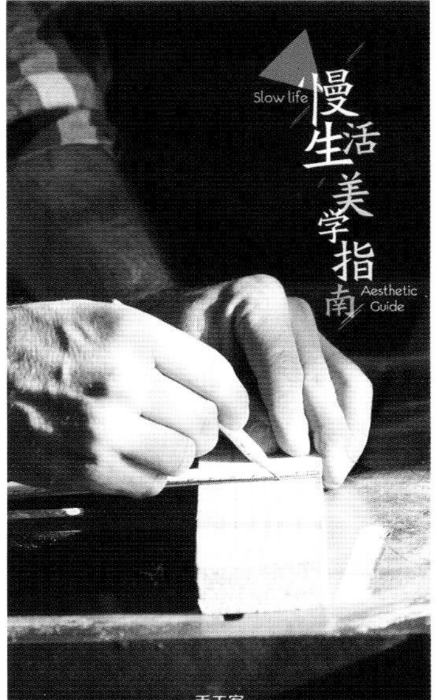

手工客

网址：www.shougongke.com

手工客是目前中国最大的手工兴趣社区平台。是一款手工爱好者必备的应用，拥有超过 700 万的手工爱好者用户。APP 和网站同步运营超过 3 年的时间。学手工、与手工爱好者交流就来手工客。

HAND SEWING LEATHER CRAFT

ISBN 978-7-5542-1603-3

9 787554 216033 >

定价：68.00 元

STUDIO TAC CREATIVE

选用意大利进口的肩部皮革。
其富含油脂的光泽之下，
散发着沉着稳重的成熟气息。
闪耀着金属光泽的配件，
与主体和里衬十分搭调。
其端正且优雅容貌的秘密，
就藏于那完美的曲线之中。

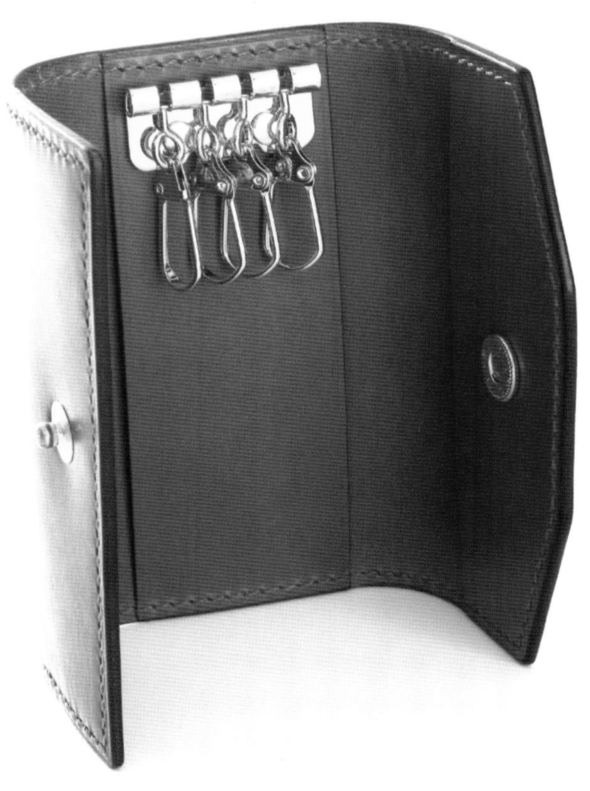

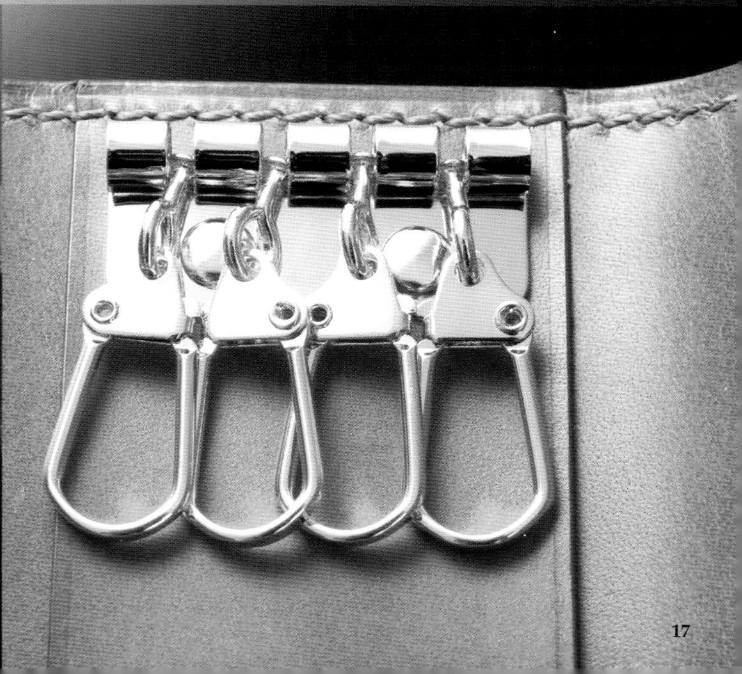

钥匙包

KEY CASE

制作：上村崇司（otohaci）
摄影：小峰秀世

[制作的重点]

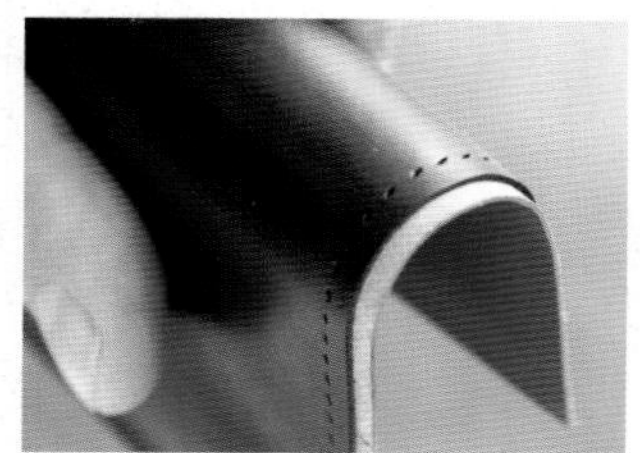

① 用弯曲黏合技法制作出美丽的曲线

黏合两张平坦的皮革时，若延展性太强，则无法顺利弯曲。因此在试黏的阶段，就要先做出完成时的弯曲线条。此时要稍微调整外侧部件的位置，避免出现突出的情形。

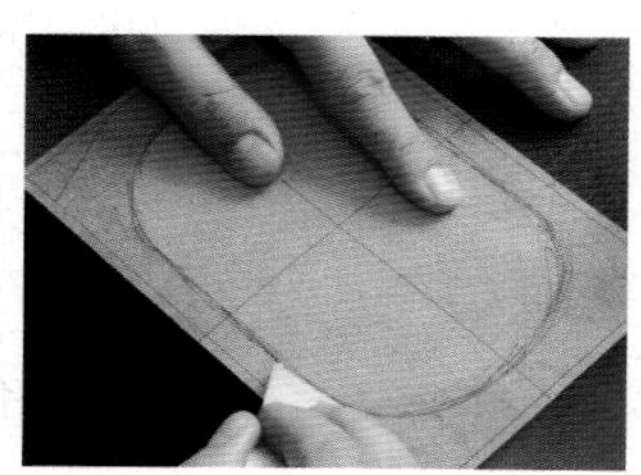

② 减少黏合的面积，做出柔软的质感

像钥匙包这类经常开合的皮件，黏合时如果在全部面积上涂胶，则会限制皮革的动作范围，造成不自然的凸起状态。可以试着只在黏合面的外侧上胶，中间预留出可让皮革活动的空间，则能使皮件自然、柔软地开合。

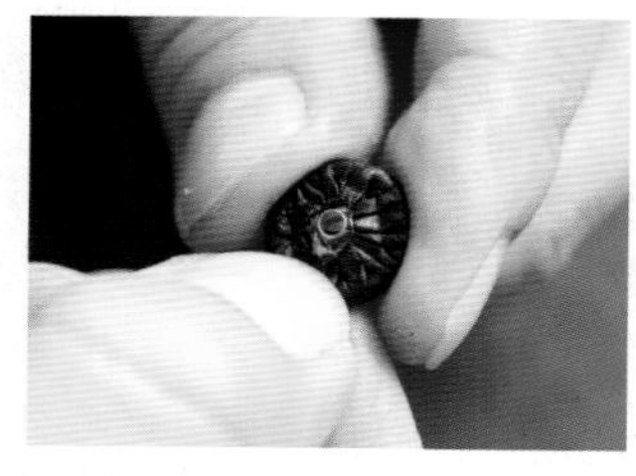

③ 用皮革包覆扣子，增加成品的完成度

作品选用了深色的外皮，因此扣子也用同颜色的皮革包覆以增加质感。由于只需将圆形皮革的外侧削薄，因此是一项很容易应用的技术，建议各位学习。只要掌握此类细微的作业，就能确实提升作品的完成度。

[使用的皮革与材料]

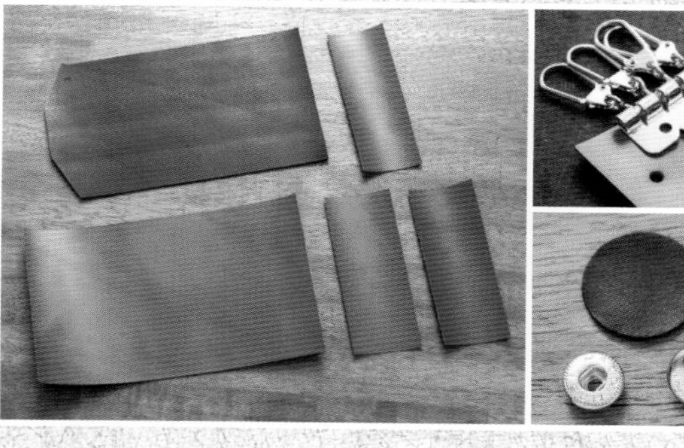

选择较具延展性的皮革。此处使用的为意大利进口的油脂较为丰富的肩部皮革。主体的厚度为1mm，其他部分微调整成0.8mm（相同厚度也没关系）。钥匙扣配件的宽度为30~35mm。扣子选择喜欢的样式即可。包覆用的圆形皮革直径为扣头的2倍。

[使用的工具]

①**铁尺**（切割直线用） ②**间距规**（画缝线用，也可用画线器代替） ③**削边器**（可提高边缘处理的作业效率，没有也没关系） ④**裁皮刀** ⑤**小型刨刀**（用刨刀修整后以砂纸研磨，能完美处理皮革边缘） ⑥**玻璃板** ⑦**砂纸**（有 #150、#240、#400 三种型号的水砂纸） ⑧**棉布**（打磨边缘用，可以拿自己喜好的工具代替） ⑨**线剪** ⑩**美工刀**（用来刮粗皮革的黏合面） ⑪**万用环状台** ⑫**上胶片** ⑬**牛骨笔**（一般裁缝用的工具，用于较细微部分的压紧） ⑭**菱锥** ⑮**圆锥** ⑯**固定扣打具**（请选择与钥匙圈配件尺寸对应的工具） ⑰**四合扣打具**（请选择合适尺寸的工具） ⑱**圆斩**（准备与扣类尺寸对应的工具） ⑲**大尺寸的圆斩**（用来切取包覆四合扣的皮革用） ⑳**压擦器**（用于将缝完后多余的线头塞进线孔中） ㉑**菱斩**（在此使用的是间距较小的 3mm 菱斩） ㉒**棒槌**（与木锤用途相同，用法会于内容中讲解） ㉓**酒精灯**（燃烧装饰边线器用） ㉔**装饰边线器** ㉕**软木砖**（用于辅助磨整边缘以及黏合的动作，有一定高度的较为便利） ㉖㉗**皮边染料**（本作品使用深咖啡色与雪青两种颜色，请自行选择适合的颜色） ㉘**橡皮胶**

※在此仅介绍主要工具与较具特征的工具，基本工具请自行判断准备。

裁切皮革

请按照本书附录的纸型裁切。纸型已包含了需要切除的部分，所以尺寸要尽量相同。

01

将纸型放在欲使用的皮革上，以圆锥描刻出轮廓。用重物压住纸型，尽量描准，不要描歪。

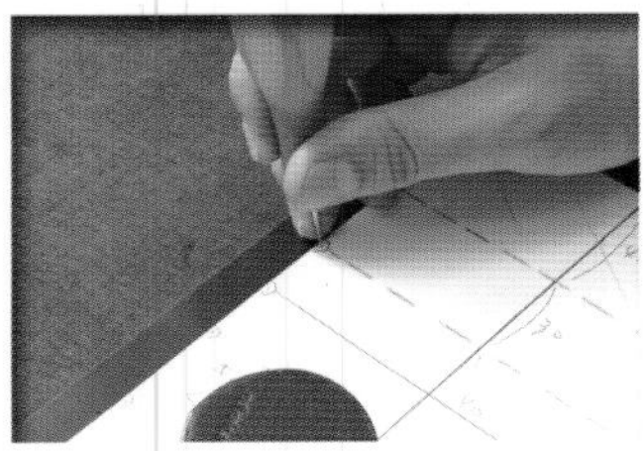

02

以圆锥标出记号。尽量控制力道，保持可看见但不会留下痕迹的程度即可。记号要标在正中心，不要出现误差。

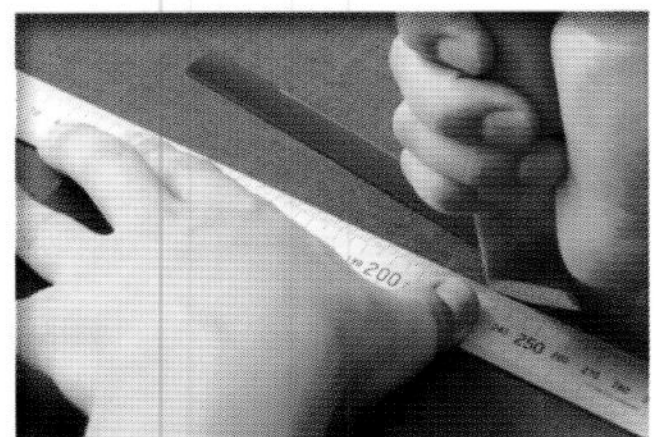

03

沿着线形裁切皮革。因只有直线，可利用铁尺将皮革切下。

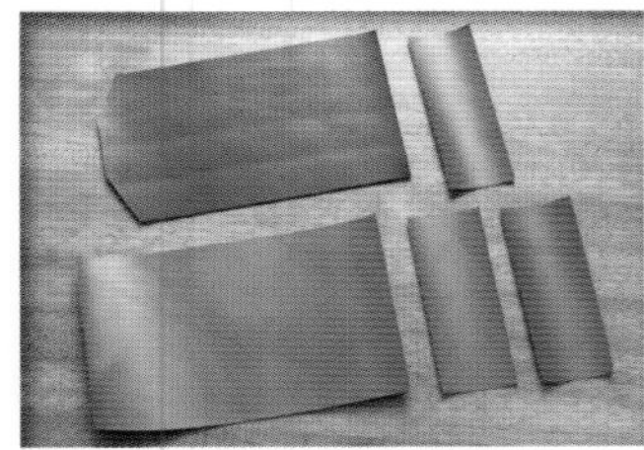

04

考虑到接下来的尺寸调整，主体皮革的周围与其他部位的上下皆预留了 3mm 的空间。

内侧皮革的修整

先磨整内侧部件与之后无法处理的边缘部分，并将钥匙排的配件装上。

01 **处理皮边**

磨整配件底座的两侧，以及补强皮革的单边（组合后会在内侧的那一边）。先以砂纸磨整，因为皮革很薄，尽量不要磨歪。

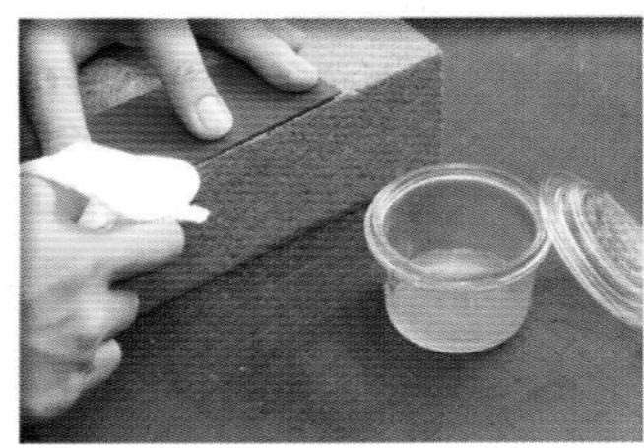

02

涂上床面处理剂，用棉布磨出光泽。由于使用亮色的皮革，光泽会较不明显，可以适当地使用染料加深色泽。

03

用装饰边线器处理皮边。点燃酒精灯，加热前端的部分。装饰边线器的基本用法请参阅 P10 的内容。

04

以床面、银面的顺序处理。注意不要过热，以免皮革烧焦。

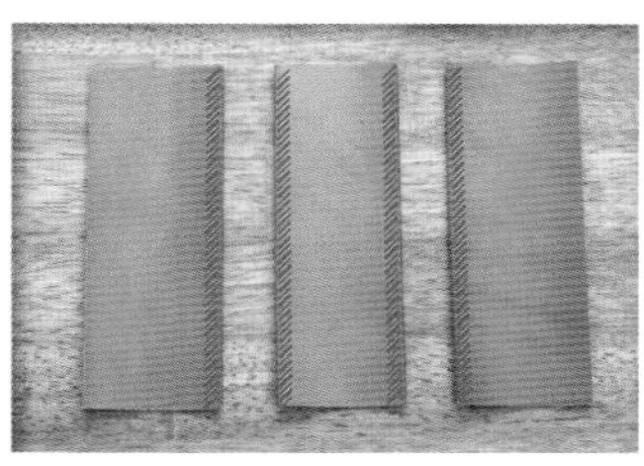

05

依序完成四个部分的皮边处理。其中三片皮革的形状相似，注意不要搞混（尺寸较小的是配件底座）。

06 **装上配件**

配合钥匙排配件的孔位、孔数、大小等选择圆斩进行凿孔作业。

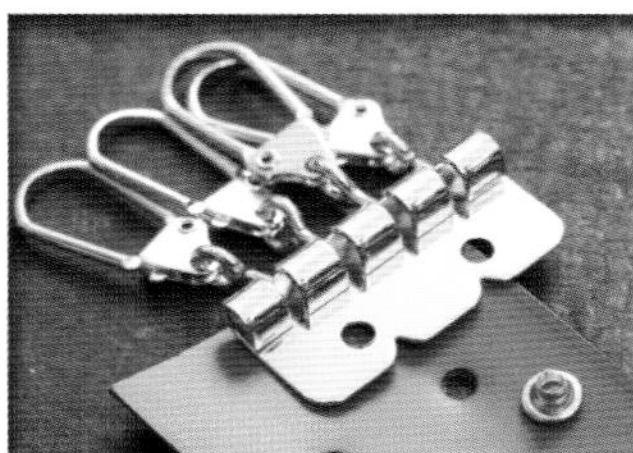

◀CHECK!

此处使用的配件为33mm宽的四连钥匙扣，双孔孔径皆为6mm。

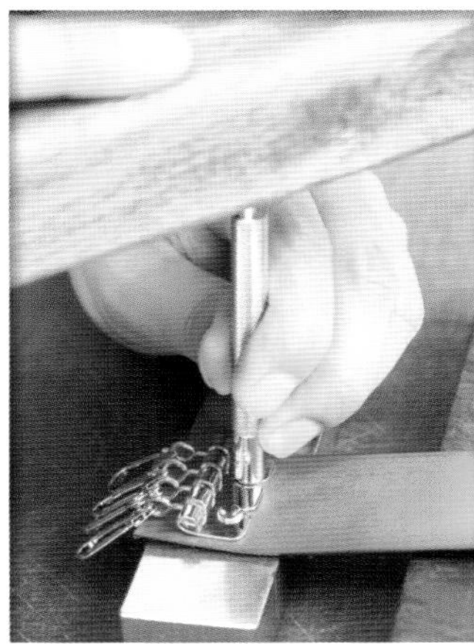

07

扣头要装在配件的那一面，放在万用环状台上，以固定扣打具敲打结合。因为装错面的概率很高，需要特别注意。

◀CHECK!

使用双面固定扣时，若内侧有凸起，则组合后配件底座的背面就会出现空隙。可以利用万用环状台的平面将它敲平。

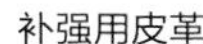

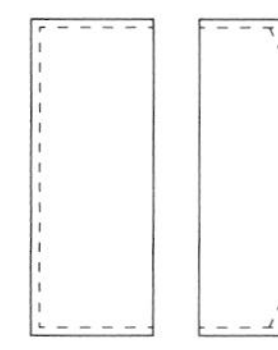

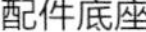

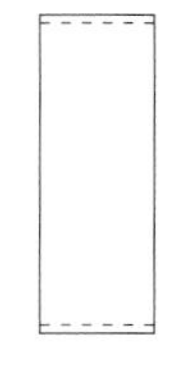

内侧主体

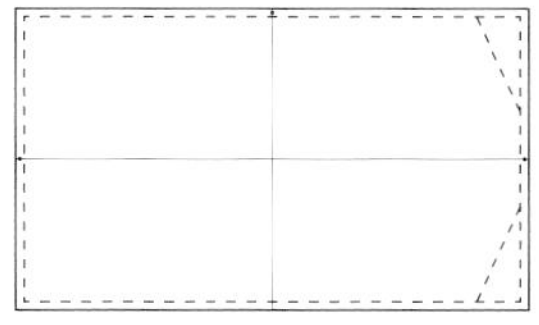

※虚线与直线的间距皆为3mm。

08

如左图在内侧部件的床面上画出的线条，虚线部分为与外侧主体贴合的范围，因为黏合后就会盖掉，虽然可以直接使用圆珠笔画，但是要轻描，不要伤害到表面。黏合后多余的部分可切除。

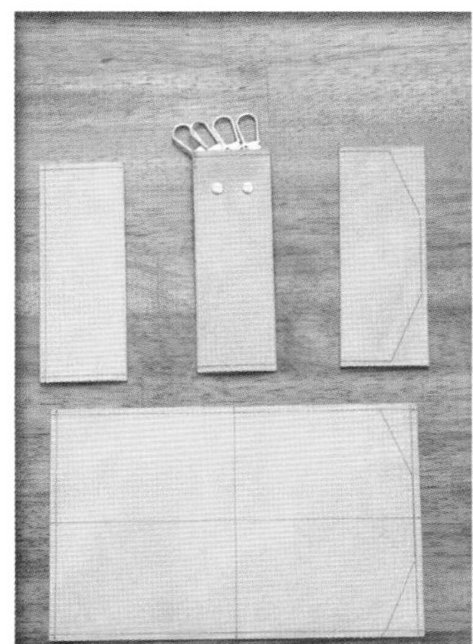

09

内侧部件的准备作业到此结束。然后确认接下来的流程。

处理外侧主体

画出缝线并凿孔后，将周围的部分削薄。这个动作可以减少缝线处的厚度，增加成品的质感。

01

用间距规画出缝线。此处的间距设定为3mm，各位可以依据皮革的厚度与菱斩的大小做适当的调整。

02

用菱斩适度地调整间距并凿出线孔。此处使用的是六菱斩。

◀CHECK!

如果用力将菱斩穿过皮革，则会出现菱孔过大和歪曲的情形。因此菱斩不用打得太深。配合菱锥穿洞，才能在皮革表面上打出漂亮的菱孔。

03◀POINT!

削薄边缘约5mm的范围。没有削薄机时就使用锋利的裁皮刀。作业时要细心，保持厚度一致。削薄的技巧请参考下图。

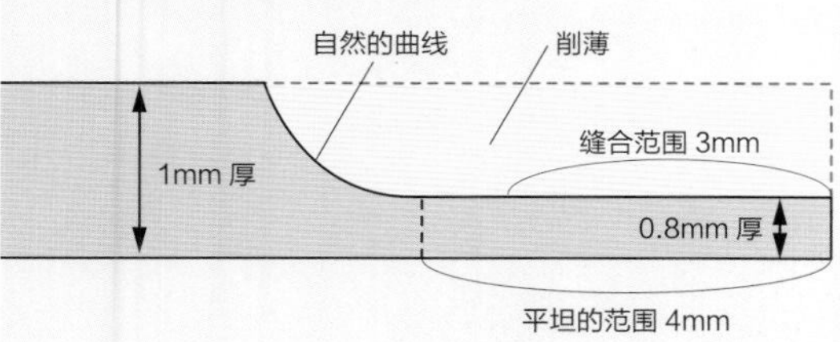

TECHNIQUE No.01

使用棒槌的技巧

棒槌与木锤的用途相同，但因为有点特殊，一般的商店都买不到。其特征是敲打菱斩等工具时能够巧妙地控制力道。

握住棒槌后，使用尾端（靠近拿的位置）可以轻敲，使用前端可以重敲。凿孔时如果不想敲得太深，就可以用这种方式调整。

凿孔时与其说要“打穿”，不如强调是要“开孔”。如果能够控制力道，让菱孔整齐漂亮，缝合后也会更加美观。使用较细的缝线时，若是菱孔开得太大，缝合后菱孔的空隙就会很明显。从皮面看时，菱孔稍稍隆起是最理想的状态。

组合部件

处理好所有的部件后，就可以准备进行缝合前的黏合作业。此处重点很多，请仔细确认。

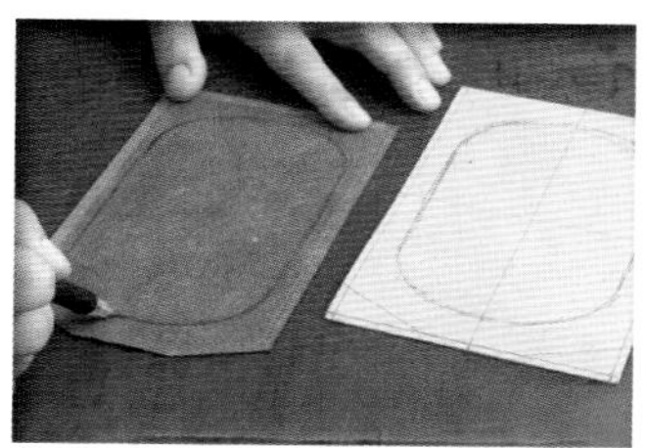

01 ◀POINT!

在两片主体的床面上画出欲黏合的范围。在距边缘 1cm 宽处画出椭圆形，两片皮革的椭圆大小不用完全一致，大约相同即可。

活动的部位要减少黏合的范围

中央部位不要黏合，这样会让此处的皮革保持柔软与流畅，呈现出自然的质感，这点在前面也有提及。上胶的地方会变硬，如果以保持外形为优先考虑时也可以全部黏合。请各位自行判断要用哪种方式。

02

在外侧主体的皮革上用圆斩打出底扣要用的圆孔。孔的位置在中央，距离边缘 20mm（请参考纸型）。

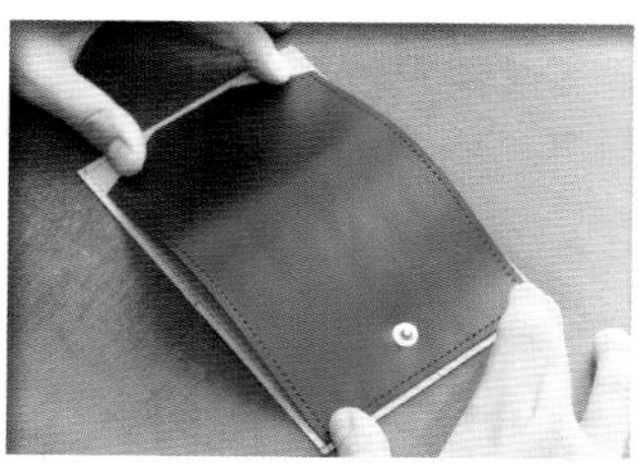

◀CHECK!

依照 P21 步骤 08 所画的虚线，放上外侧主体做假组合。因为外侧主体设定的尺寸较大，所以中央部分会隆起。

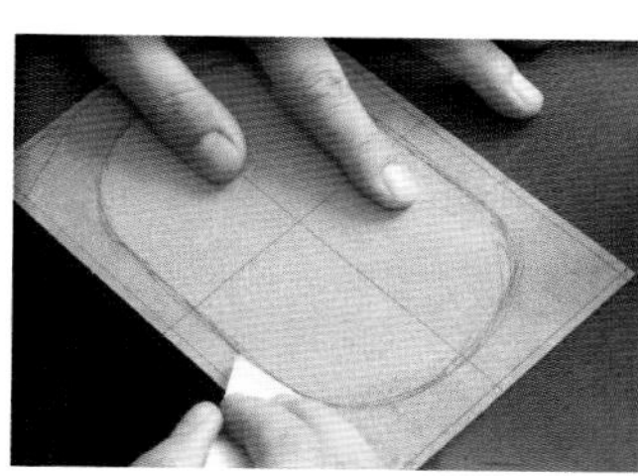

03

在步骤 01 所画出的主体黏合范围内涂抹橡皮胶。从线的外侧到边缘都要均匀涂上。注意，涂薄薄的一层就好。

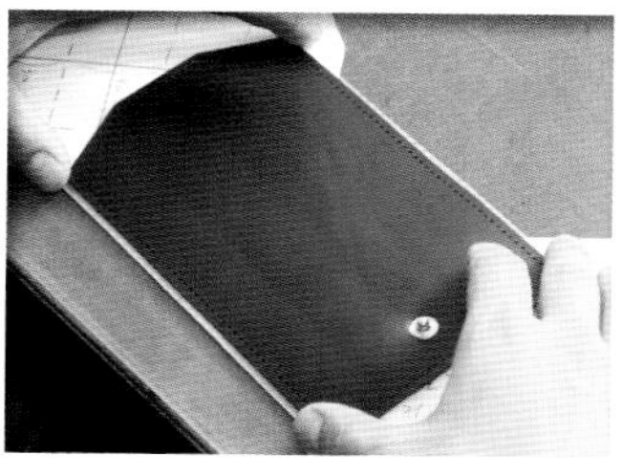

04 ◀POINT!

将外侧主体的中央点对准内侧主体的中央十字线，先从中央部分黏合。此时为了防止左右两端的皮革黏住，可以适当地夹入纸张以隔开。

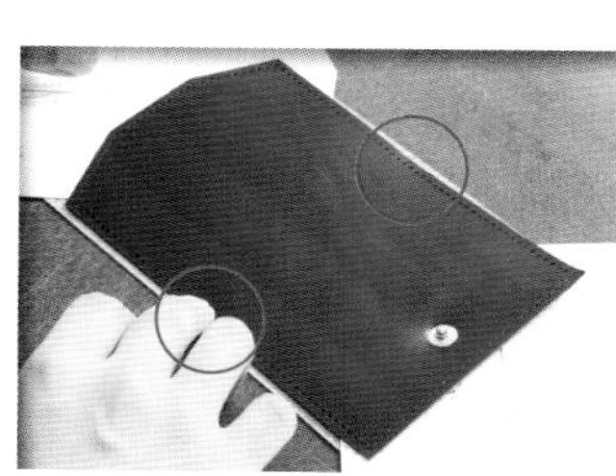

05

此时还只是重叠状态，不需要用力压紧。不过，为了防止偏移，要压住上下两端的中央点。

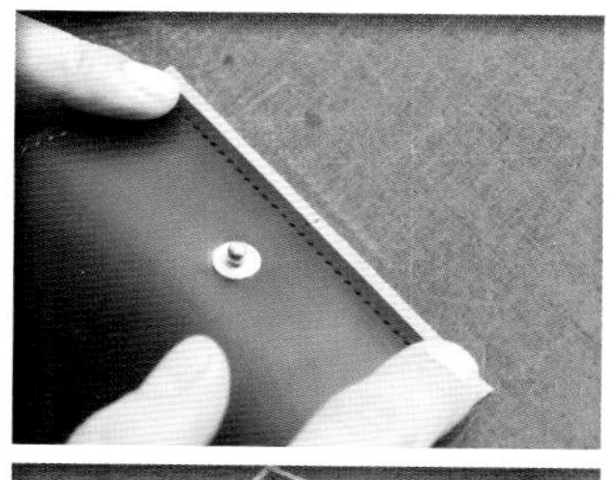

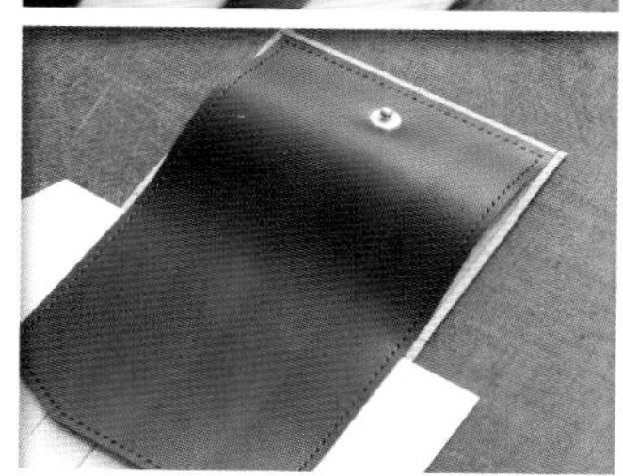

06

接着对准其中一端的虚线黏合。完成时会像左侧下图所示，中间与边缘之间会隆起。

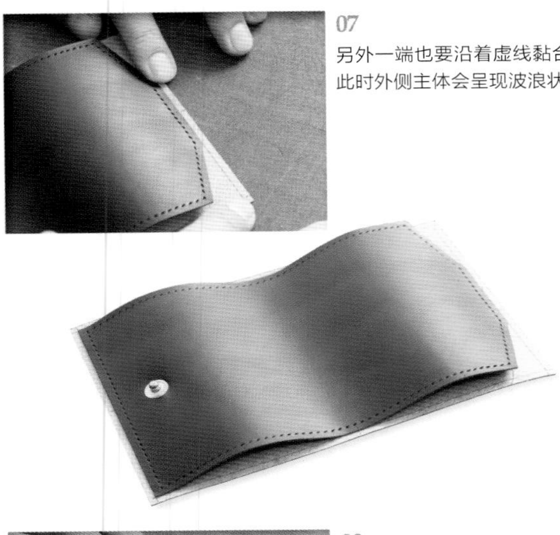

07
另外一端也要沿着虚线黏合。此时外侧主体会呈现波浪状。

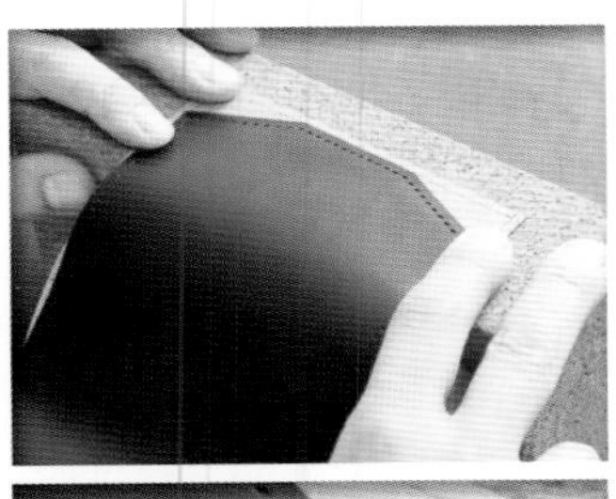
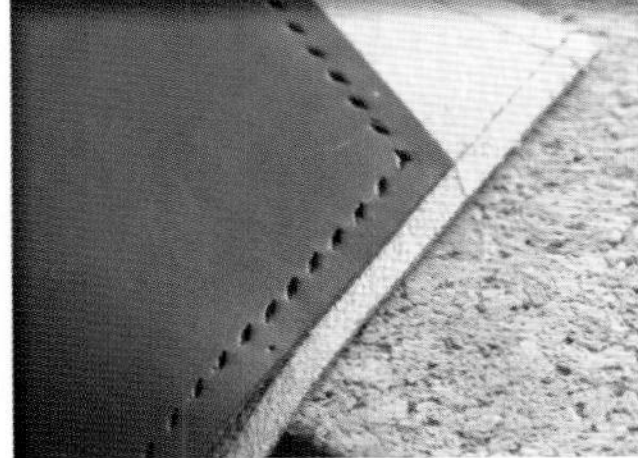

08
将不需弯曲的部分（要贴上补强皮革的范围）平贴黏合。实际的黏合范围到边角下方25mm处为止，请参考纸型，做出记号。用手轻压有上胶的部分。为了避免皮革歪斜，请勿太过出力。按压的时候可以利用软木砖以减轻力道。

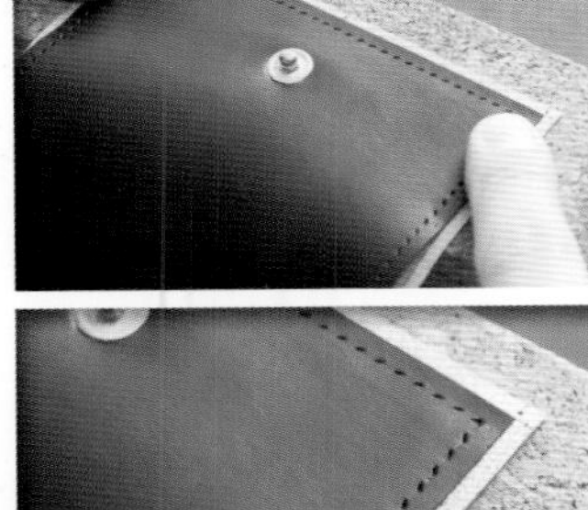

09
有扣子的那一端也用相同的方式按压黏合。此处的黏合范围到边角下方40mm处，请参考纸型，做出记号。

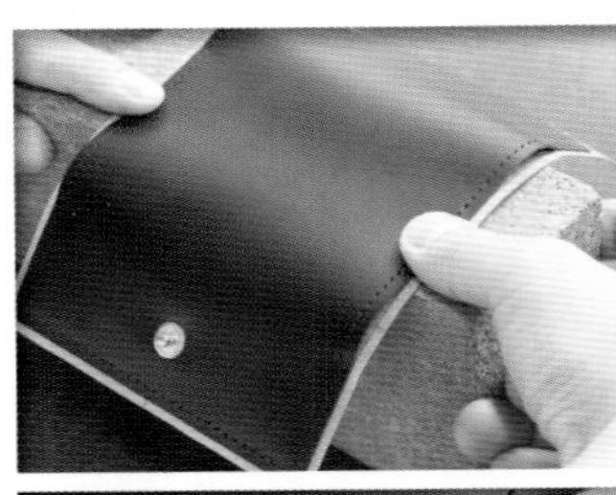
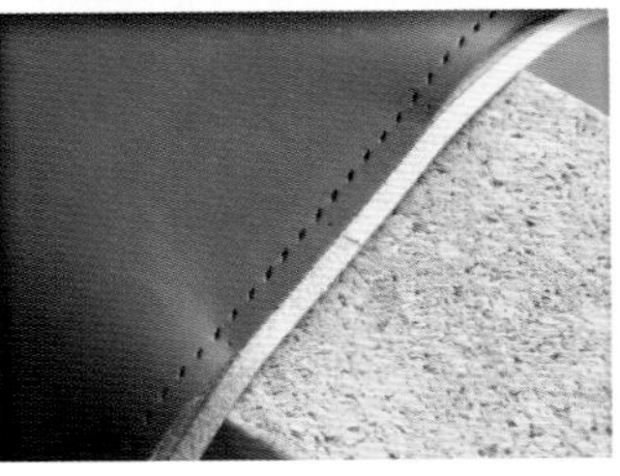

10
中央部分需按压配件底座的范围，使其贴平。宽度为中央记号上下40mm。此时，只有需要弯曲黏合的部分为凸起状态。

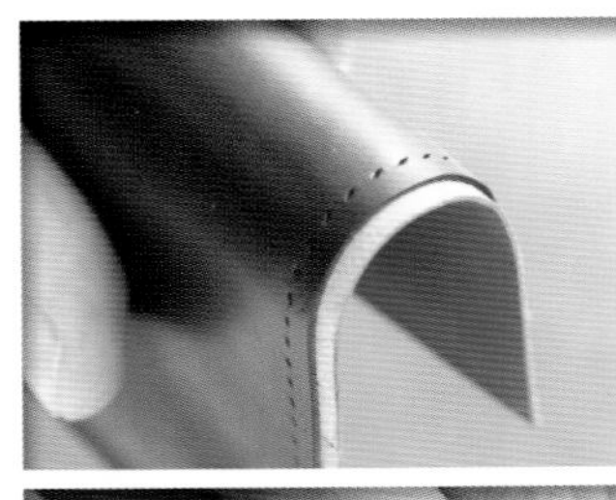

11 ◀POINT!
让剩下凸起的部分自然弯曲，将两片皮革紧密贴合。用手指抓着并保持此状态，仔细地按压，避免歪斜。外侧主体的纸型在两个弯曲处皆预留了3mm的长度，这是为了配合1mm厚的皮革所设定的数值。由于弯曲会依皮革的种类与厚度而产生变化，为了做出完美的曲线，各位可以自行调整数值，不断地尝试挑战。

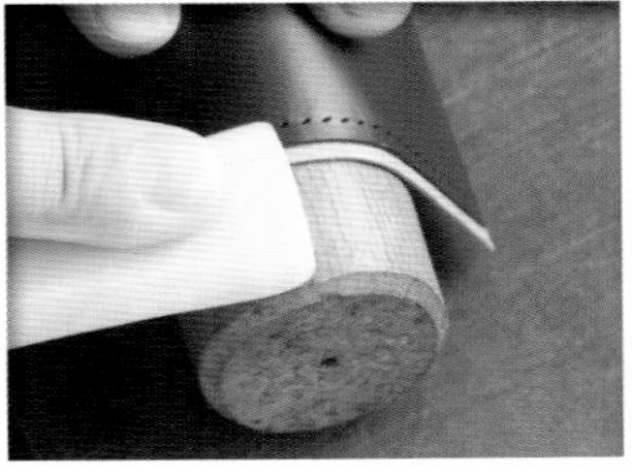

12
使用牛骨笔再次按压（之前都是以手轻压，防止歪斜）。可将厚纸板作为挡片辅助牛骨笔对直线部分进行按压。弯曲的部分可用圆棒辅助，注意维持正确的形状。边缘的地方要确实按压，避免翻起。

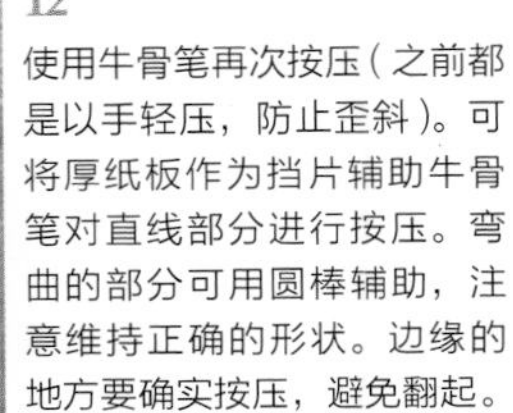

TECHNIQUE No.03

削薄部分的空隙要紧密贴合

因为外侧主体的边缘实施过削薄（请参考 P22 步骤 03 的图示），在黏合后会如同下图出现空隙。使用牛骨笔按压时要将此空隙处按压紧密。完成后缝线沟内侧的部位会稍稍膨起，可以增加作品柔软的质感。

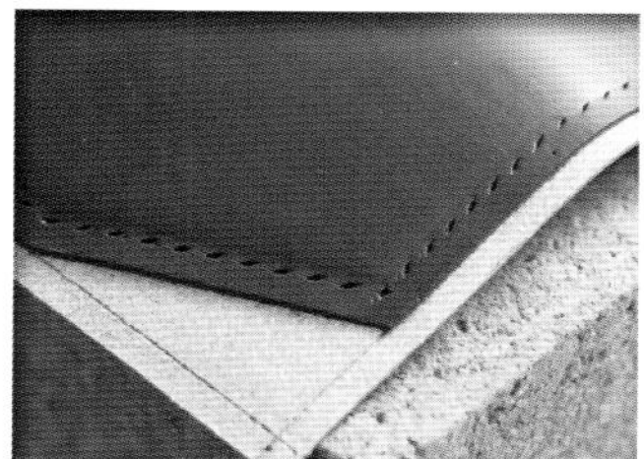

仔细地沿着削薄的线按压，就能让内侧的膨起部分产生柔软的感觉。削薄的线条会渐渐地消失，完成后就如同左图的状态，不留痕迹，并且紧密地贴合。

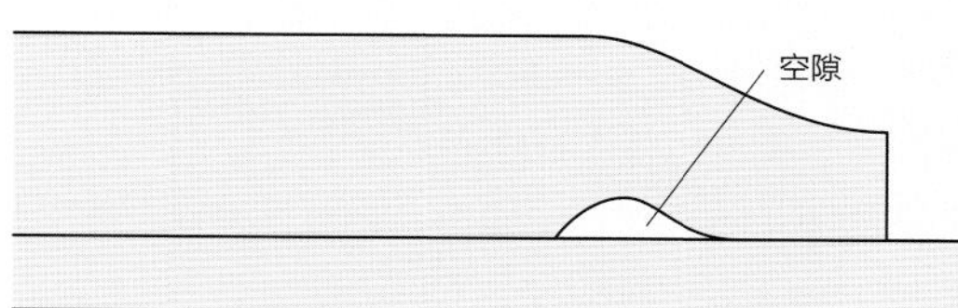

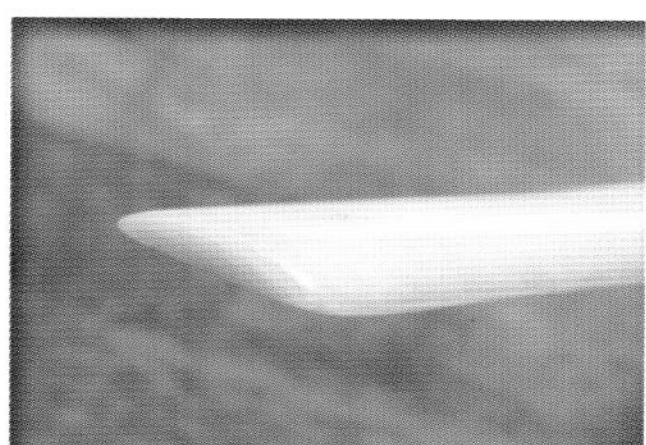

按压的时候要使用牛骨笔的尾端。因为此处比前端更接近直角，非常适合这种按压作业。

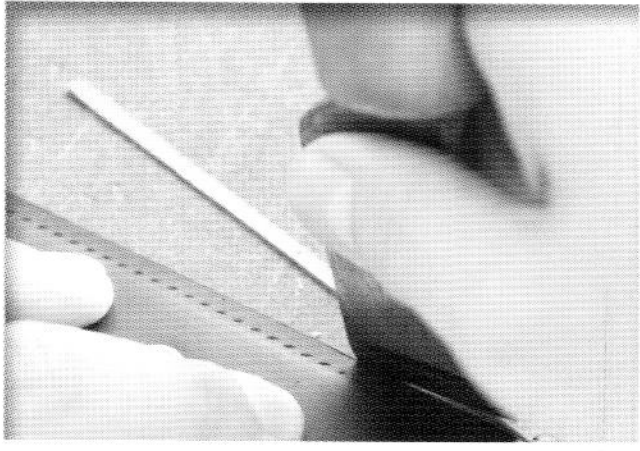

13

接着用裁皮刀切除多余的皮革。裁切时要沿着外侧主体的边缘，注意不要出现高低差。抓住裁皮刀的下方更容易做细微的控制。

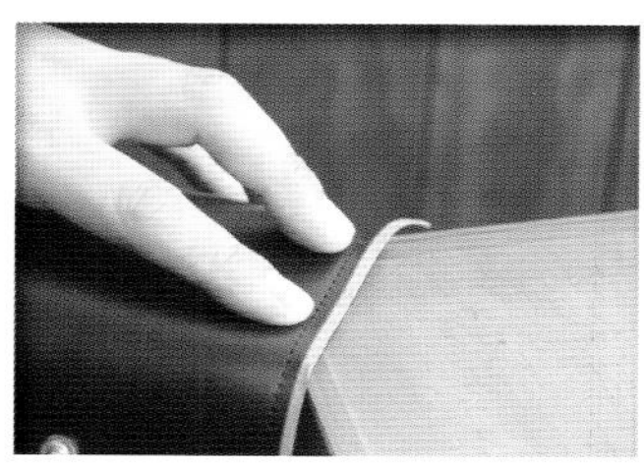

◀CHECK!

若在平坦的台面上按压弯曲黏合的部位，有可能会因过于用力而产生歪斜的情形，这时请多利用牛骨笔进行作业。

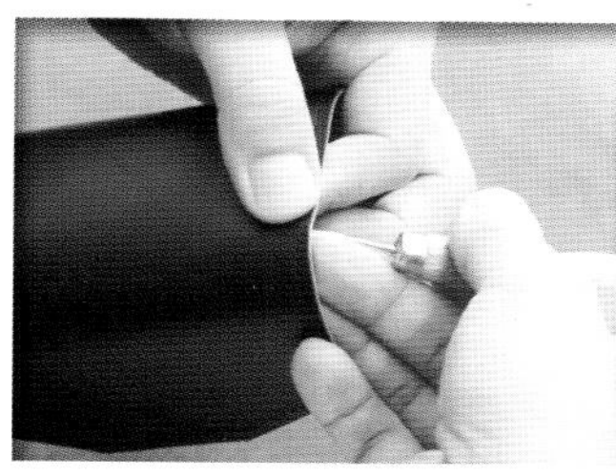

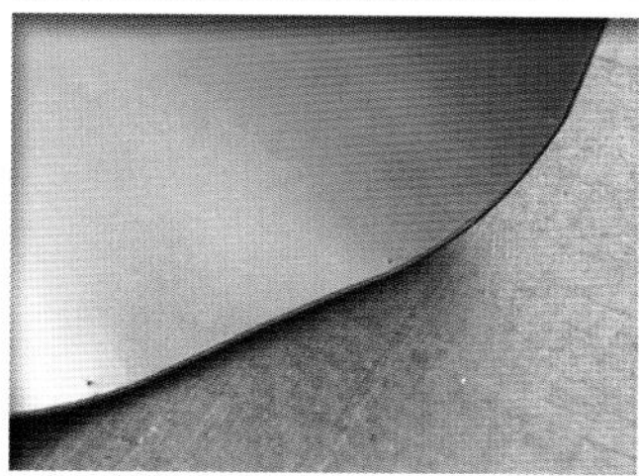

14

贴上配件底座与补强皮革。在欲贴上配件底座与补强皮革的主体上做出记号。

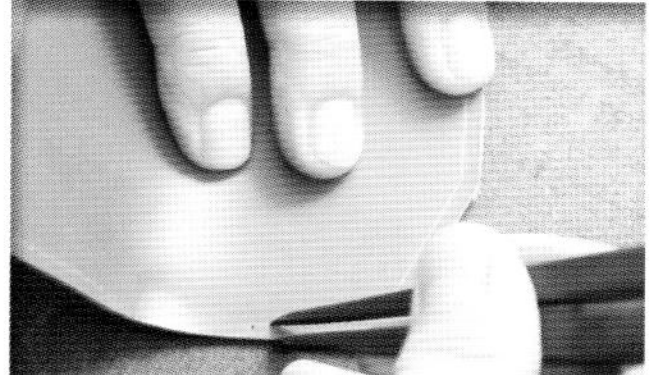

15

黏合的范围从边缘向内 3mm 宽。使用间距规画出 3mm 宽的线条。需要弯曲的部分不黏合，可以不必画线。

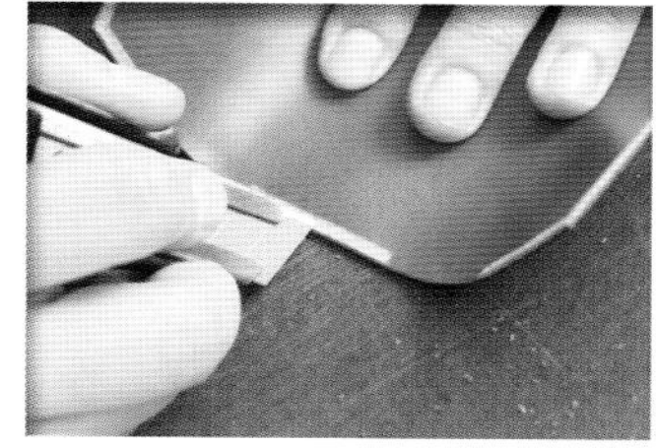

16

用美工刀刮粗需黏合的范围，并涂上橡皮胶。

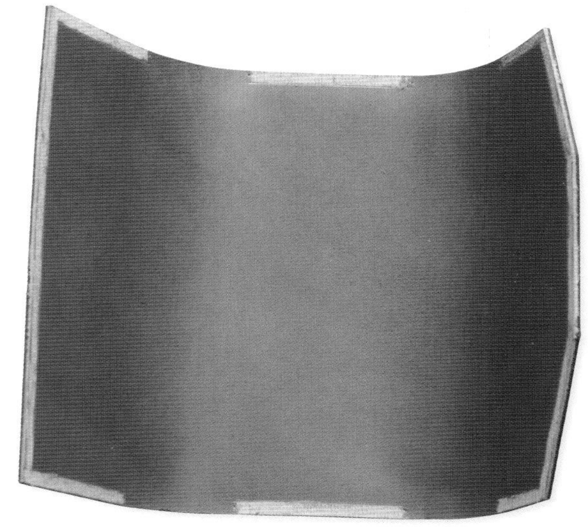

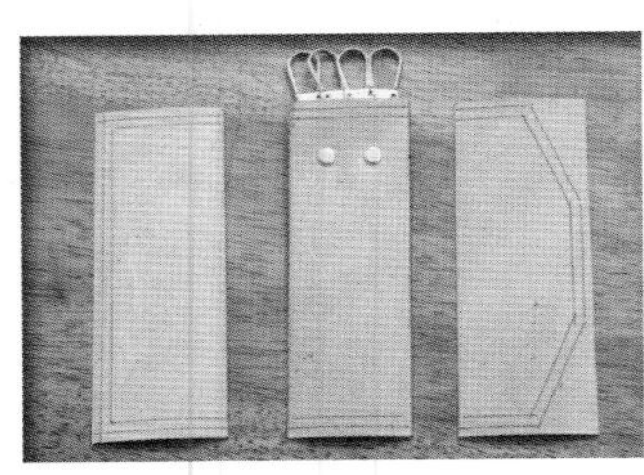

◀CHECK!

在配件底座与补强皮革的虚线（P21 的步骤 08 已事先画好）向内 3mm 宽处画出黏合的范围。注意配件底座的两侧与补强皮革的内侧皆不用上胶。

17

在配件底座与补强皮革的黏合范围内涂抹橡皮胶。

18 ◀POINT!

对准补强皮革上的框线，将主体贴合上去。另一片补强皮革也以相同的方式处理。

19

配件底座也依上下框线与用圆锥做出的记号为基准进行贴合。

20

使用牛骨笔将黏合的部位再次压紧。此处同样可以利用厚纸板辅助，仔细按压。

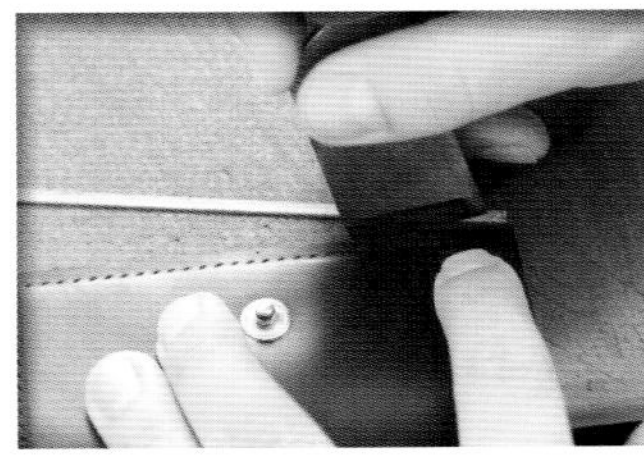

21

确实按压，避免边缘翻起，将多余的部分切除。

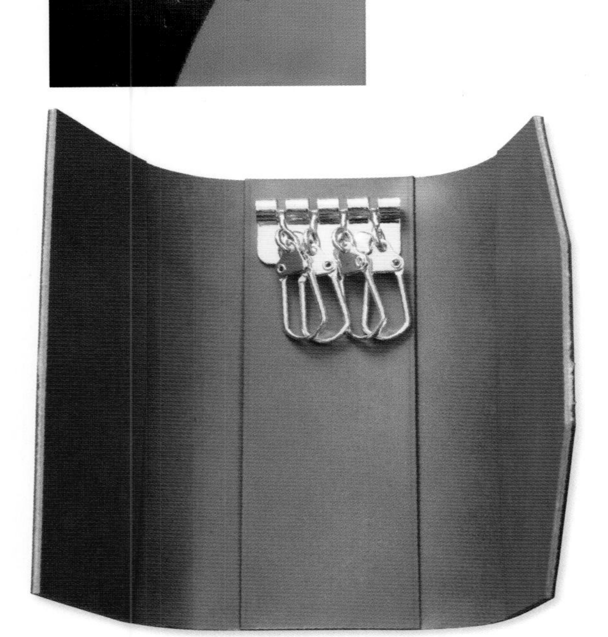

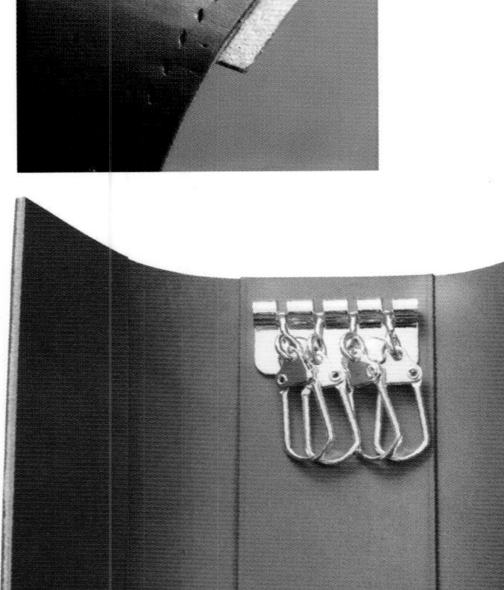

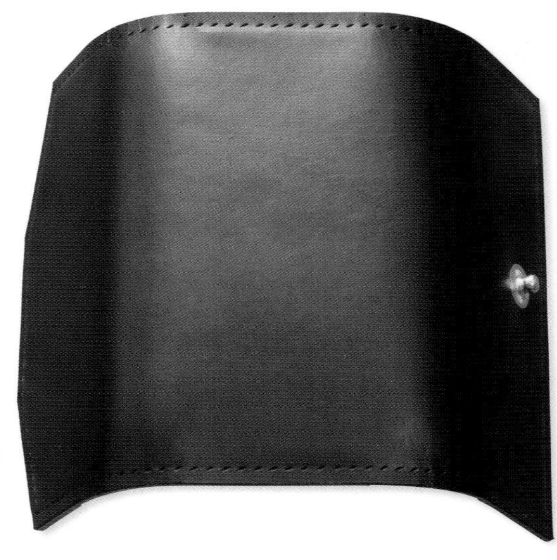

开始缝合并磨整边缘

完成各部件的黏合工作后便可以进行缝合并处理整体的边缘。缝合时，菱锥的使用方式是重点所在。

01

下针与收针时，线头要尽量藏在不显眼的位置。可以选择在不会弯曲到较具厚度的地方。此处是选择底扣那端的角落位置。

◀CHECK!

缝合时可以使用手缝固定夹。如果直接夹住皮革，可能会令弯曲的部分变形，因此可以将适当大小的软木片等工具夹在中间，让皮革保持自然的曲线。

TECHNIQUE No.04

选择缝线的颜色

若想让此作品呈现出稳重的氛围，可以让皮革与缝线固定为两种色调。此处选择的是与内侧皮革相近的浅咖啡色。若使用灰色或橘色，则会稍微带有轻便、不拘小节的氛围。

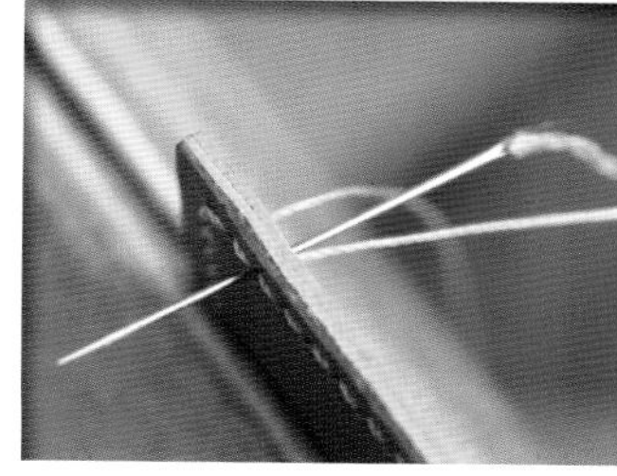

03 ◀POINT!

收线的方式按照自己的想法即可。在此介绍一种适合薄皮革的收线方法。用平针缝的方式停在最后的两孔前，接着只用单边的针继续逢到最后再缝回停止的位置。虽然外观看起来像一般的双针缝，但收线的位置不在角落，会比在角落收线更难松脱。另外，由于只用到单边的缝线，看起来会较为清爽。

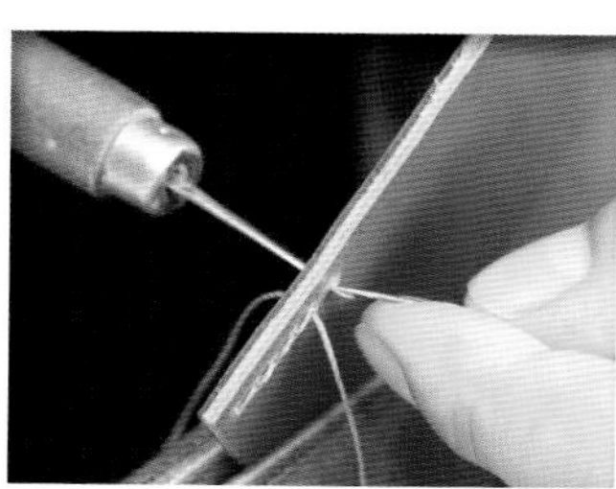

02 ◀POINT!

使用菱锥穿过主体上菱孔的同时穿针引线。此作业的技巧会于下页进行介绍。此时若是无法垂直地穿孔，会让内侧的孔穴杂乱不堪。若暂时用不惯菱锥，可以先将皮革放在软木砖上，一孔一孔地仔细打穿。另外，缝线在经过补强皮革与配件底座有高低差的位置时，注意缝线不要直接跨在有高低落差的位置上。

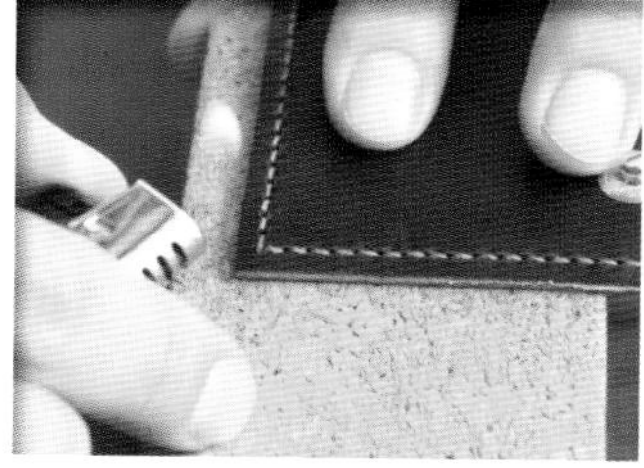

04

将多余的线剪掉，做收线动作。此处使用的是尼龙线，因此可用打火机收线。若是使用麻线，则要使用白胶。本作品使用的为较细的 5 号尼龙线，配合尺寸较小的菱斩，让缝线看起来干净利落，十分整齐。

TECHNIQUE No.05

使用菱锥进行双针缝

为了显现细致的缝线效果，需要在 P22 凿孔的流程中刻意减轻凿孔的力道。但如果没有打穿菱孔，便无法形成缝线孔。此时可以如右图所示，右手同时拿着菱锥与缝针，一边穿洞，一边缝合。各位可以参考各个角度的照片，练习此技巧的动作要领。

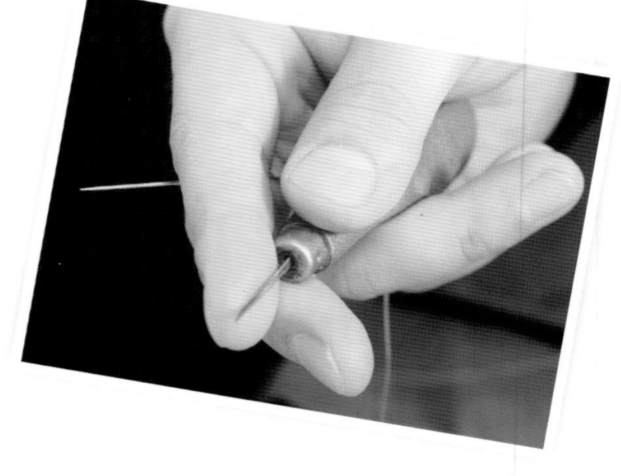

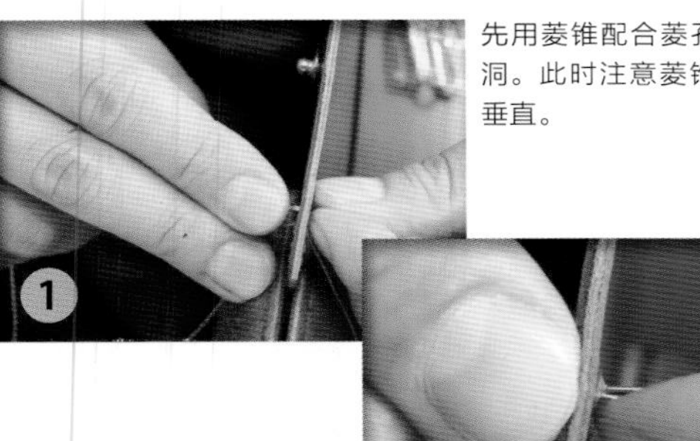

先用菱锥配合菱孔的角度穿洞。此时注意菱锥要与皮革垂直。

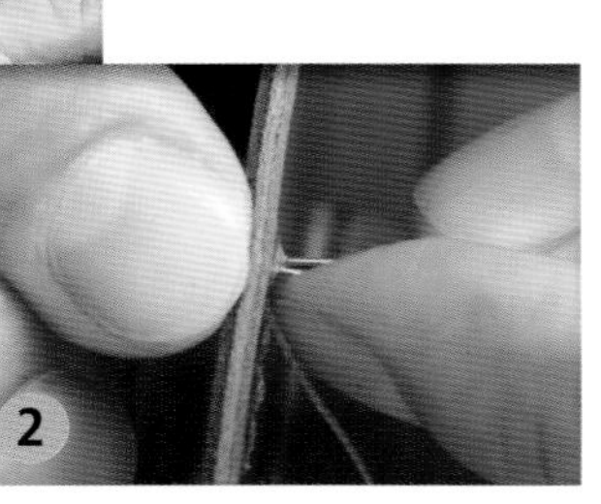

当菱锥的前端稍微穿过内侧时，沿着菱锥让左边的缝针穿过。

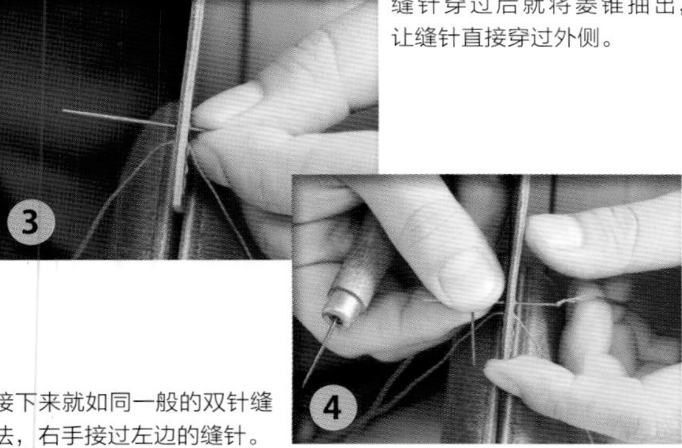

缝针穿过后就将菱锥抽出，让缝针直接穿过外侧。

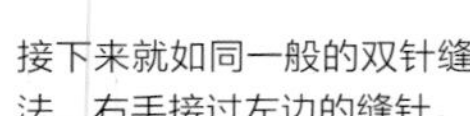

接下来就如同一般的双针缝法，右手接过左边的缝针。

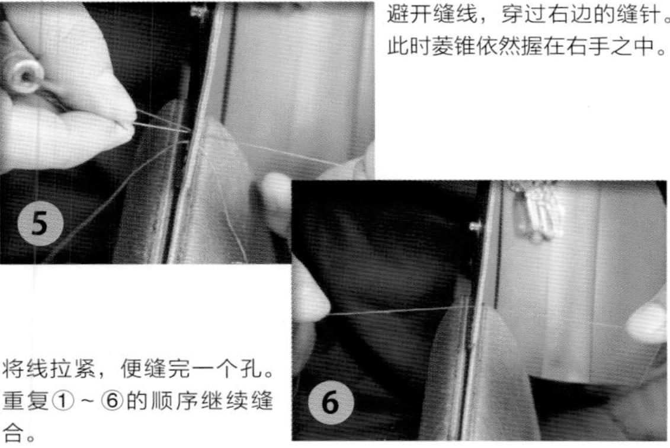

避开缝线，穿过右边的缝针。此时菱锥依然握在右手之中。

将线拉紧，便缝完一个孔。重复①~⑥的顺序继续缝合。

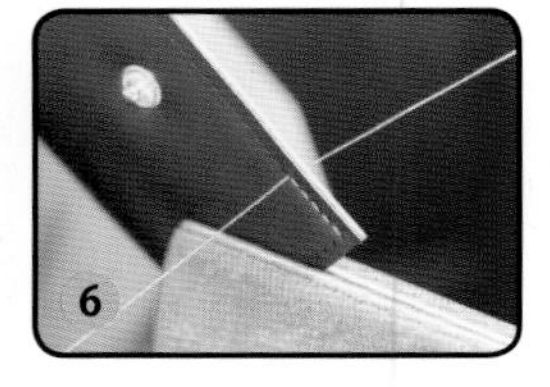

其他角度

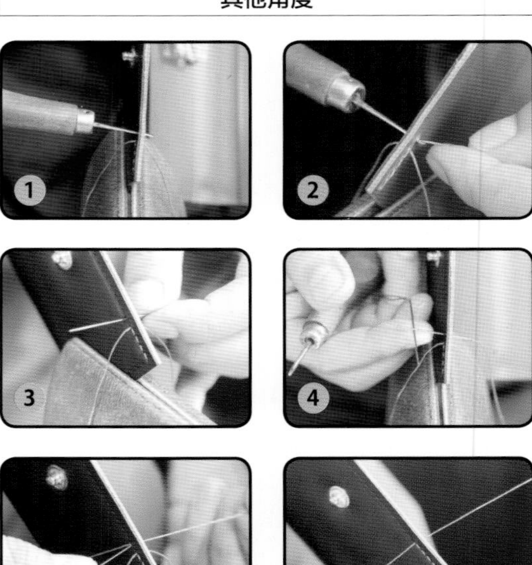

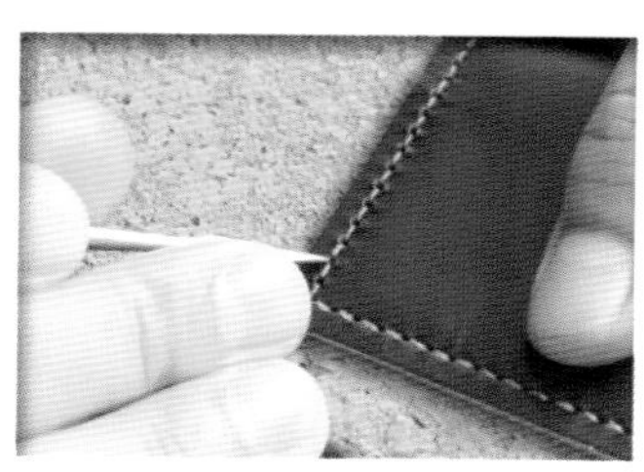

05

使用工具将线头塞进缝孔内，可以隐藏收线的痕迹。为了避免伤及皮革，请使用压擦器等较不尖锐的工具。

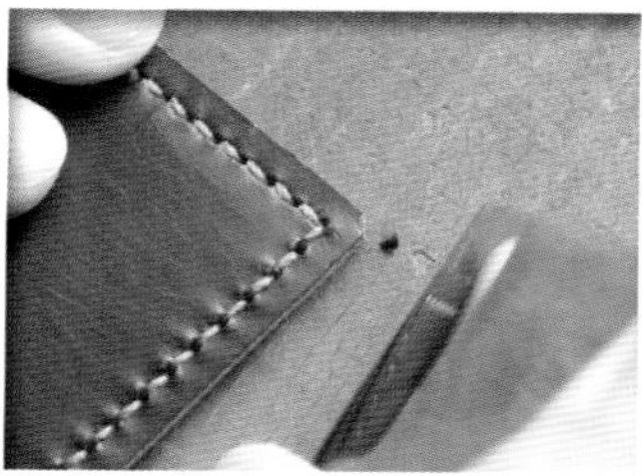

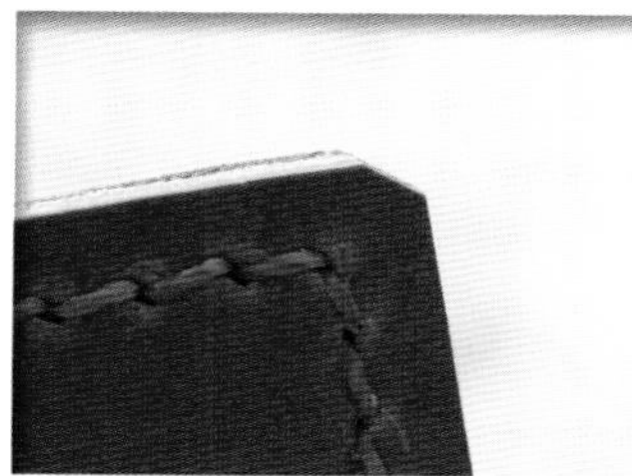

06

在直角的顶端用裁皮刀切下一小部分，稍后再进行修整。切除角度约为45°，用目测方式裁切即可。直角以外的部分只需以砂纸研磨，不用切除。

07

使用刨刀修整皮边。上一阶段有切除的位置也要整理，做出自然的曲线。没有刨刀时就用砂纸仔细地研磨。

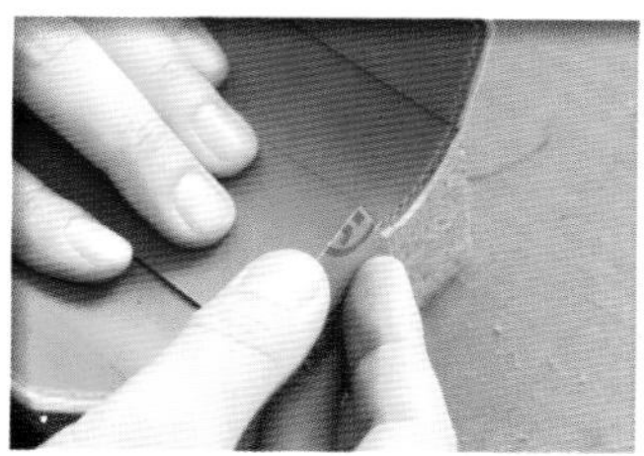

08

用砂纸研磨皮边，让其表面平整，消除凹凸不平的现象。

◀CHECK!

使用削边器可以均等地修整皮边，可以稍微提升作业效率。不过本作品使用的皮革较薄，注意不要削得太深。

◀CHECK!

依序使用150#、240#、400#三种型号的水砂纸仔细研磨，让皮边更加平整。水砂纸不容易耗损，耐用度较高。

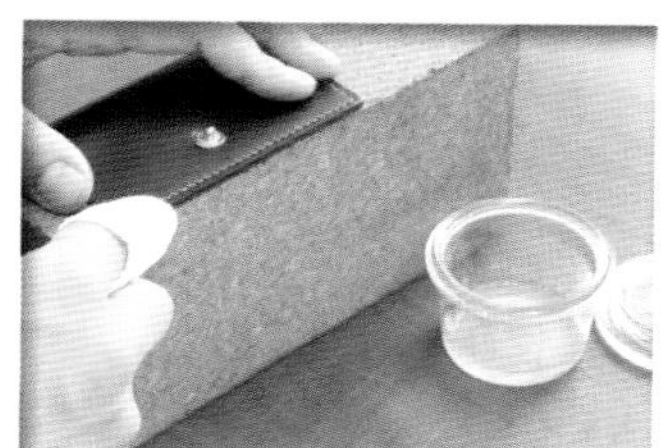

09

涂上皮边处理剂，用棉布磨整。想要提升作品完成度时可以重复进行08~09的动作。

TECHNIQUE No.06

重复用砂纸研磨的理由

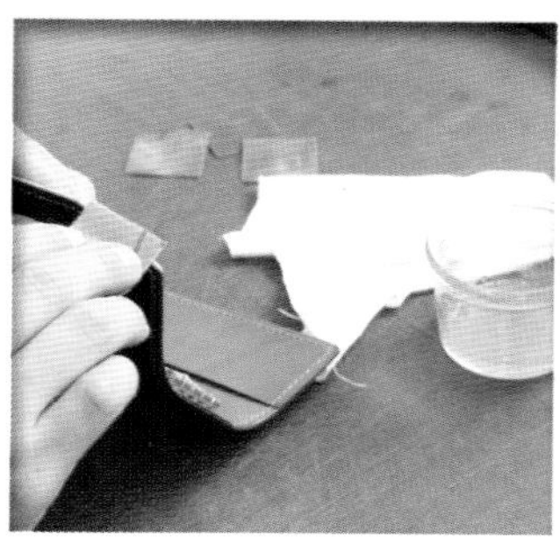

涂上皮边处理剂后，皮边会稍微变得坚固，方便用砂纸研磨。只要能够掌握纤维的方向与研磨的力道，重复2~3次就能让皮边滑顺并充满光泽。

10

将皮边染色。要用什么颜色可以自行决定。本次的作品因用不同色系的皮革黏合，为了增加稳重感，选择染上与皮革颜色相同的染料。

TECHNIQUE No.07

皮边染色时要配合颜色较深的皮革

要对两种不同色系的皮边染色时，要配合深色的皮革选择染料。像本作品染上相同的颜色后，便会增加整体的一致感。

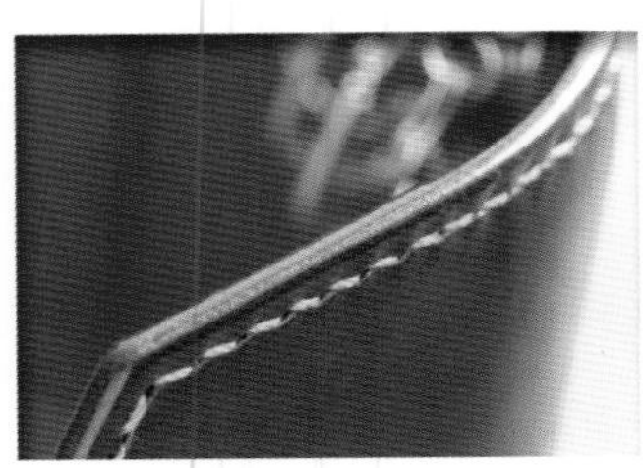

◀CHECK!

如果在染色前确实做好了研磨的作业，上色后皮边的质感就会很棒。如果觉得不够平整，也可以再拿砂纸研磨。

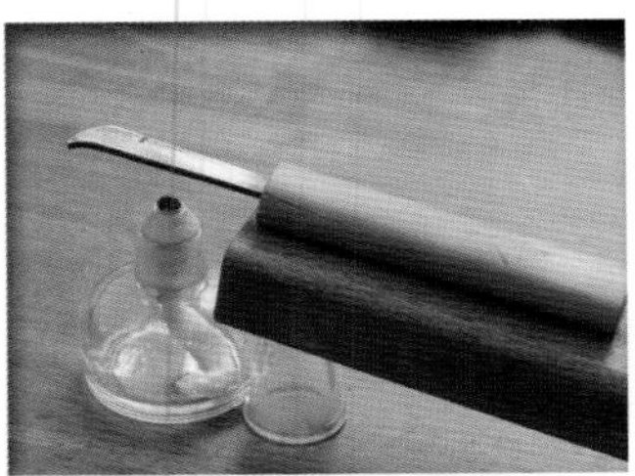

11

最后用装饰边线器以由内至外的顺序进行修边，完成后进行上蜡，可以保护皮边，也能使皮边产生光泽。上蜡的方法会在 P43 做详细的讲解。

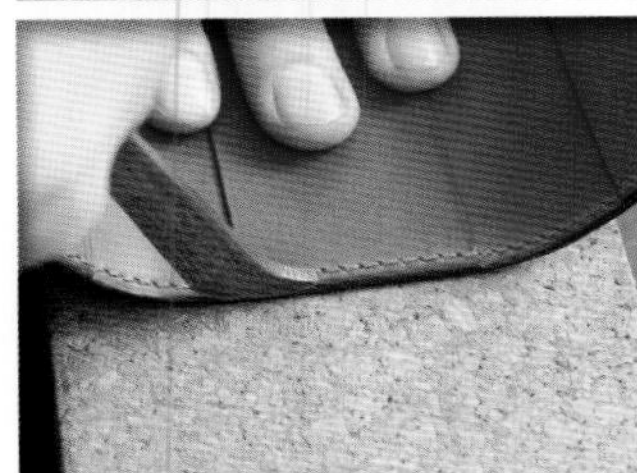

装上四合扣

用皮革包覆扣头并将其装上后便完成所有作业。将包覆用的皮革周围削薄，小心谨慎地装上。

01

准备好扣头的零件和圆形皮革。圆形皮革可用圆斩裁切。此处选用的扣头直径为 12mm，包覆用的皮革的直径则为 24mm。

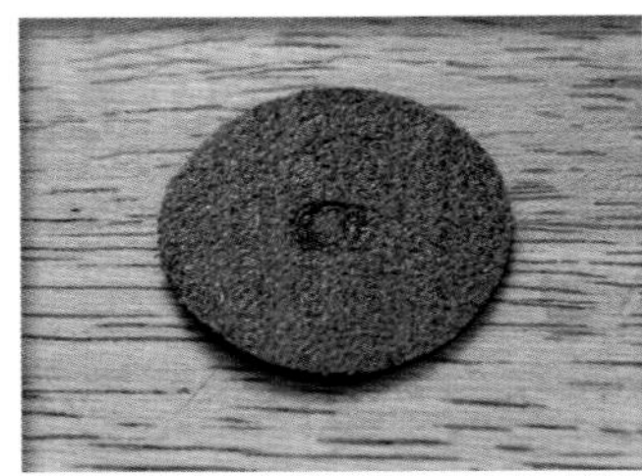

02

在圆形皮革的皮面中心点（大概位置即可）画一个直径约 5mm 的圆。从中心圆向外削薄，边缘几乎不留厚度。削薄的方式如下图所示。

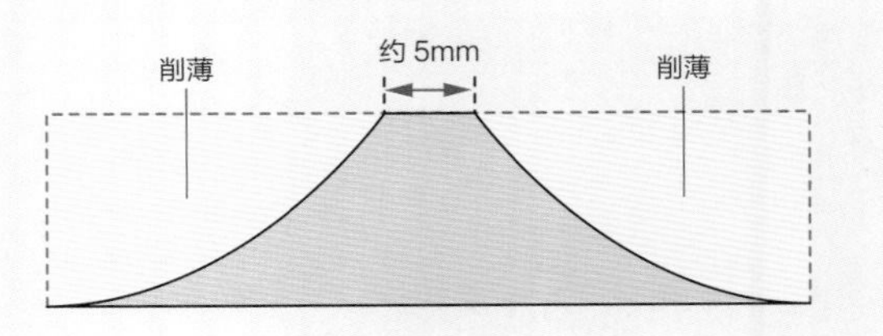

TECHNIQUE No.08

削薄小部件时的诀窍

将小部件削薄时，压住的手会非常碍事，因此可以利用工作台的边缘，让裁皮刀像是削果皮似的横切，控制力道调整削除的厚度。慢慢地旋转圆形皮革，用相同的方式处理。

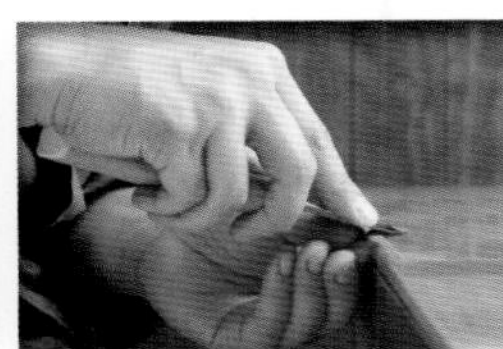

03

在圆形皮革的床面与扣头上涂橡皮胶，将扣头黏在皮革的中心位置，接着在扣头内侧上胶。

04

慢慢地将周围的皮革卷起，做出均等的褶皱。接着用指甲按压，让皮革贴紧扣头内侧。若是周围削得不够薄，则无法做出漂亮的褶皱。当褶皱不平均时可能会出现剥落的现象，请特别注意。

05

确定扣头的位置。将钥匙包闭合，利用先前装好的底扣按压出痕迹。如果压得太用力，会让皮革歪斜。因此，请尽量控制力道，压出刚好可以看到的痕迹即可。

◀CHECK!

以防万一。用尺子确认痕迹是否在中央的位置。若是位置不够准确，可能就是因为按压的姿势错误所导致。

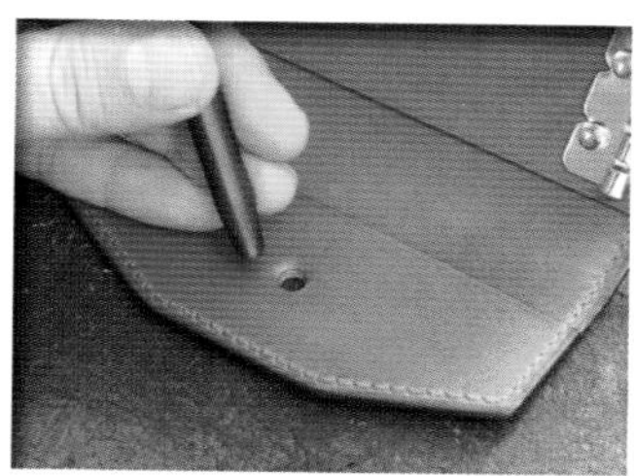

06

用圆斩凿出装扣头用的孔，并用四合扣打具将扣头装上。确认所有配件都已装上后，做最后的整体修整，至此便完成了钥匙包的作业。

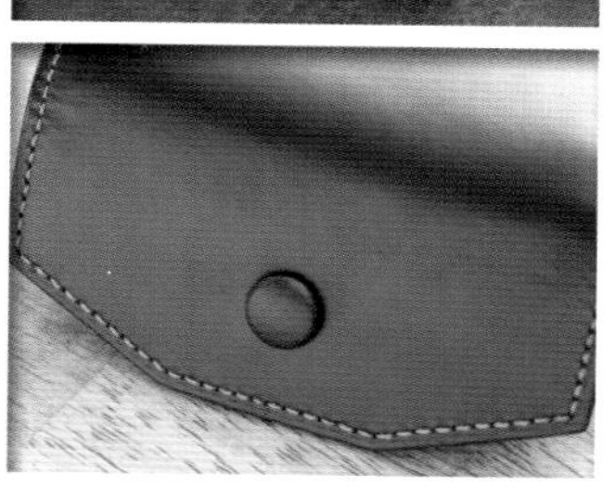

◀CHECK!

将包覆好的扣头直接放在金属台上敲打，会伤害到包覆的圆形皮革。因此可以先垫上保护用的皮革，如此敲打就不会伤害到接触面的皮革了。

OTOHACI

SHOP DATA

otohaci（おとはち）
东京都千代田区富士见 2-3-1 信幸大厦 2F
电话 & 传真：03-3263-3334
营业时间：周二至周五 12:00~20:00
周六和周日 12:00~18:00
休息时间：每月第四个周六和周日
网址：http://www.otohaci.jp
E-mail：0108@otohaci.jp

若想追求美丽的作品，就要思考最适合的制作方式

踏进“otohaci”的工作室，处处充满着新奇，仿佛迷失在未知的国度里。带有传统欧洲文化气息的各式作品散发出典雅的氛围。上村师傅认为，越是构造简单的作品，越能够反映出制造者的技术与皮革的好坏。因此，为了做出美丽的作品，要不惜花费时间与精力进行制作。这些美丽作品的制作方法都能在上村师傅举办的“手工皮革包教室”里学到。有兴趣的读者可上“otohaci”的网站查询。

上村崇司

钞票夹

BILLFOLD

穿着西装的时候，
舍弃平时塞满卡片的厚重皮夹，
将纤细的钞票夹干净利落地放进西装的内袋，
这才是绅士的素养。
构造简单，不使用五金配件，
利用皮革之间的紧密贴合，适度缝合，
充分展现着淡雅的绅士之风。

钞票夹

BILLFOLD

制作：奥居次郎（手作皮革工房Jiro）
摄影：梶原崇（Studio kazy）

[制作的重点]

① 袋口没有缝线，呈现简洁的质感

左右的袋口部分都贴有内里，曲线的部分选择不上缝线，只靠黏合与磨边处理。由于少了缝线，外观看起来会比较清爽，不会因为缝线的凹凸而留下痕迹。不过卡套的侧边依然要使用缝线做补强。

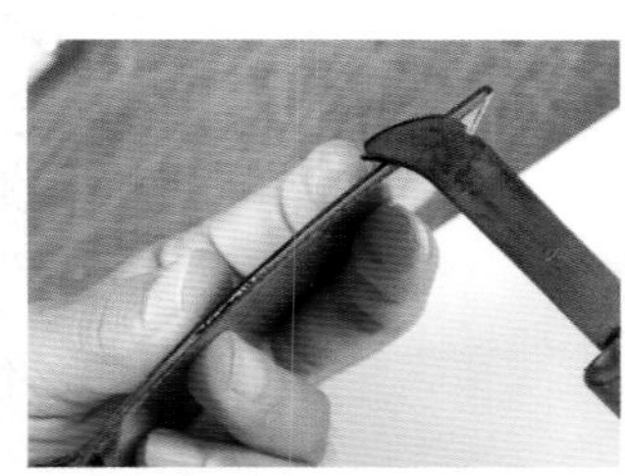

② 皮边磨修完成后上蜡

按照“打磨至平滑状态→以床面处理剂研磨→以皮边染料染色”的顺序对皮边进行处理，完成后进行上蜡，以达到保护与磨光的目的。用装饰边线器熔化适当的蜡，直接涂在皮边上。只要依照 P43 讲解的重点作业即可。

③ 改变内外部件的尺寸，做弯曲黏合

为了让主体在折合时呈现出美丽的外形，中央部分要采用弯曲黏合的方式处理。通过改变内、外侧部件的尺寸，避免对皮革施加多余的拉扯。另外，在平坦的部分夹入芯材，便可控制弯曲部分与需要保持韧性的部分。

④ 黏合后再裁切皮革

先将皮革黏合，再裁切成正确的部件形状。这样可以将皮边的凹凸控制在最小限度，让皮革的黏合处较不明显，并且难以剥落。尤其是本作品的袋口内侧并不上缝线，因此，让皮边紧密贴合的作业便十分重要了。

[使用的皮革与材料]

露出面的皮革部件（右图上半部）选用厚度 0.8mm 的 BRIDLE 皮革，主体的芯材使用厚度 0.3mm 的不织布（市售的芯材）。本作品的构造简单，因此使用别种皮革时尽量选用偏薄但能保持韧性的皮革。不过，使用白胶（聚醋酸乙烯酯类的黏合剂，硬化后会产生韧性）或以芯材调整厚度也能达到相同的效果，各位可以自行尝试。内里的部件（右图下半部）使用厚度 0.6mm 的水牛皮，也可用适合的牛皮或猪皮代替。如果主体与右侧袋口不贴内里，皮革的厚度就要改成 1mm。

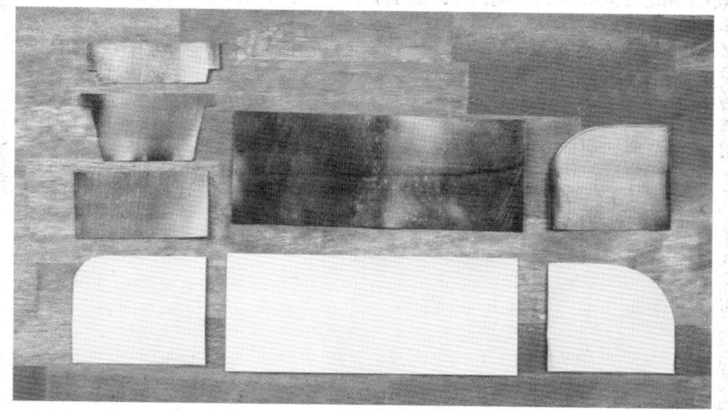

[使用的工具]

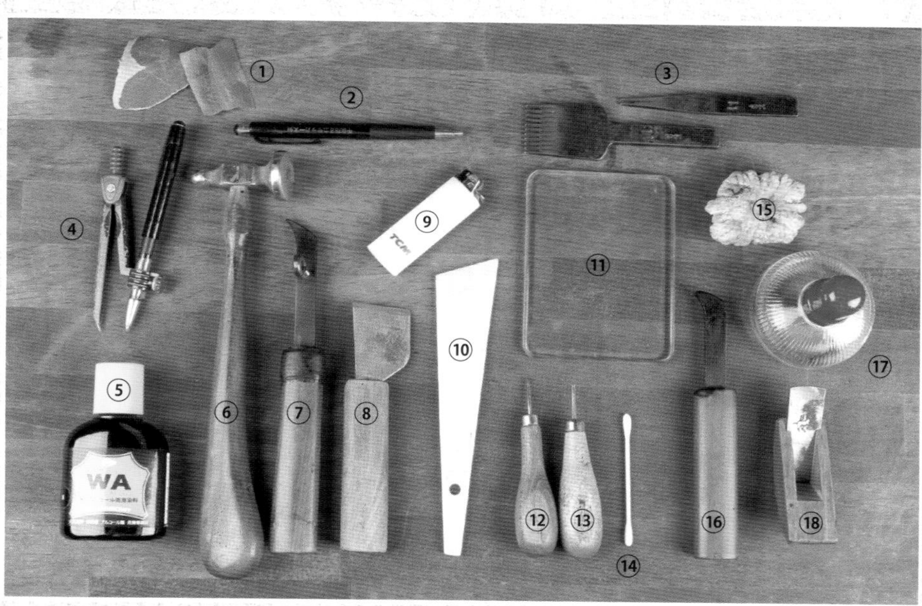

①**砂纸** ②**圆珠笔**（在皮面上做记号用，可拿银笔替代）③**欧式斩**（凿缝孔的专用工具，与菱斩不同）④**圆规**（于内里皮革上描绘黏合范围）⑤**皮边染料** ⑥**铁锤** ⑦**边线器** ⑧**裁皮刀** ⑨**打火机**（烧线头用）⑩**上胶片** ⑪**玻璃板**（削薄作业时的底座）⑫**圆锥** ⑬**菱锥** ⑭**棉花棒**（涂皮边染料的工具）⑮**线蜡**（用于缝线与皮边的上蜡）⑯**装饰边线器**（用于皮边的处理与上蜡作业）⑰**酒精灯**（用于加热装饰边线器）⑱**小型刨刀**（用于修整皮边）⑲**橡皮胶**

欧式斩是欧洲主流的凿孔工具。适合皮革开孔作业，就算打得再深也不会撑大缝孔。容易凿出手工缝制特有的针脚是其最大的特征。

※ 在此仅介绍主要工具与较具特征的工具，基本工具请自行判断准备。

裁切部件后削薄

留意需要粗裁的部分，将部件切下。使用裁皮刀做事前的削薄作业。

01 ◀POINT!

按照纸型裁出卡片夹层（上、中、下）、外侧主体、右侧袋口表面、左右袋口里面、内侧主体等皮革。两侧袋口的曲线部分（除了直角的两条边线之外）在裁切时要预留 2mm 左右的空间。其他部件按照纸型的尺寸裁切即可。

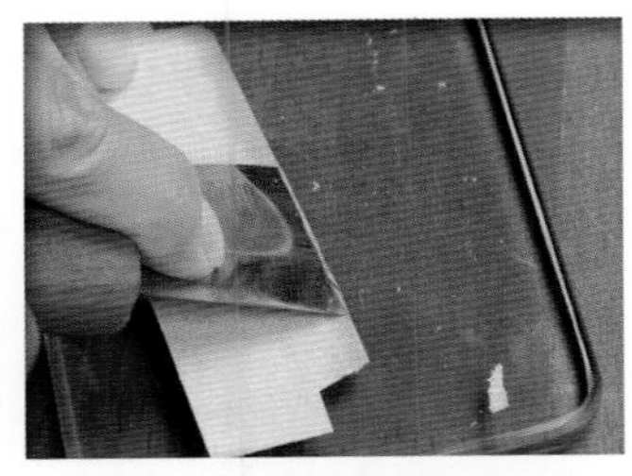

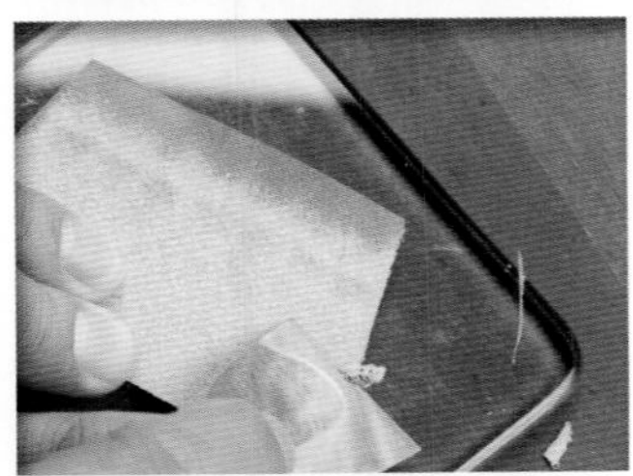

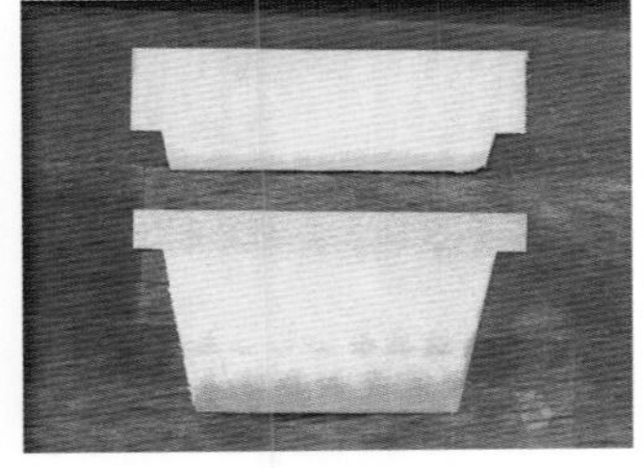

02

将卡片夹层（上）与卡片夹层（中）直接黏合会增加整体的厚度，所以要先把下方凸出的部分削薄。但是最下面会加上缝线，若是太薄，缝合时会容易破损，因此，要控制削薄的程度，以保持皮革强度。

03

主体芯材的周边也要削薄约 5mm 的宽度。如此便可以消除厚度对皮革高低差的影响。

04

内侧主体的各边也要削薄 5mm 的宽度。之后会切除多余的部分，因此整体要削薄 7mm 左右。因为接下来要与外侧主体缝合，注意不要削得太薄。

处理内侧的部件

将左右袋口的内外部件黏合。进行作业时要注意皮边的处理方式与切除多余部分等重点。

01 **卡片夹层（上）**

将纸型放在左侧袋口里面（上），画出卡片夹层（上）的黏合位置。因为是皮面，可以直接用圆珠笔或银笔画。由于曲线的部分是粗裁，所以纸型要对准下方的边线。

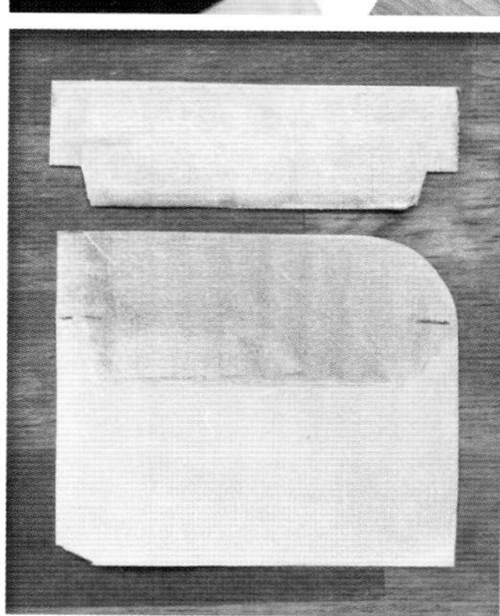

02

依据前面画好的记号，在黏合的范围内涂抹皮胶。为了让皮革紧密贴合，胶可以涂到黏合范围之外，经过缝合作业，痕迹会完全被隐藏起来。另外，卡片夹层（上）的皮面也要上胶。

TECHNIQUE No.09

二次上胶的技巧

将橡皮胶薄薄地涂抹均匀后，大部分的胶会渗入皮革内，有时会出现黏着力不足的情形。此时可以再薄薄地涂上一层，如此第一次的胶就会成为基座，皮革便能够紧密地黏合。

03

对准记号，将卡片夹层（上）贴上。

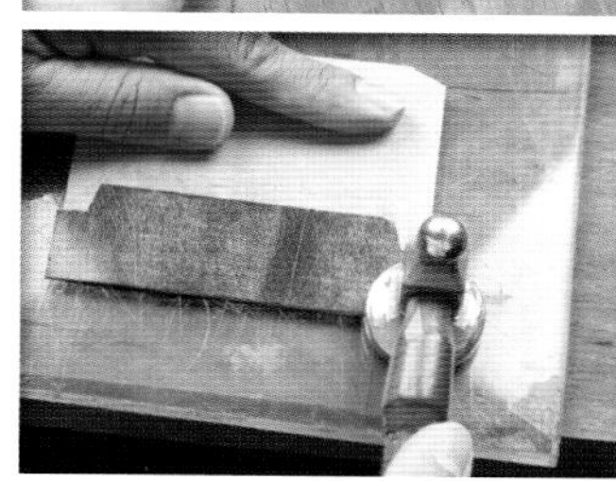

04◀POINT!

用装饰边线器握柄等带有曲线的工具，以磨压的方式让皮革均匀贴合，注意不要伤害到银面。接着用铁锤敲压两端，避免脱落。完成后卡片夹层的作业便暂告一段落。

05 **右侧袋口**

在黏合面上均匀上胶，对准直角位置，将右侧袋口的内外部件黏合。曲线部位在稍后的作业中会裁切掉多余的皮革，所以不需要对得很整齐。

06

依照先前的要领，使用铁锤与装饰边线器的握柄做压紧的动作。磨压动作可以在反面进行，这样可以降低伤害到皮革的概率。

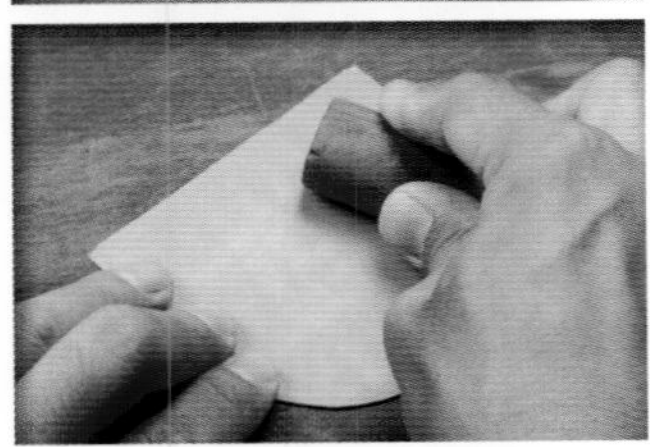

TECHNIQUE No.10

按压工具的使用方式

按压黏合面时，要使用不会造成表面凹凸不平的物品（工具的握柄、玻璃板、滚轮等）。另外，使用铁锤敲打边缘时，为了避免伤害到银面，要减少磨压时的力道，或是在中间垫一张纸。

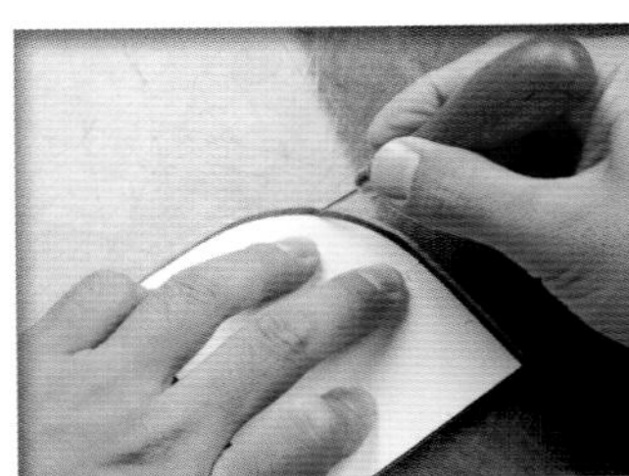

07 ◀POINT!

将纸型对准直角的位置，用圆锥画出曲线的线条，再用裁皮刀切掉多余的部分。完成后右侧袋口的尺寸便合适了。

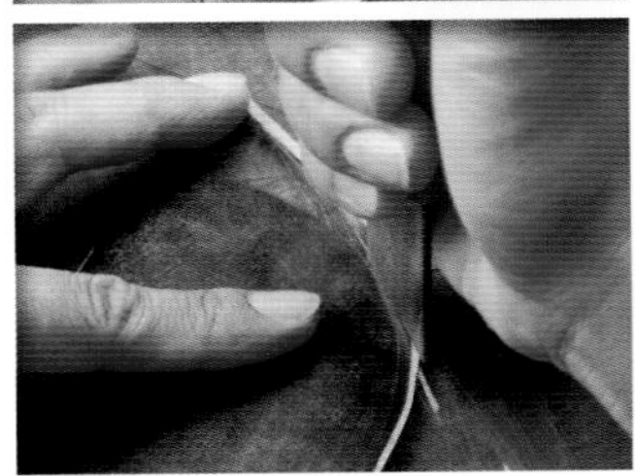

08 **处理皮边**

处理右侧袋口曲线、卡片夹层（中）、卡片夹层（下）的皮边（图中红线的部分）。

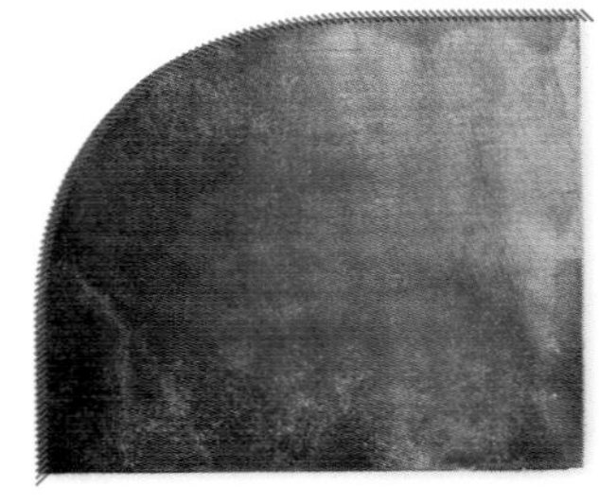

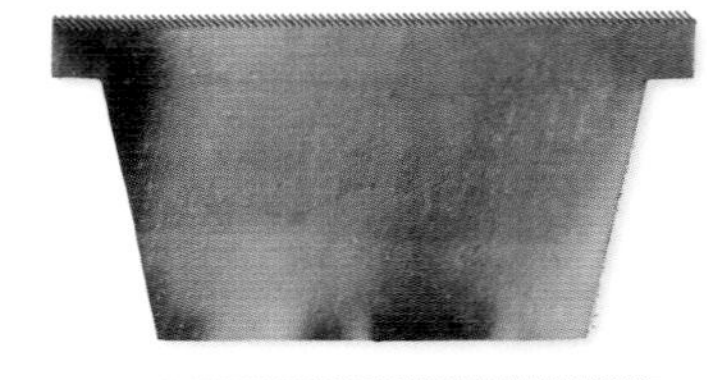

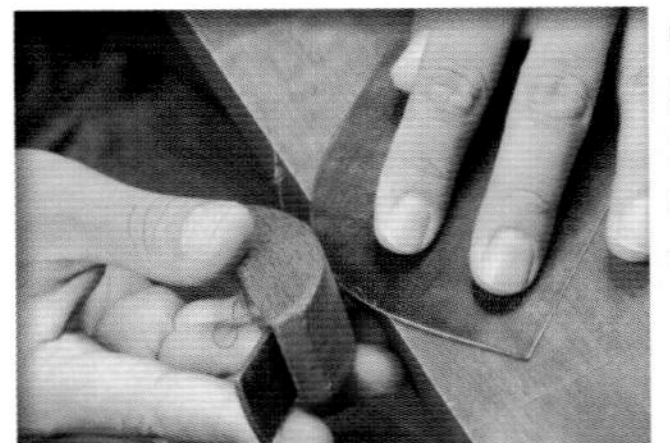

09

用刨刀修整皮边的切口。因为皮革很薄，轻微修整即可。若是使用削边器，则有可能会修过头，需特别注意。

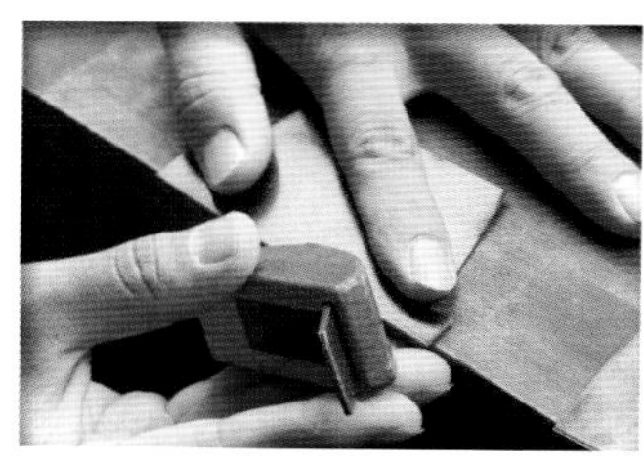

◀CHECK!

因为卡片夹层（中）、卡片夹层（下）的上缘没有内里，所以特别薄，注意不要修得太深。如果是用较软的皮革，只用砂纸研磨就足够了。

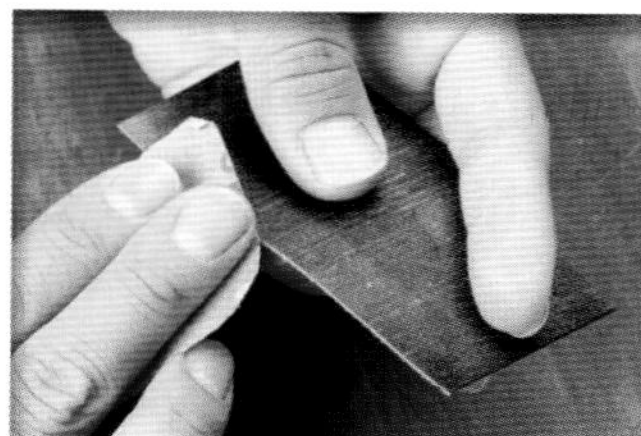

10

接着以 400#~800# 的砂纸依次研磨皮边，确实将皮边磨顺滑。

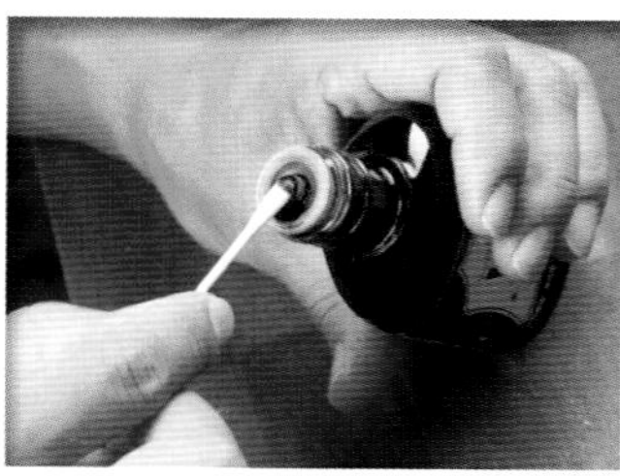

11

用棉花棒蘸取适量的染料给皮边染色，注意不要涂到银面上。

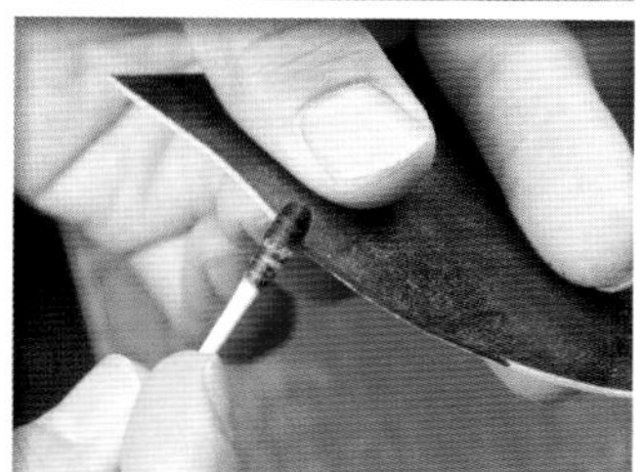

TECHNIQUE No.11

皮边染色的重点

胡乱涂上皮边染料会破坏作品的美观。一边确认外侧角度、内侧角度、切口三个位置，一边仔细地上油，才能做出美丽的边缘。例如，此处的内里使用的是浅色的皮革，上深色皮边染料就要小心浸透。

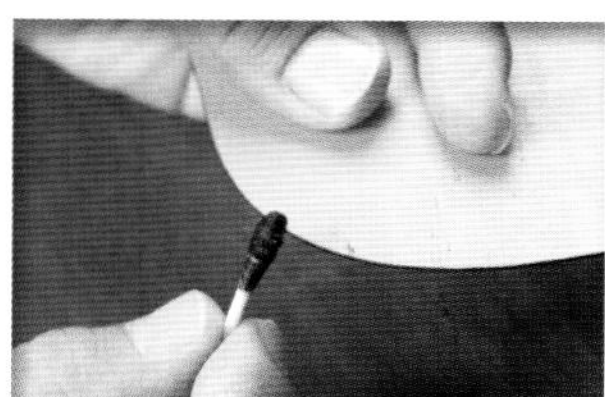

轻微、仔细地用棉花棒涂上染料。上的量过多，染料会渗透进皮革而出现斑点、污垢。因此，作业时要一边确认，一边进行。

12

涂上床面处理剂，用棉布来回研磨，用力摩擦后便会出现光泽。接着进行上蜡。

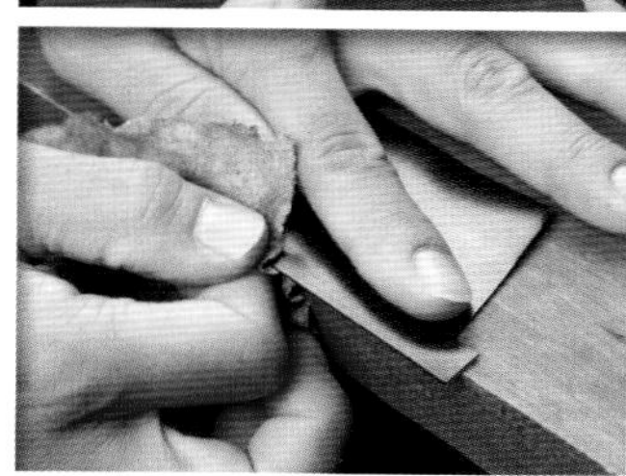

TECHNIQUE No.12

皮边上蜡的重点

以加热过的装饰边线器蘸取线蜡后涂在皮边上。调整按压的力道，控制上蜡的量。上蜡的目的在于保护与上光，就算涂得蜡再多，效果也不会加倍，反而会有留下痕迹或污渍的风险。各位要注意此点，练习如何能够固定地涂上适量的蜡。上蜡的感觉就像拿奶油刀轻柔地涂抹奶油。上蜡的方式请参考下页的“CHECK!”内容。

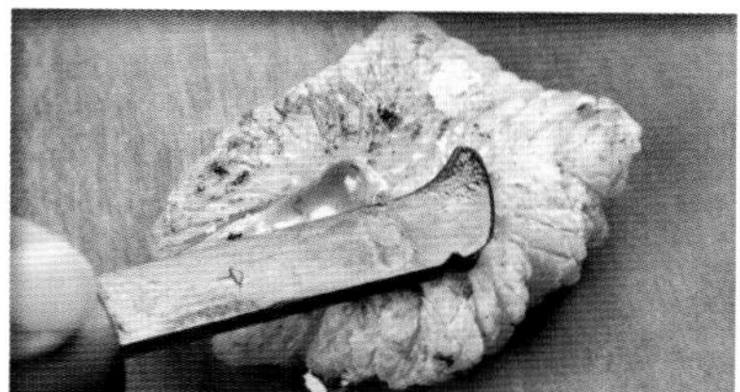

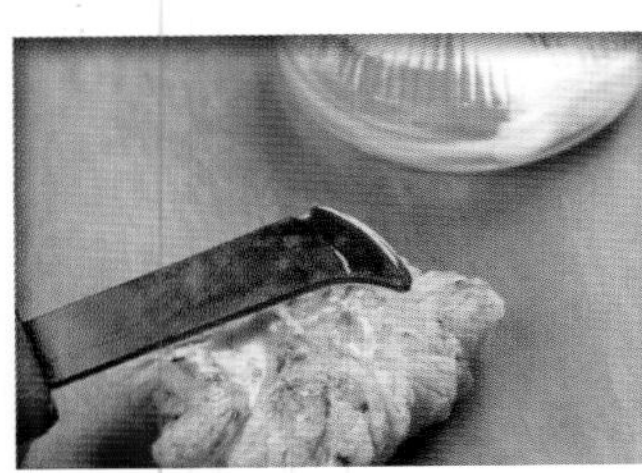

◀CHECK!

用装饰边线器蘸取少量的蜡，并让蜡保持些微黏度，可以方便作业。均匀涂上后，再补涂不足之处。

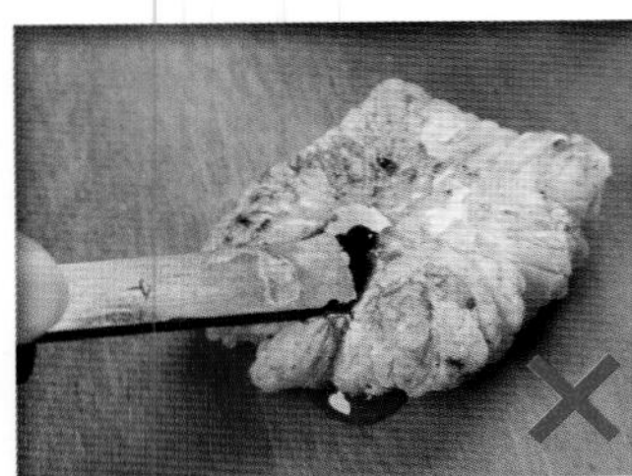

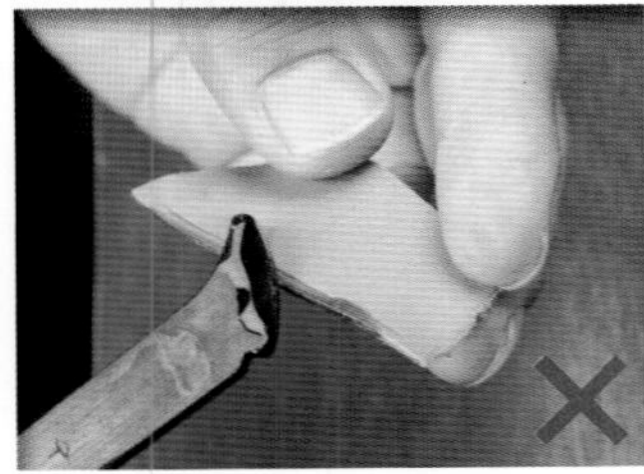

◀CHECK!

装饰边线器过热，蘸蜡的时间过长，都会导致蘸取的蜡过多。这时，如果直接涂到皮革上，则马上就会渗透并留下痕迹，因此蘸取时要随时注意蜡的量。

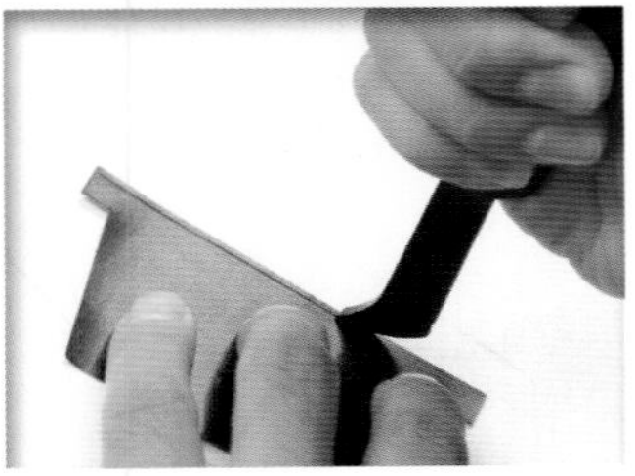

13

清除装饰边线器上残留的蜡，开始对皮边进行按压。将装饰边线器加热到适当的温度后，先处理内侧，再处理外侧。

TECHNIQUE No.13

用装饰边线器上蜡的时机

通常都是先充分研磨后再上蜡，最后用加热的装饰边线器按压，将多余的蜡熔化后就能够做出完美的皮边。不过若是按照这个流程作业，熔化的蜡有可能会留下痕迹。因此，这时可以先用装饰边线器做按压的动作。特别是使用痕迹明显的浅色皮革，可以先拿相同皮革的余料试验一下，观察上蜡的情形。

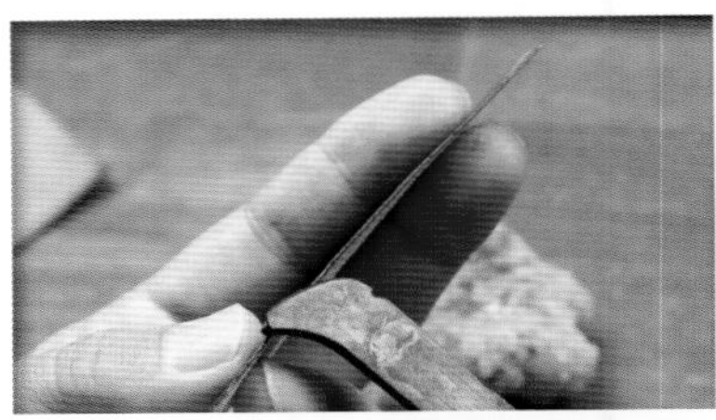

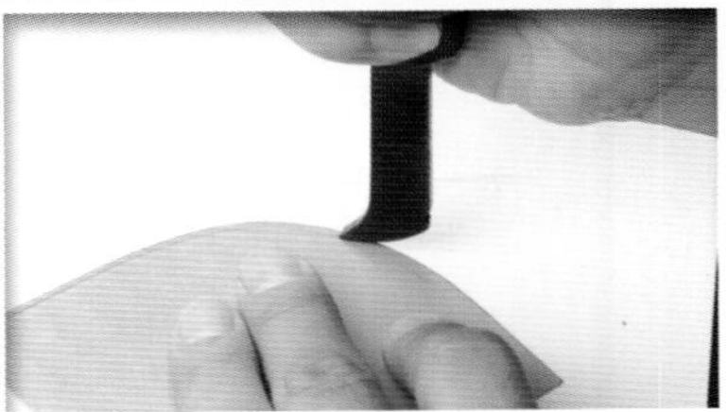

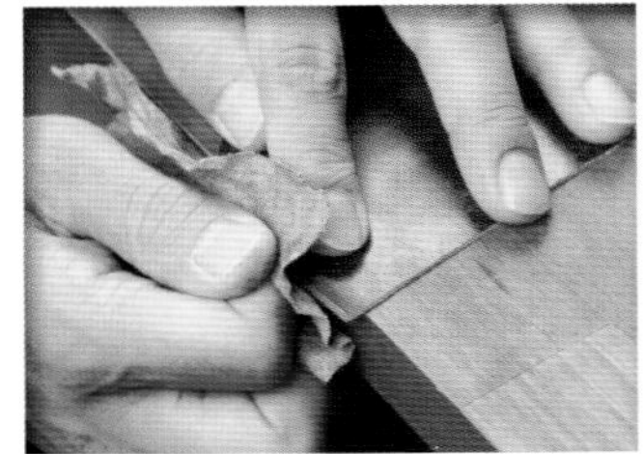

14

最后拿棉布轻轻地擦拭皮边表面，便能磨出漂亮的光泽。

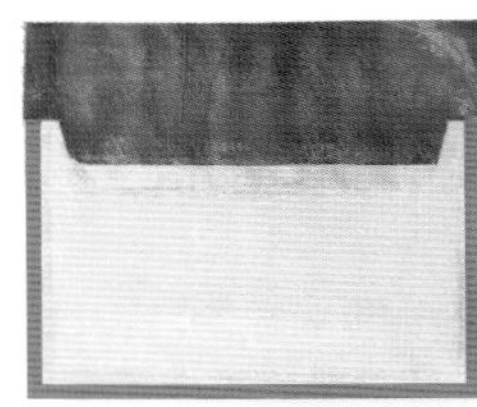

15 卡片夹层（中）、卡片夹层（下）

依照上述的方式处理卡片夹层（中）、卡片夹层（下）的皮边。完成后开始给各部件的黏合面涂抹橡皮胶（图中红色的部分）。若是使用白胶，则不能提前上胶。白胶需要于黏合时涂抹。

◀CHECK!

因为卡片夹层（中）的下缘有上胶，所以要用纸型在左侧袋口上画出黏合位置的底线。此处的黏合边不能太宽，能黏住即可。为了防止黏合边翘起，要做好敲压作业。

16

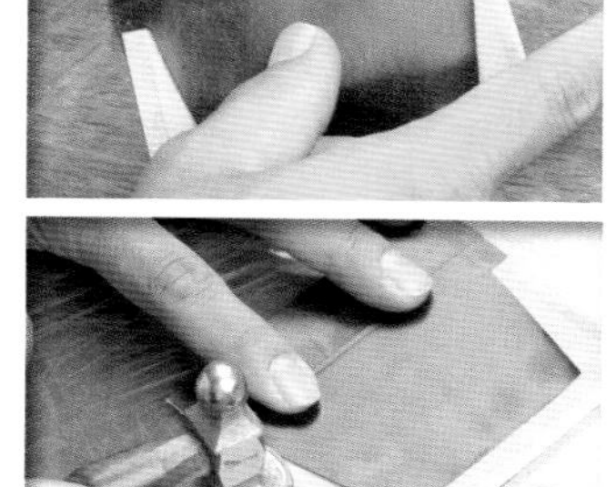

将卡片夹层（中）的下缘对准底线黏合。左右凸出的部分与底边都要用铁锤敲压，使其黏紧。

17

用线缝合底边。用铁锤敲打针脚，让缝线与皮革紧密贴合。

TECHNIQUE No.14

尽可能薄化袋口底边的缝线

缝合完隐藏在内侧的卡片夹层后，缝合处的凹凸不平可能会在皮革表面印出痕迹。因此，使用的线越细越好，缝合完后要使用铁锤等工具敲打，让缝合处不至于凹凸不平。

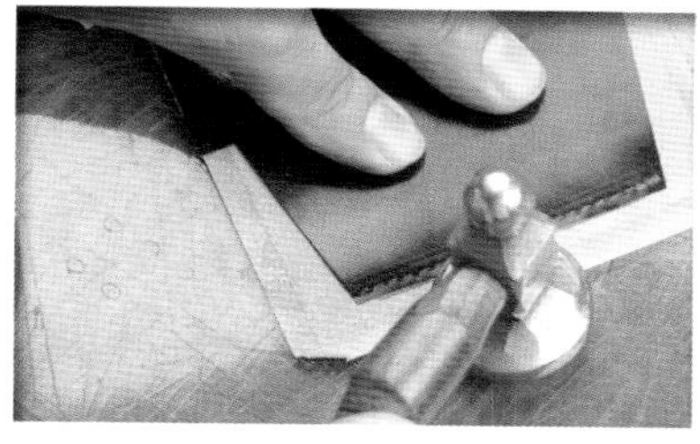

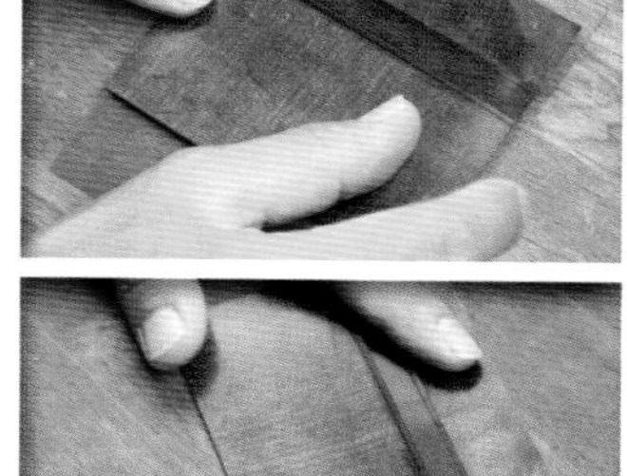

18

将卡片夹层（下）贴上。若是使用白胶，则这时开始上胶。黏合后要敲压黏合处，避免边缘翘起。

19◀POINT!

将纸型对准直角位置，用圆锥描出曲线的线条，接着将多余的部分裁下。完成后左侧袋口的尺寸便合适了。

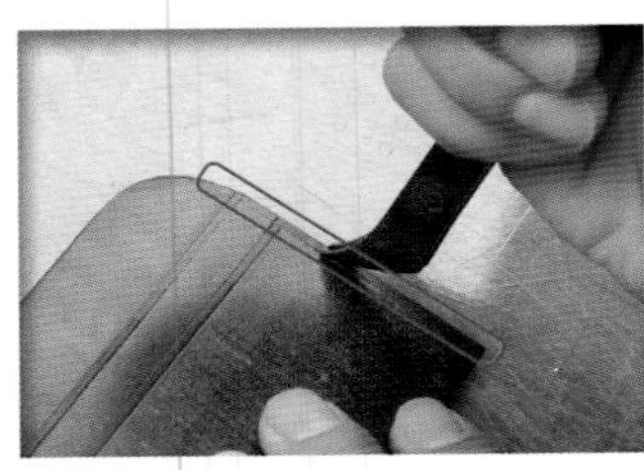

20 完成左侧袋口

只缝合卡片夹层（中）、卡片夹层（下）的右侧。使用边线器从卡片夹层（中）的上方画出缝线至卡片夹层（下）的下方。

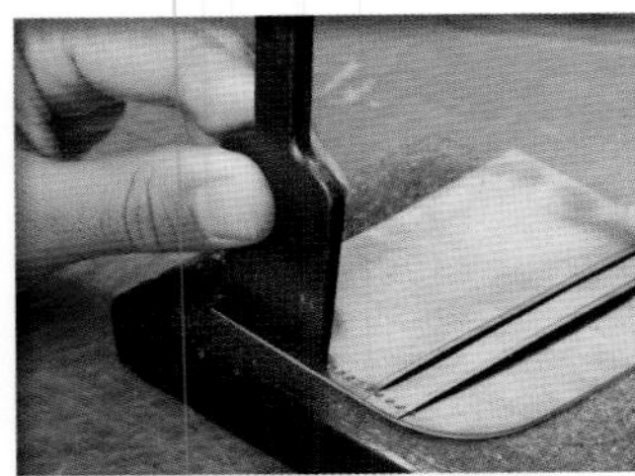

21 ◀POINT!

沿着缝线凿孔，注意不要太靠近侧边。因为接下来还要与主体缝合，凿孔时要在最下方预留一个线孔的空间（左下图）。另外，欧式斩有一些使用技巧，请参考 P48 的 TECHNIQUE No.17。

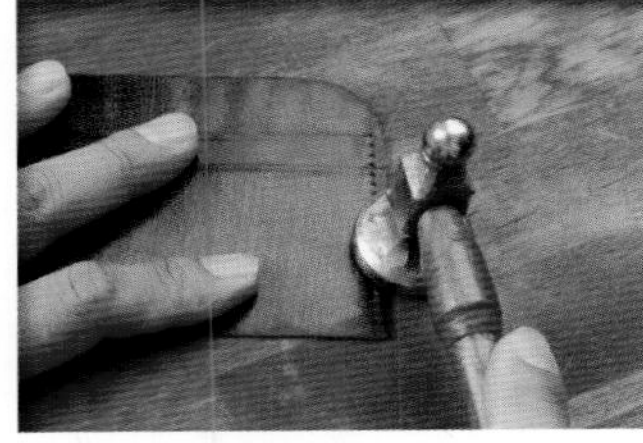

22

缝合结束后用铁锤敲打，使缝线与皮革紧密贴合。

TECHNIQUE No.15

缝合的方向与平时相反

通常，平针缝的方向都是由外向内，但此部分要由内向外缝，这样可以将容易松脱的收针处设置在袋口的下方，让缝线更加坚固。各位可以事前练习反向平针缝的手法。

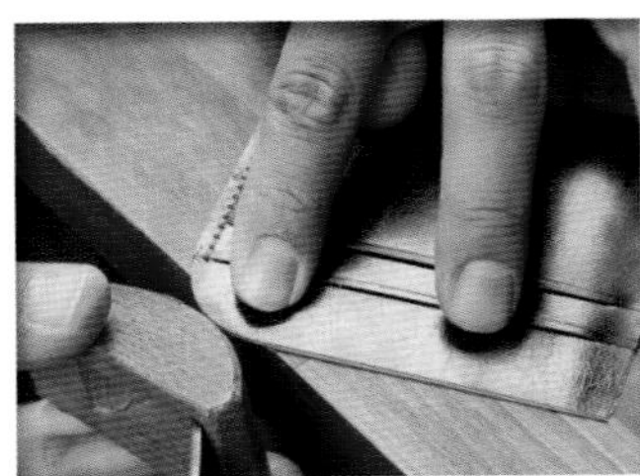

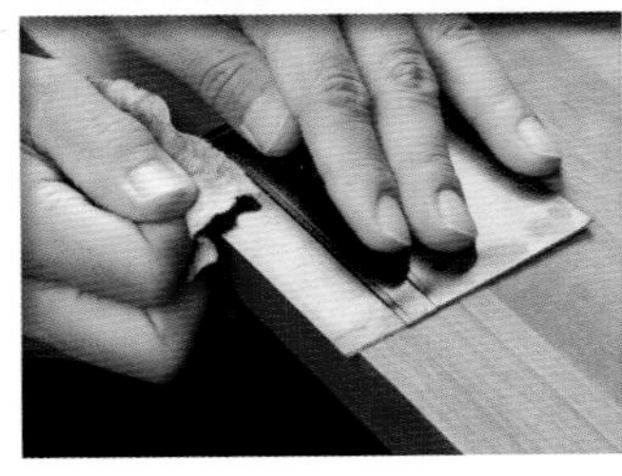

23

处理曲线部分的皮边。用刨刀、砂纸依次修整后涂上床面处理剂，再用棉布磨出光泽。

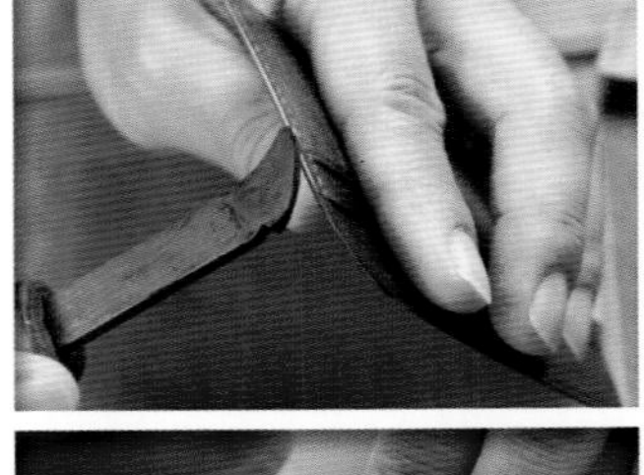

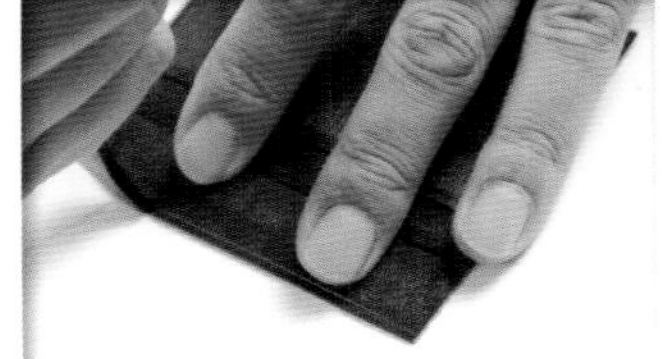

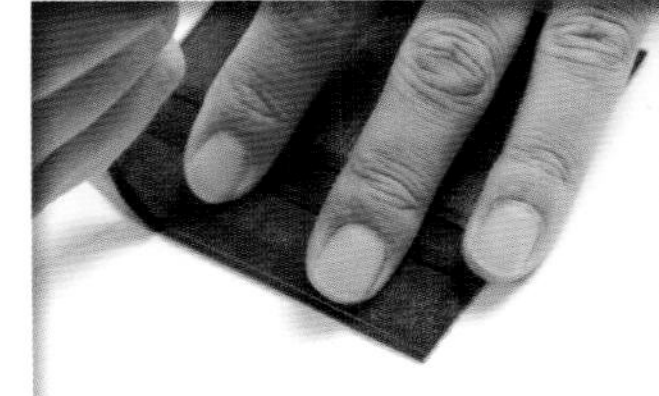

24

给皮边上蜡，再用装饰边线器进行修整。内侧的部件便大功告成。

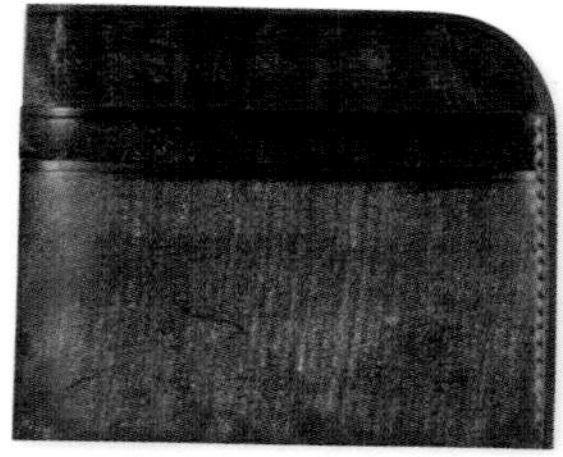

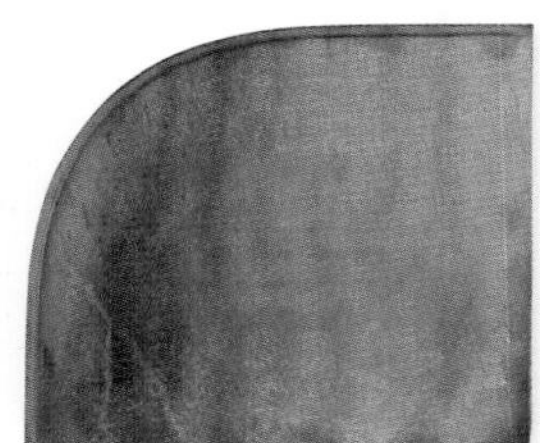

处理外侧部件

在两片主体的中间夹入芯材后黏合，切除多余的部分，再凿出线孔。主体的中央部分为弯曲黏合。

01

在外侧主体床面与主体芯材上中央弯曲的部分画出一个椭圆形（大概即可）。此椭圆形的范围不上胶，避免皮革黏合后变硬而难以弯曲。

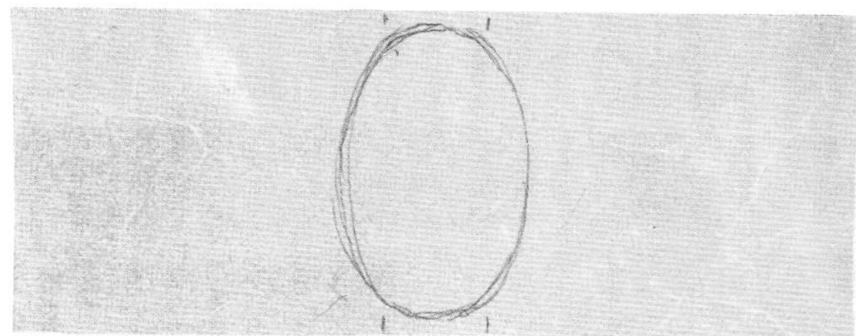

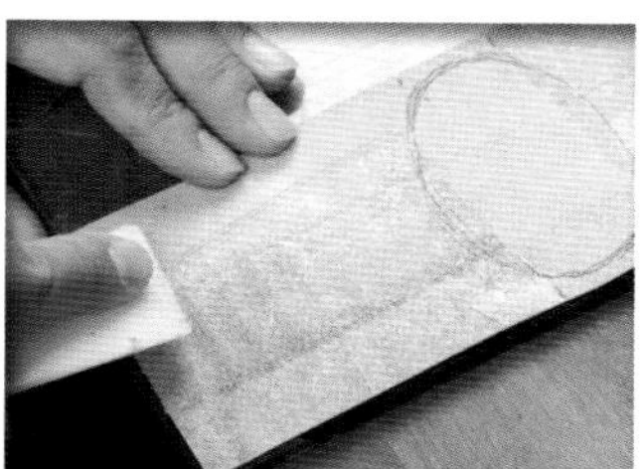

02

在椭圆形以外的范围涂抹橡皮胶。注意主体芯材靠近弯曲的部分也不上胶。不需上胶的部分请参考附录的纸型。

TECHNIQUE No.16

弯曲部分的芯材不要全贴

如果芯材靠近弯曲的部分也上胶黏合，就会出现明显的交界线（坚硬与柔软的交界处）。经过使用后，交界处会因为开合而出现折痕。因此，芯材靠近弯曲的部分不要上胶。

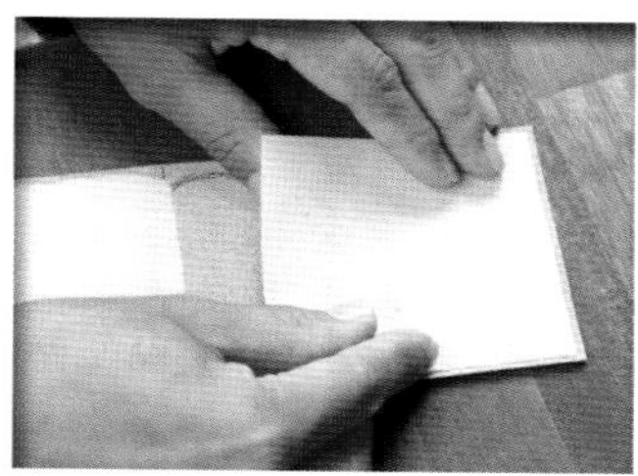

03

黏合芯材与外侧主体并压紧。由于芯材的尺寸比外侧主体小一点（各边小 2mm），黏合时芯材三边要留出均等的宽度。黏合的范围亦记载于附录纸型上。

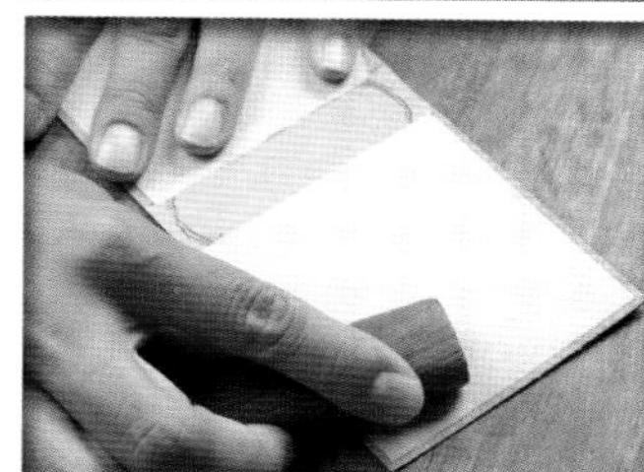

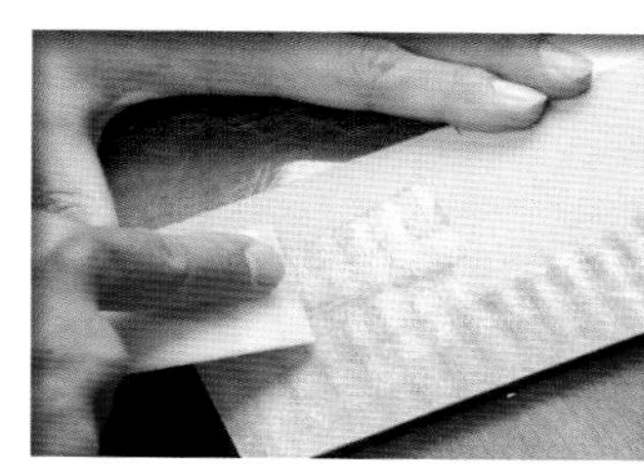

04

在已贴在外侧主体上的芯材表面涂抹橡皮胶。

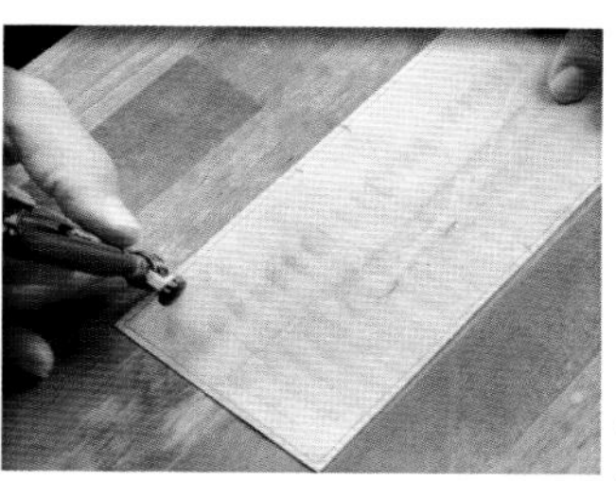

◀CHECK!

内侧主体的床面也要上胶。因为橡皮胶只涂单面会无法黏合，所以这时可以涂整面。但如果使用白胶，非黏合的范围则不能上胶。

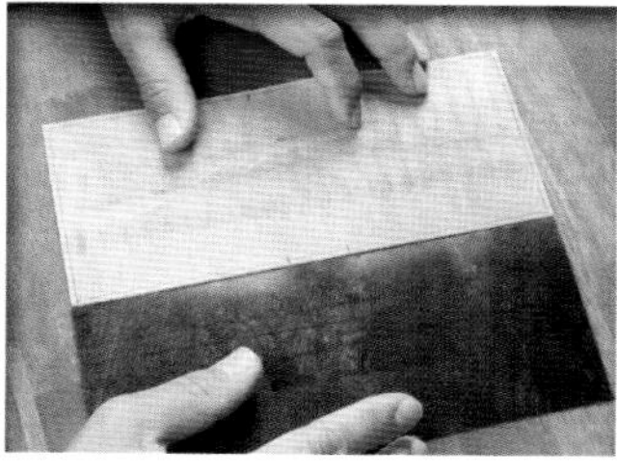

05◀POINT!

在内侧主体的床面周围用圆规画出 2mm 宽的框线，在此范围内贴上外侧主体。注意外侧主体事先预留的中央需要弯曲黏合的部分。黏合方式请看下页的详细解说。外侧主体的黏合范围亦记载于附录纸型上。

06

将外侧主体的两端对准框线贴合。注意不要歪斜，弯曲以外的部分要贴平。

07

从两端向中间贴合，保留中央需要弯曲黏合的部分。

08 ◀POINT!

将两端对齐并做对折的动作，手指伸进内侧向外拉，让内外侧主体紧密贴合。

09

接着让两片皮革紧密贴合。黏合边要用铁锤敲压，避免黏合不实而翻起。

◀CHECK!

弯曲黏合的部分要像左图一样没有任何褶皱。结果不理想时可以细微地调整皮革的厚度或尺寸，再次进行挑战。

10

切除内侧主体的多余皮革。操作时注意不要造成弯曲部分剥落。

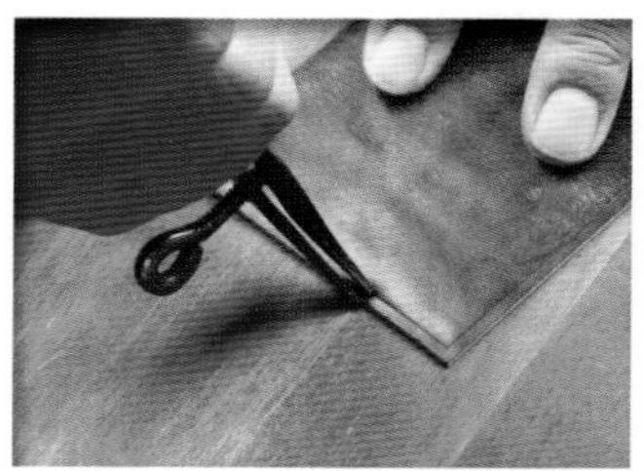

11

用边线器在外侧主体周边画出缝线，然后凿出线孔。此处使用的凿孔工具为欧式斩，其使用诀窍请参考下方的讲解。

TECHNIQUE No.17

用欧式斩凿孔的技巧

使欧式斩凿出的是一条直线的斜孔，所以不能像菱斩一样对准缝线凿孔。因此，画缝线时稍靠外侧一些，用欧式斩对准缝线边缘凿孔即可。但这时原有的缝线印记会比较显眼，建议使用比较不会伤害银面和留下痕迹的边线器。

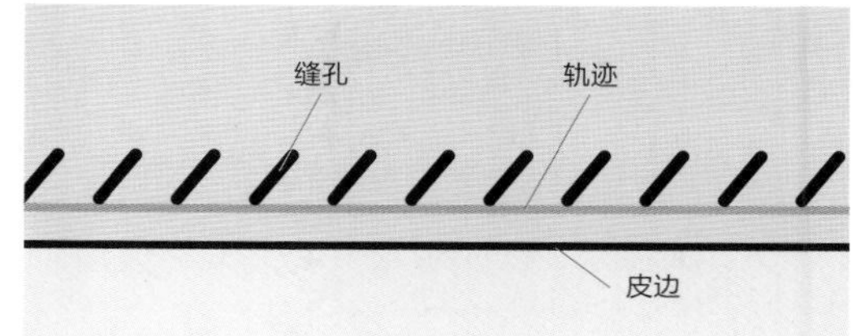

组合所有的部件

将先前完成的部件黏合，在外侧缝合一圈后便完成主体。请注意黏合时的重点。

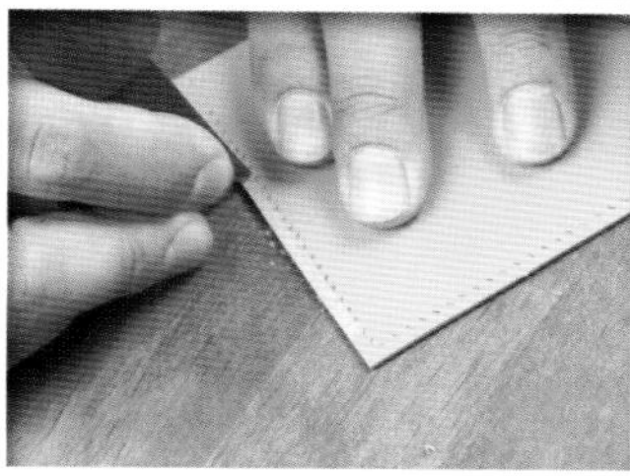

01

依照外侧主体的纸型，在主体的内侧标出袋口部件的黏合位置，并刮粗主体上的黏合面（皮边向内约 3mm 宽）。注意，右侧袋口的右侧与下方、左侧袋口的左侧与下方四个位置于黏合后会突出 2mm。

02◀POINT!

左右袋口的黏合面也要刮粗（直角的两个边线）。考虑到黏合后会切除 2mm 的多余皮革，因此刮粗的宽度约为 5mm。

03

在刮粗的位置涂抹橡皮胶。

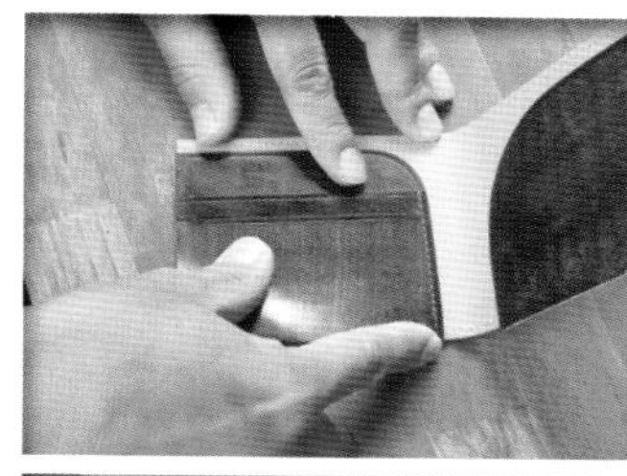

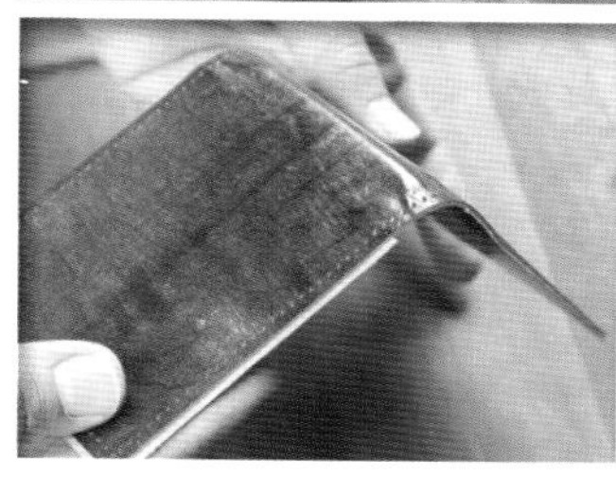

04

对准步骤 01 做出的记号，将左右袋口贴上。两侧的袋口都会超出主体 2mm（此处的 2mm 已含在纸型的尺寸内）。

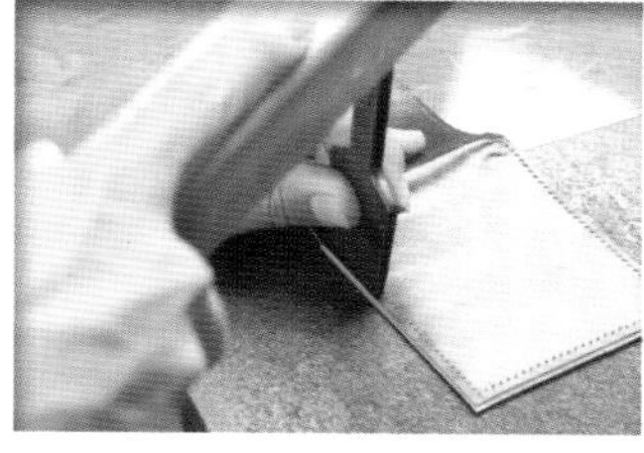

◀CHECK!

由于缝合时会有 4 处跨越高低差的部分，因此黏合时要细微地调整位置，让凿出的线孔刚好分布在高低差的两边，缝合时便能完美地实现跨缝。

05

因为袋口部件没有凿孔，用欧式斩对准主体外侧的孔再次凿孔，增加孔的深度即可。由于接下来会使用菱锥穿过，所以不需凿得太深，避免线孔扩大。

TECHNIQUE No.18

如何决定起针的位置

进行外围一圈的缝合作业时，请按照下述的三个重点选择起针的线孔：①尽量选择不会让收线处过于显眼的位置。②避免弯曲活动、容易让线松脱的位置。③选择能确实收紧线的较厚部位。本作品最适合的地方便是图中红圈的位置。

06 缝合

用菱锥穿洞，以平针缝缝合。为了让外侧的缝线看起来干净利落，皮革段差处只缝一圈，起针与收针时也不做回缝。

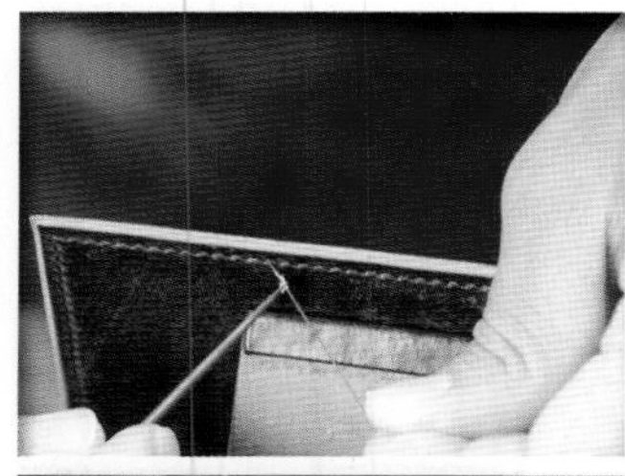

07

此处用的是尼龙线，收针后如果用火烧，会令线头卷成球状，非常显眼。因此，此处使用白胶将线头藏住。剪线时尽量靠近根部，彻底让线头处干净利落。

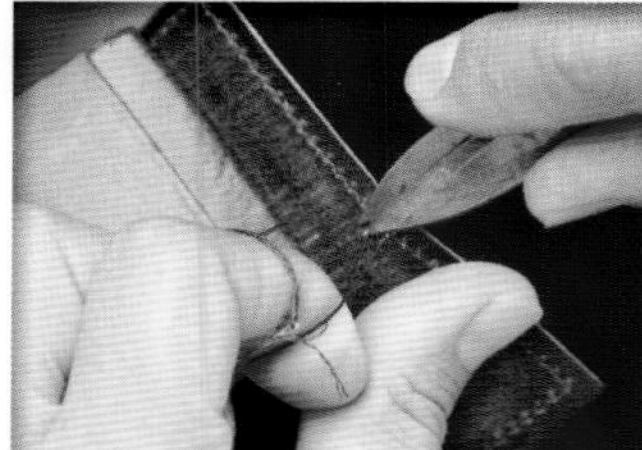

08

裁切掉突出的多余皮革后，稍微将主体的四个角各切掉一小部分，再用皮边处理法将四个角修整圆滑。

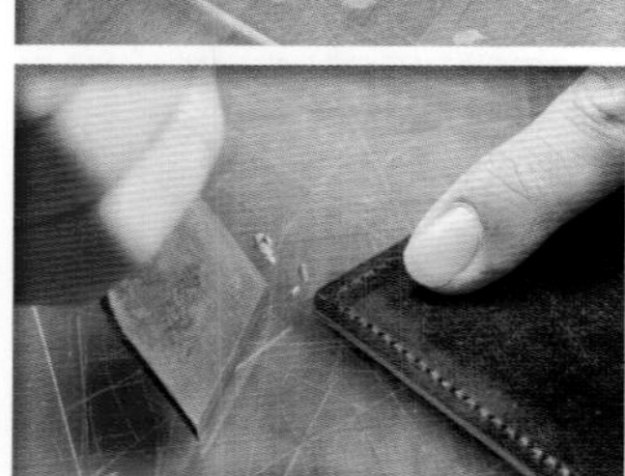

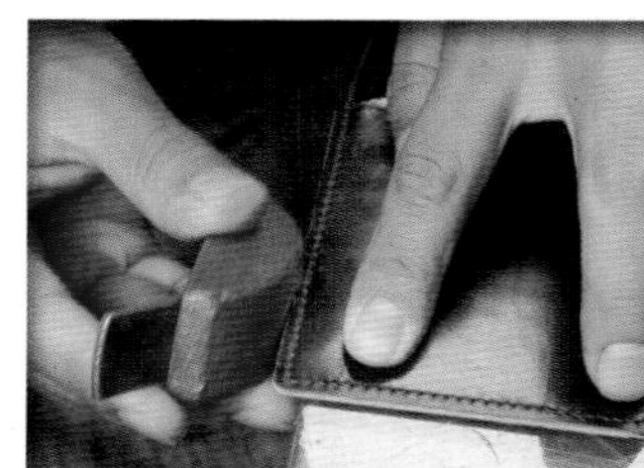

09 皮边上蜡

用刨刀修整缝合后的皮边。四个角也要修整得更加圆滑。

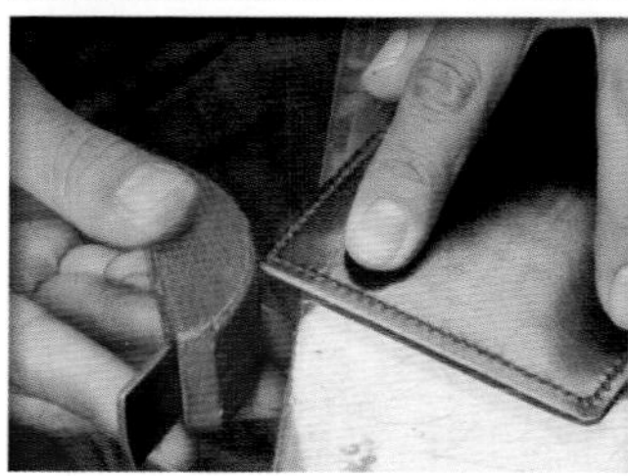

10

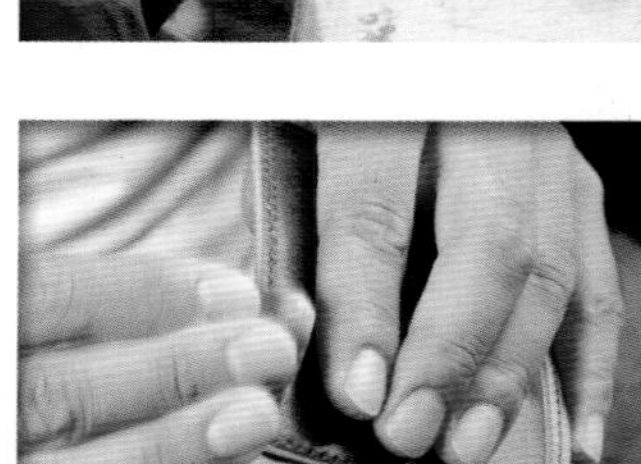

用砂纸研磨皮边。因为使用的皮革很薄，注意不要磨得太深。

11

修整完后涂上皮边染料。

12

涂上床面处理剂，用棉布摩擦。控制力道，让皮边产生光泽。为了掩饰黏合交界处，要重复步骤 10~12 的动作。修整后最好看起来能像一片皮革一般。

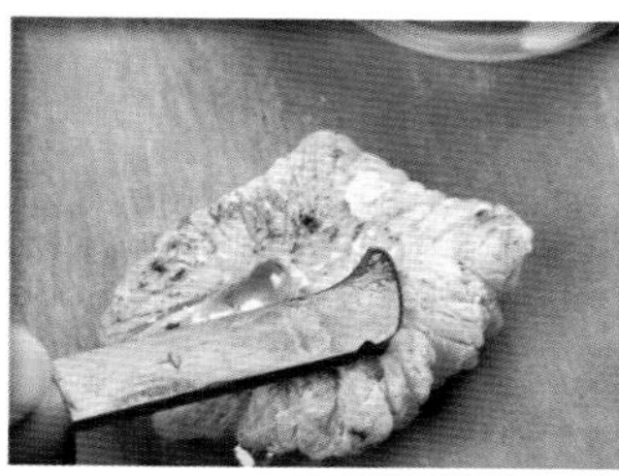

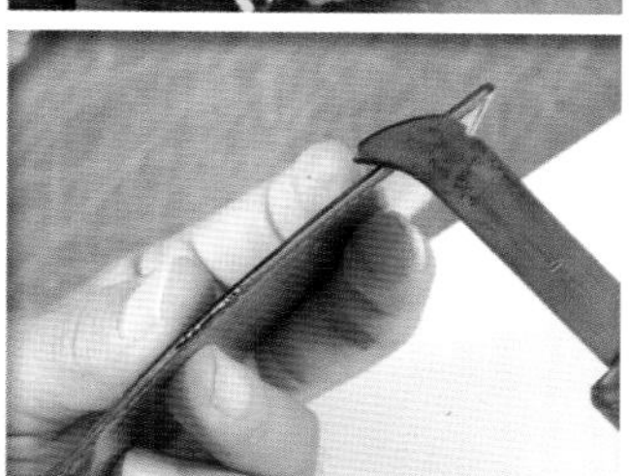

13
修整完后给皮边上蜡。

14
上蜡后用棉布轻轻擦拭。

15
用装饰边线器由内至外按压边缘。按压到段差处时容易歪掉，这时要用手压住皮革，仔细作业。

◀CHECK!
曲线的部分也要用装饰边线器的前端确实按压。

leatherwork
jirō
5

奥居次郎

传统且典雅的设计，才能显现出纯熟的技术

手作皮革工房 Jiro 以皮制手工包为主，也制作多种皮革配件与银饰。传统与功能并存是其设计的理念。陈列于以旧民房改造的朴素工作室兼店面内的那些细致入微的精致作品，让人深深地体会到那些简单的设计所蕴含的技术和思想。不禁让人惊叹，奥居师傅制作经验丰富，选材独具慧眼，而且技术纯熟、高超。如果各位对以提升作品质量为目标的奥居师傅的作品有兴趣，可以尝试向手作皮革工房 Jiro 下订单噢。

SHOP DATA
手作皮革工房
地址：日本千叶县千叶市汐见丘町 15–9
电话 & 传真：043–302–4833
营业时间：11:00~19:00
休息时间：星期二
网址：http://leatherwork-jiro.com
E–mail：jiro@leatherwork-jiro.com

表带

WATCH BAND

一场深入人心的戏剧表演中，
一定存在着一位能够完美衬托主角的配角。
而对于心爱的手表来说，
表带就是一位非常重要的配角。
花费些许时间与精力，
制作一条能够完美呈现手表魅力的表带吧！
越不显眼的地方，
就要越讲究质量，
这就是成熟的态度。

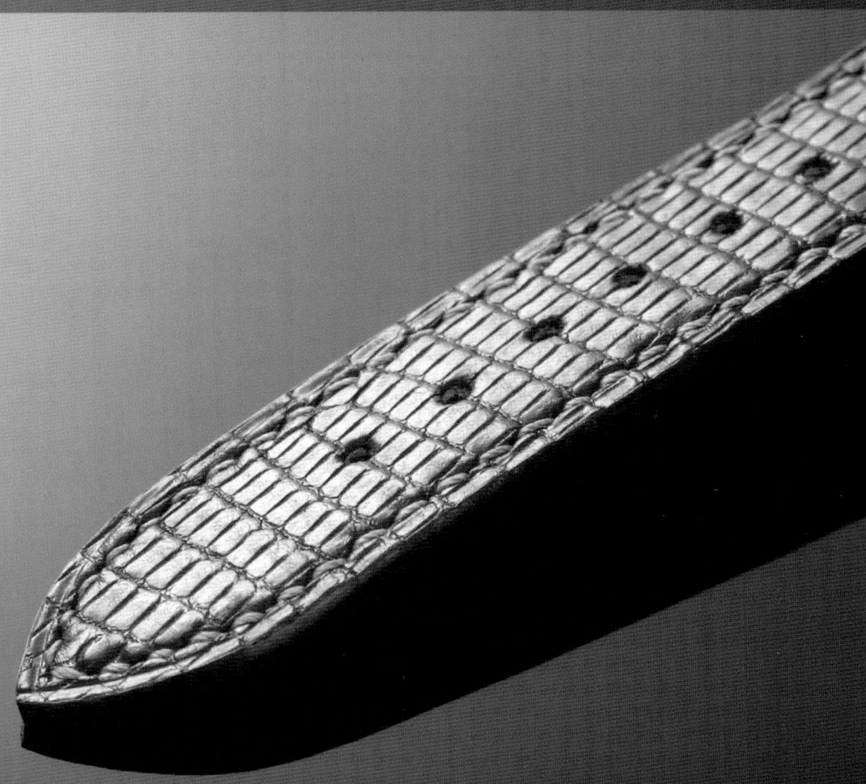

表带

WATCH BAND

摄影：梶原崇（Studio Kazy）
制作：川井义明（Leather Goods & Bags KAWAI）

[制作的重点]

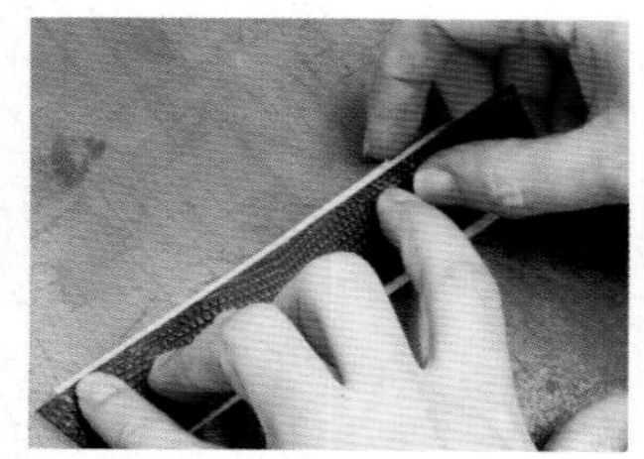

① 使用加上内衬皮革的蜥蜴皮

此次表带面使用的为特殊皮革中的蜥蜴皮，比较容易取得与制作。蜥蜴皮本身过薄，不够耐用，所以制作的重点就是要在蜥蜴皮背面贴上牛皮等皮革当作内衬。贴上内衬后再调整至适当的厚度。

② 大量使用削薄的手法

由于些微的误差或凹凸就会影响到成品，所以皮革工艺的作品越小，难度就越高，而精致的表带就是最好的例子。削薄时要尽量小心，不能产生任何的高低差。为了做出理想的外形，要仔细地进行修整。

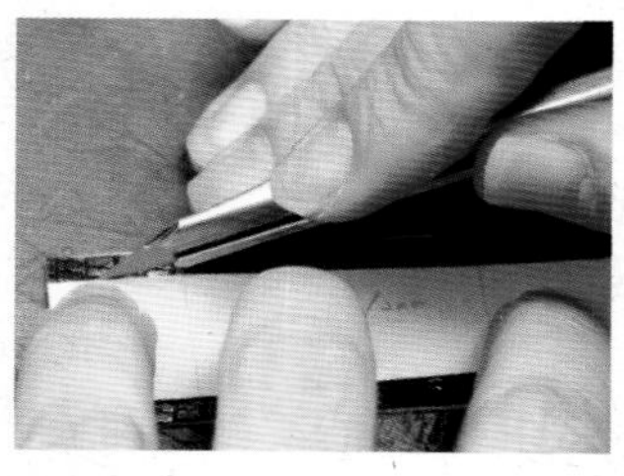

③ 精密的裁切作业

理由与②相同——小小的尺寸误差就会左右作品的完成度。正确地依照纸型尺寸裁出部件，才能重现本作品的外形。将纸型图案贴在塑料片等物品上，做出坚固的纸型。将纸型放在皮革上，用美工刀仔细裁切。以这种方式切出的部件会比先画线再切的方式更加准确。

[使用的皮革与材料]

表带环的材质与表面相同，一般要选用不会褪色的皮革。另外，还要考虑到接触皮肤的内里要尽量避免使用容易吸汗的材质，因此铬鞣制的皮革会比植鞣制的皮革更适合（此处的内里选用小牛皮）。皮边的部分可用皮边染料或以折边的方式处理。芯材使用柔软的植鞣皮革。各部件的厚度分别为表面与内里 1mm、芯材 2mm、表带环 0.7~1mm。蜥蜴皮的厚度仅 0.3~0.5mm，所以要黏上 0.7mm 左右的内衬，再调整为 1mm 的厚度。

[使用的工具]

①**上胶片** ②**铁尺** ③**圆规**（装上圆珠笔的笔芯） ④**菱斩**（使用的尺寸为 2.5~3mm） ⑤**圆斩**（孔径 1.5mm） ⑥**间距规** ⑦**铁钳**（压着用） ⑧**滚轮** ⑨**菱锥** ⑩**圆锥**（将线头塞进线孔用，前端不要太尖） ⑪**美工刀**（选用刀尖为 30° 的细工刀） ⑫**换刃式裁皮刀** ⑬**裁皮刀** ⑭**装饰边线器** ⑮**电热笔**（收尼龙线头用，可用打火机代替） ⑯**电热式装饰边线器**（因为很难入手，亦可用普通的装饰边线器） ⑰**刻磨机**（研磨皮边用。若无此工具，亦可用 240#~400# 的水砂纸） ⑱**涂边机**（可以均匀漂亮地涂上皮边染料或床面处理剂的便利工具。若无此工具，亦可用上胶片等工具） ⑲**扣针开孔工具**（钟表材料行专用的凿扣孔工具。若无此工具，亦可用圆斩与美工刀制作） ⑳**纸胶带**（在皮革上做记号时非常好用的秘密工具。使用方法会于制作中做详细解说） ㉑ **ORLY 染剂**（可以染色的床面处理剂，需配合皮革颜色使用） ㉒**尼龙线**（使用 8 号左右的细线，让缝线看起来较为纤细） ㉓**皮边染料**（上 ORLY 染剂前先用皮边染料打底色，需配合皮革的颜色选择）

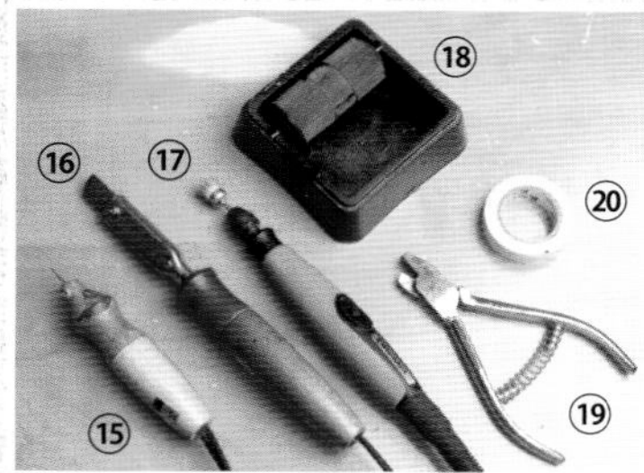

在皮边上涂 ORLY 等带有染色功能的床面处理剂时，使用涂边机，效果会更加均匀，更加美观。

※在此仅介绍主要工具与较具特征的工具，基本工具请自行判断准备。

[表带基础知识]

① 各部分名称

安装表带时，要先在带头的孔内穿进称作“耳针”的弹簧棒，再装进表身尾端的连接处。以手表的数字方向为依据，6 点钟方向（下方）的部分为尖头，12 点钟方向（上方）的部分为扣头。两条表带基本上是相同的形状，只不过扣头端会在尖头端约 80% 的长度位置上安装表扣。将表扣上的扣针穿进尖头端上的扣孔，再用表带环固定尖头端即可。表带环分为无法移动的固定环与可自由调整的活动环两种。

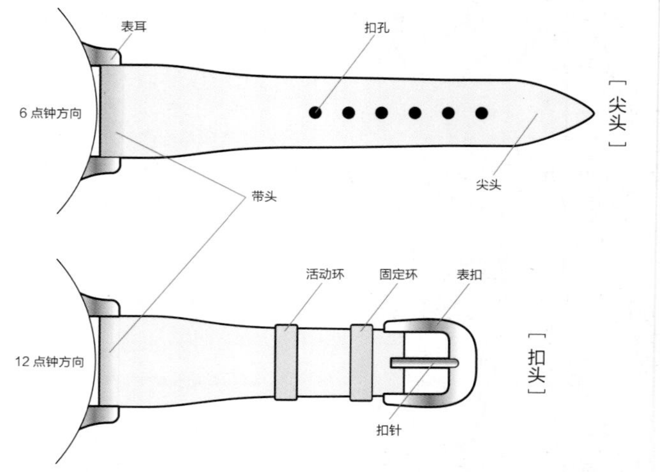

② 各部分的尺寸

表带有某些固定的尺寸，当然也有例外。两条表带Ⓐ、Ⓙ的长度分别为男性用 115mm、75mm，女性用 110mm、70mm。与表耳连接的带头Ⓑ、Ⓒ有 18mm、16mm，20mm、18mm，22mm、20mm 等尺寸。带头厚度Ⓓ、Ⓔ通常为 4mm、2mm。带头到斜线尽头的距离Ⓕ大约为 40mm。扣孔到尖头尾端的距离Ⓖ通常为 25mm。孔数约为 6 孔或 7 孔，6 孔的间隔Ⓗ为 7mm，总长Ⓘ 35mm；7 孔的间隔Ⓗ为 6mm，总长Ⓘ 36mm。有些作品也可能只开 1~3 个孔。表带环的宽幅Ⓚ通常是 5mm。

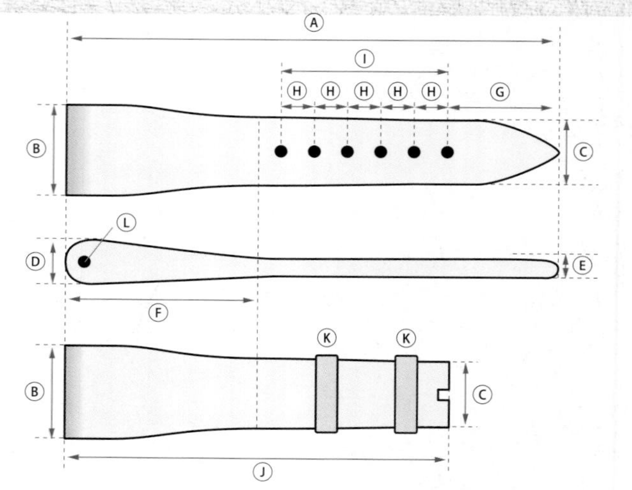

③ 基本构造

基本构造分为表面、内里、芯材。包覆了芯材后从带头往后会成为一条斜线，调整芯材形状，形成中央凸起的样式（请参阅 P61 ⑤），让耳针与表扣穿过的部分是卷起表面皮革所形成的孔，接着贴上内里皮革后便可缝合。两片皮革的交接处就在孔穴的旁边。

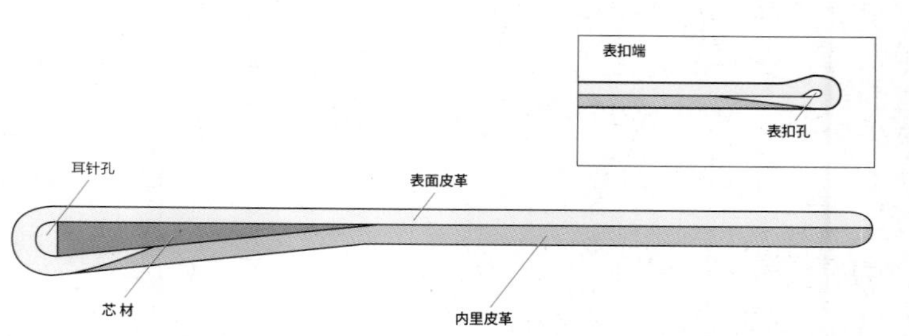

④ 配件与材料

除了前述的表面、内里、芯材等皮革外，还需要其他的配件。首先要选择适合表带尺寸（本书的表带纸型为 16mm 宽）的表扣。可以使用原本表带上的表扣，如果想要购买新的，可以到钟表材料行进行购买。除了一般的针扣，还有形状较奇特的折叠扣（下图）。另外，皮革弯曲黏接的位置需要加上补强的内衬，尽量使用较薄（厚度 0.025~0.15mm）、耐拉扯的化纤布料，请到布料行寻找适合的材料。

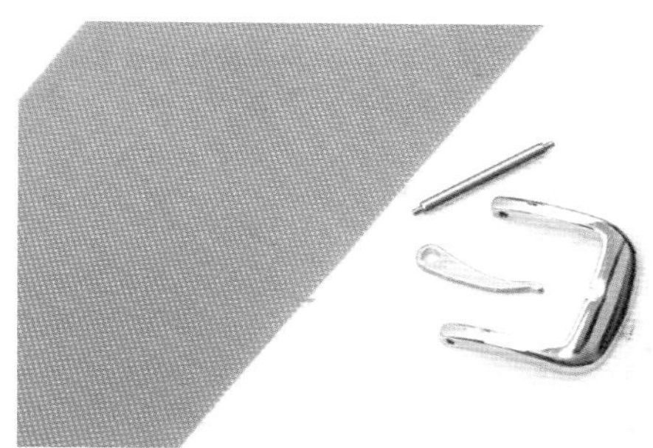

折叠扣

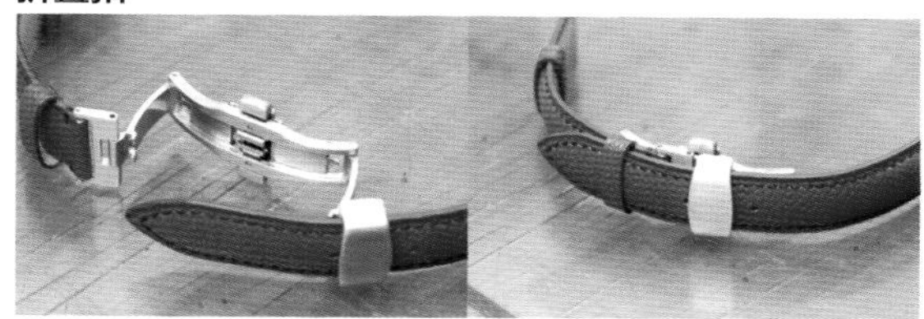

折叠扣与一般的针扣同样都能固定表带，但折叠扣不需要表带环，取下时也不用弯曲表带解开，因此不会对表带皮革施力，可以增加使用寿命。另外，使用折叠扣，也不需要在表扣的中央位置凿孔（扣针用），因此非常方便。

补强材料

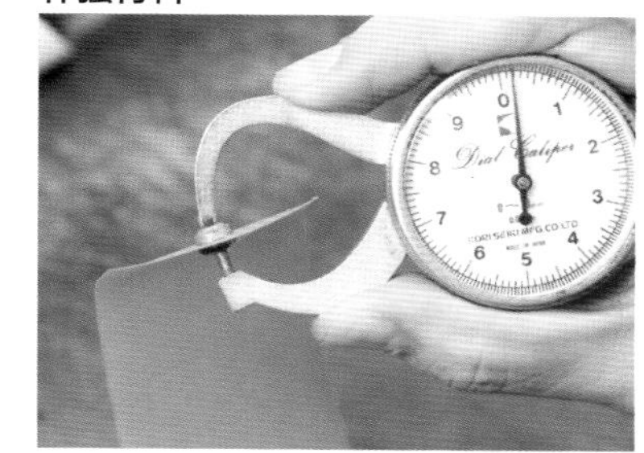

皮革内折部分（耳针与表扣的扣针穿过的地方）要粘贴强韧且薄的补强布料。一般市面上的补强布料都偏厚，所以一定要去布料店寻找既薄又耐拉扯的材料。

⑤ 关于尺寸与形状上的变化

本书所制作的表带尺寸为：Ⓑ宽 18mm、Ⓒ宽 16mm，Ⓓ厚 4mm、Ⓔ厚 2mm，尖头端总长 115mm，扣头端总长 75mm。这是最基本款的表带尺寸，表带切面为平面式。不过表带尺寸会因表身而改变，各位可以 P60 记载的尺寸为参照，根据表身调整各部位的尺寸。重点在于包覆芯材的斜线长度。如果斜线延伸太长，将表扣扣在最内端的扣孔时就会卡住。尖头的形状依个人的喜好制作即可，一般市面上的尖头形状分为右侧的四大类。考虑到难易度，本作品采取了平面式的表带。只要调整芯材的形状，就能做出像右图一样中央隆起的样式。

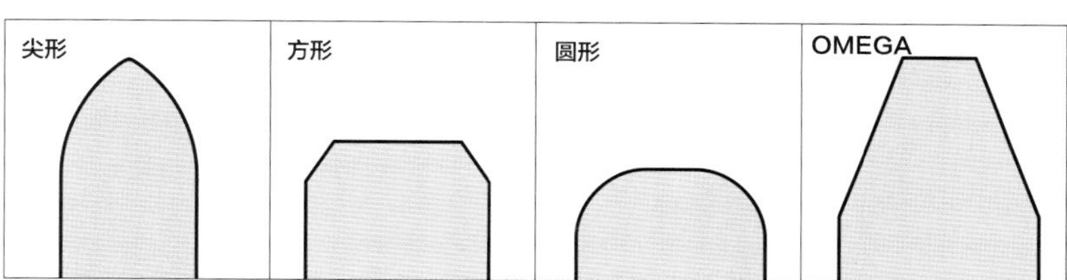

尖形是最一般的形状。方形较常运用于大型手表。圆形较常运用于休闲样式或女用表。最后的形状是 OMEGA 特有的皮表带样式。

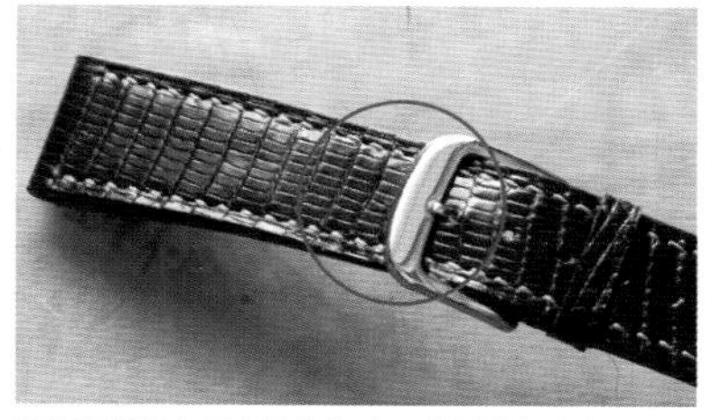

想将表扣扣在最内端的扣孔，若斜线部分太长，表扣就会卡住，无法固定，因此设计时要注意斜线的长度与范围。

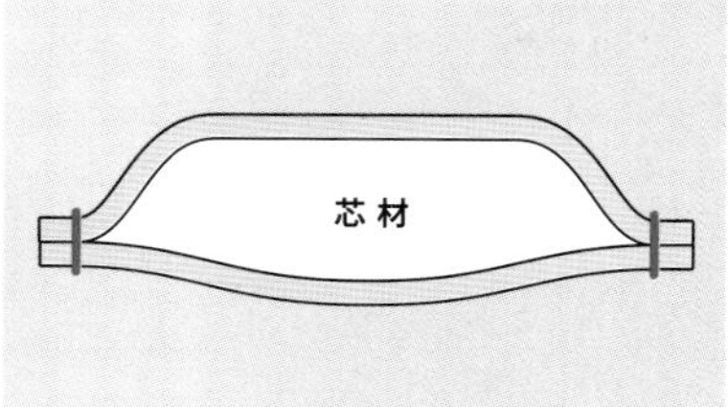

调整芯材的外形，让切面看起来跟上图一样时，缝线的位置就会变薄，表带中央便会凸起。本书并无介绍做法，但有兴趣者可以试着挑战一下。

贴上内衬皮革

在蜥蜴皮的床面贴上另一片皮革，并将黏合后的皮革厚度调整为1mm。无削薄机的话，要提前控制内衬皮革的厚度。

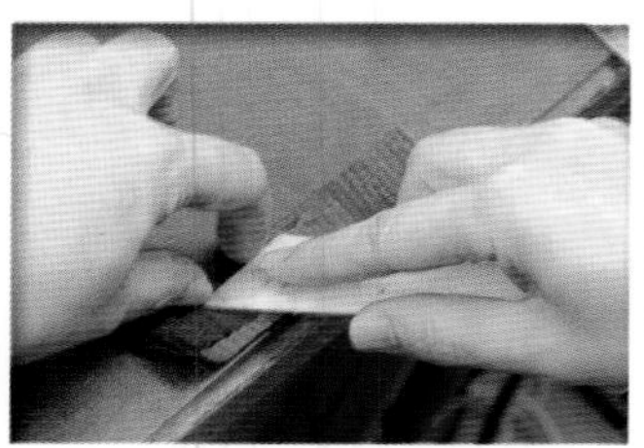

01

参照纸型粗裁出各部件。在蜥蜴皮的床面涂抹橡皮胶，因为些微的厚度误差就会影响作品的完成度，所以上胶时要涂抹均匀，越薄越好。

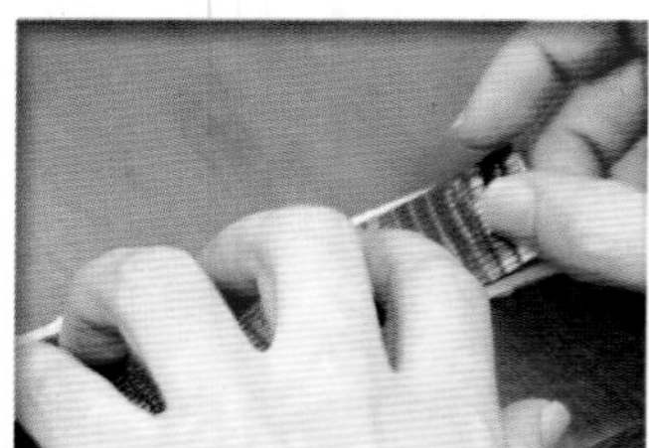

02

内衬皮革要裁得比粗裁的蜥蜴皮更大，接着上胶与蜥蜴皮黏合。

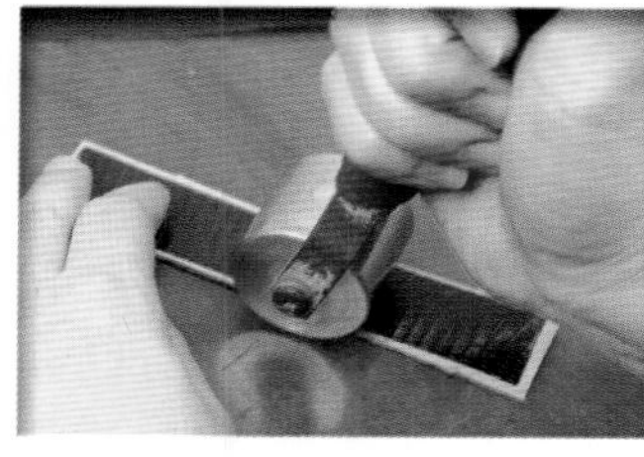

03

用滚轮仔细压紧，避免脱胶。

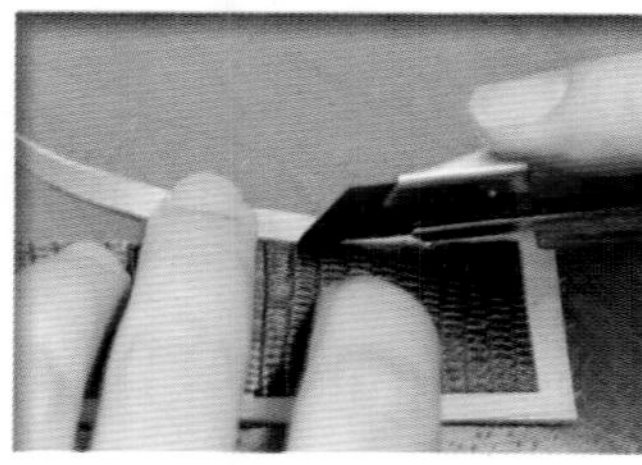

04

将内衬皮革多余的部分切除。

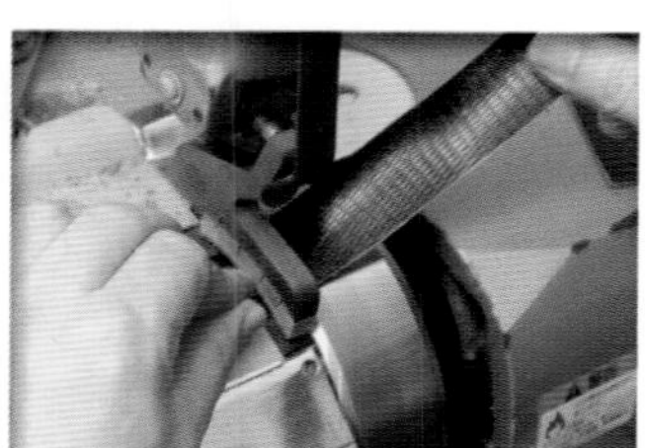

◀CHECK!

用削薄机将黏合后的皮革削成1mm 的厚度。没有时要配合蜥蜴皮的厚度选择合适的内衬皮革，并要将黏合后的厚度控制在 1mm。

TECHNIQUE No.19

考虑蜥蜴皮的鳞片方向

虽然乍看之下没什么不同之处，但鳞片一定有分布方向（蜥蜴的鳞片朝向尾巴）。仔细观察，便会发现锯齿状的纹路（请参考下图），用手指轻轻抚摸，就能知道鳞片的方向。请以头部皮革朝外、尾部皮革朝表身的方式来制作表带。

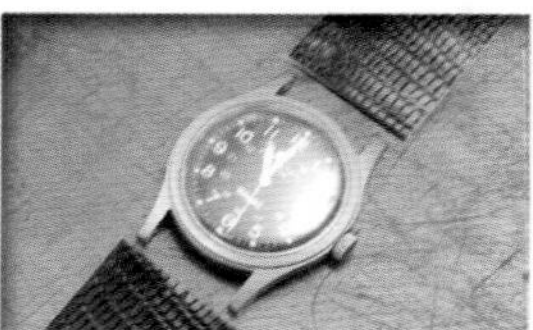

表带的皮革鳞片方向如下图所示。如此一来，扣住表带时就会比解开表带时的阻力要小。另外，对称是制作皮件时的基本原则，设计表带时也要按照对称的原则。

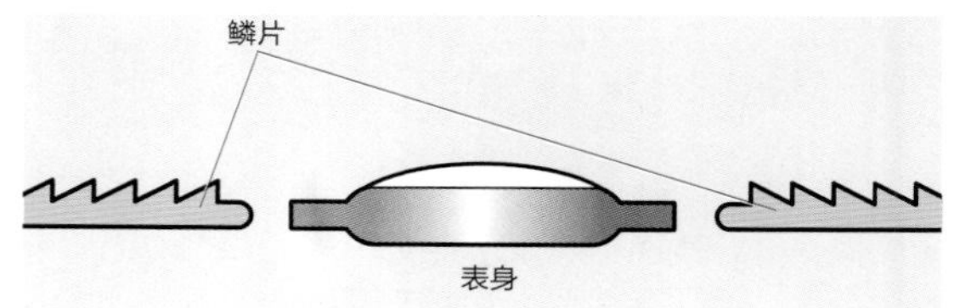

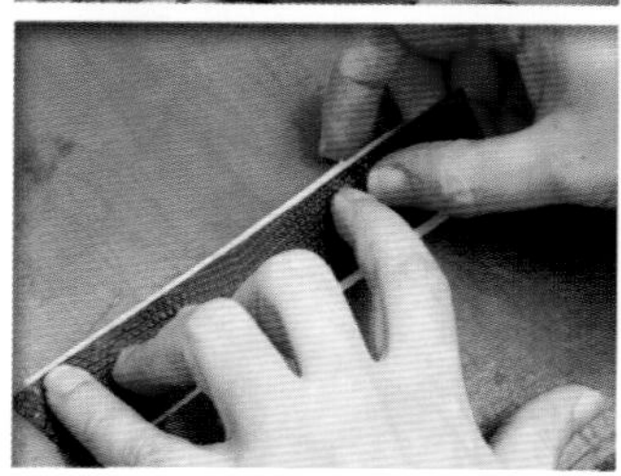

05 ◀POINT!

将两条表带都整理为 1mm 的厚度。如果使用一般的牛皮等皮革来制作表带，那么只要准备一张 1 mm 厚的皮革就好，非常简单。

裁切各部件

将各个部件裁好，先做部分削薄的动作。因为尺寸要求非常精准，作业时请特别小心。

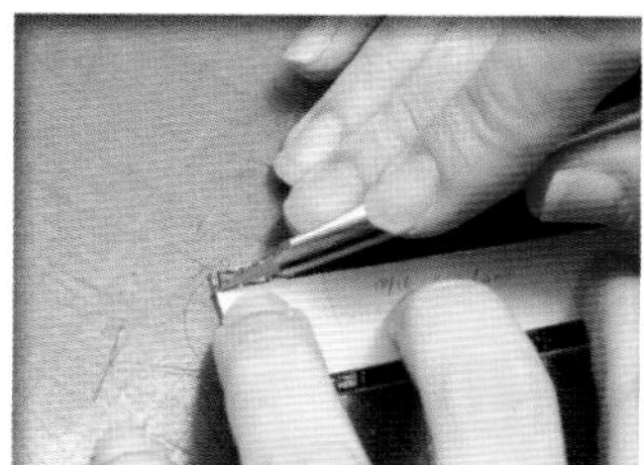

01 **裁切表面皮革**

依照纸型，先裁切尖头端的表带。

TECHNIQUE No.20

直接用纸型裁切的尺寸最准确

将纸型图案贴在塑料片等物品上，做出坚固的纸型。将纸型放在皮革上，用美工刀仔细裁切。以这种方式切出的部件会比先画线再切的方式更加准确。

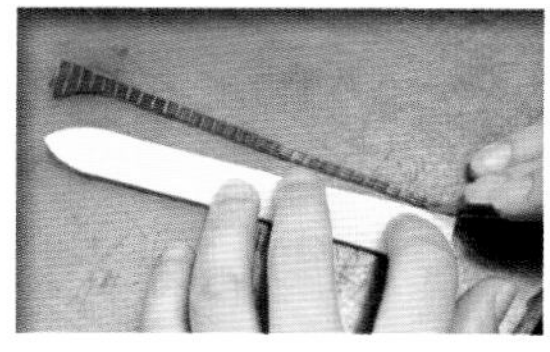

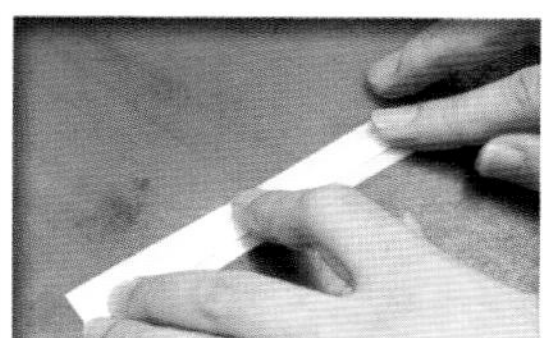

裁切时在塑料片那面贴上双面胶。这么一来，就算手没压紧，也不会偏移。

此部分的背面做斜削处理。

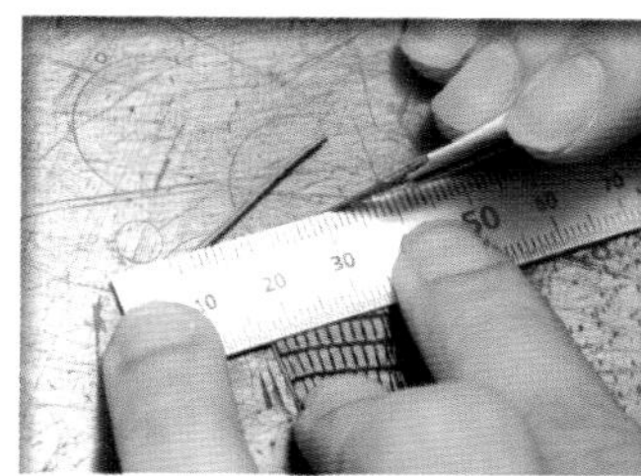

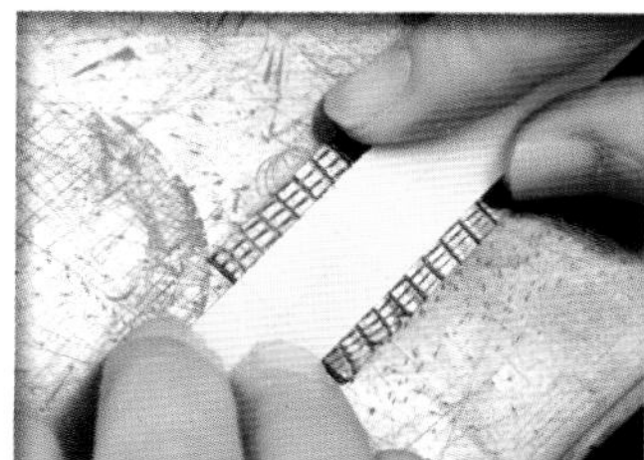

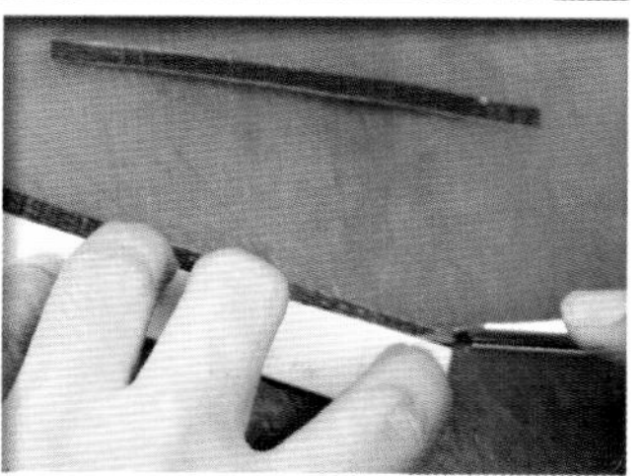

02

接着裁切扣头端的皮革。先将其中一端切成直线（左上图），再对准纸型上表扣位置的线（左中图），按照步骤 01 的方式裁切（左下图）。因为两条表带的形状相同，所以用同一个纸型裁切的准确度会比用两个纸型更高。

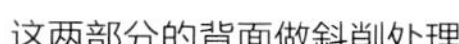

这两部分的背面做斜削处理。

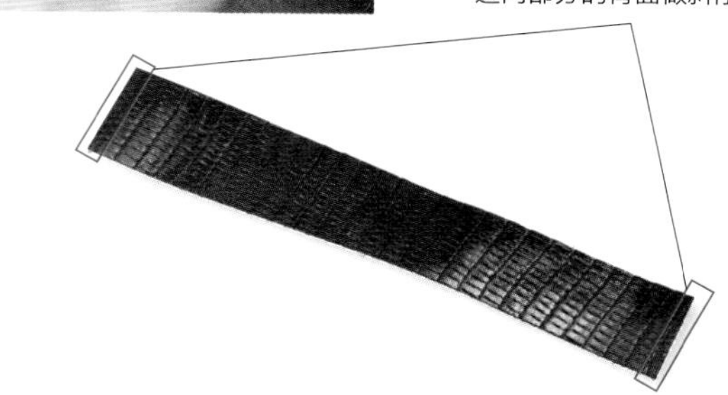

03 ◀POINT!

除了尖头的那一端外，其他边的背面（两条表带共 3 处）都要斜削 11mm 宽。切断面要削薄到无厚度，呈直线状态。因为蜥蜴皮的表面并不平整，裁切时一定要控制力道。

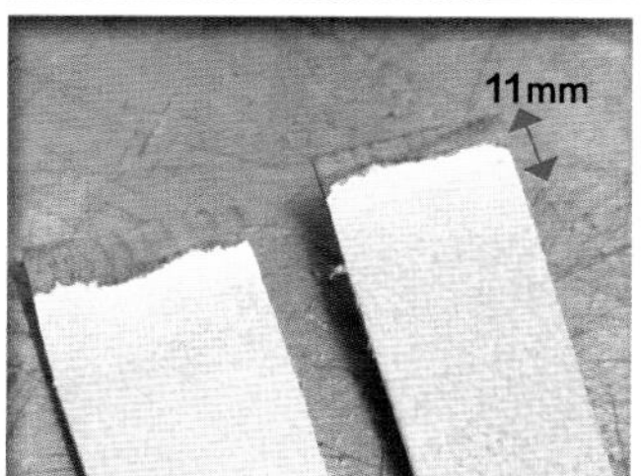

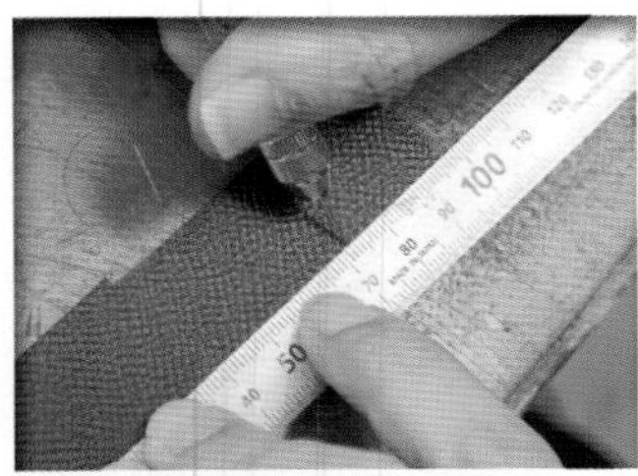

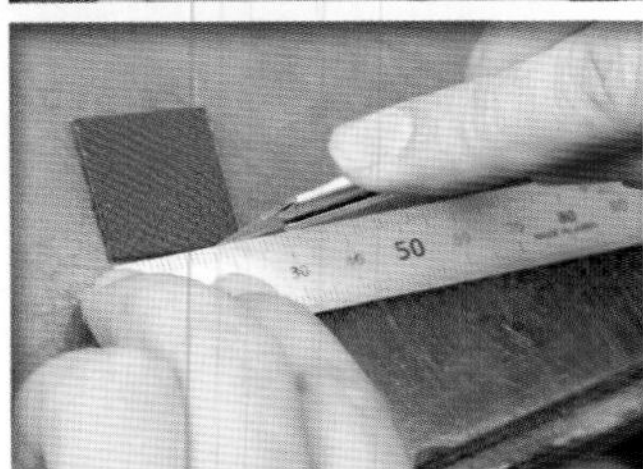

04 裁切内里皮革

两条内里都要以粗裁的方式切下。尖头侧的内里除了靠近表身的那一端要切成直线，其他部位粗裁即可，总长要比设定的 112mm 再长一些。扣头侧的内里两端都要切成直线，总长要与设定的 72mm 相同。利用圆规仔细地测量，让两条直线能够平行。因为没有内里的纸型，裁切时要自行测量长度。

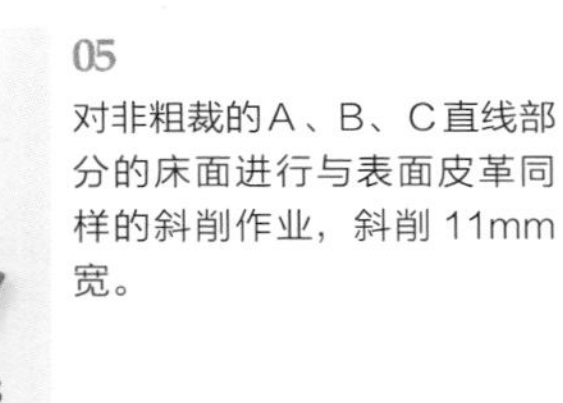

05

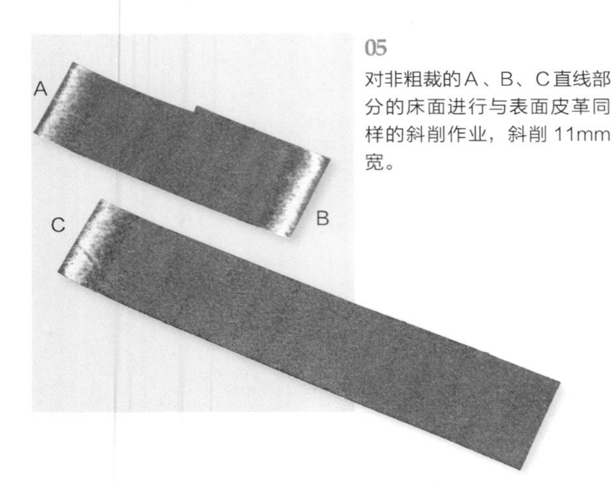

对非粗裁的A、B、C直线部分的床面进行与表面皮革同样的斜削作业，斜削 11mm 宽。

TECHNIQUE No.21

连接处削薄的形状要正确且一致

表里两端的床面在稍早的步骤中已削薄了 11mm 的宽幅。接下来的流程就如下图所示，将两条皮革重叠黏合。只要削薄的角度与形状能够正确且一致，就可以做出没有凹凸的平整表面。

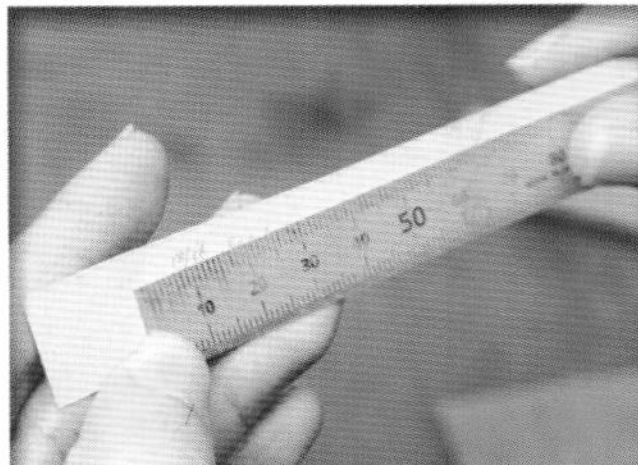

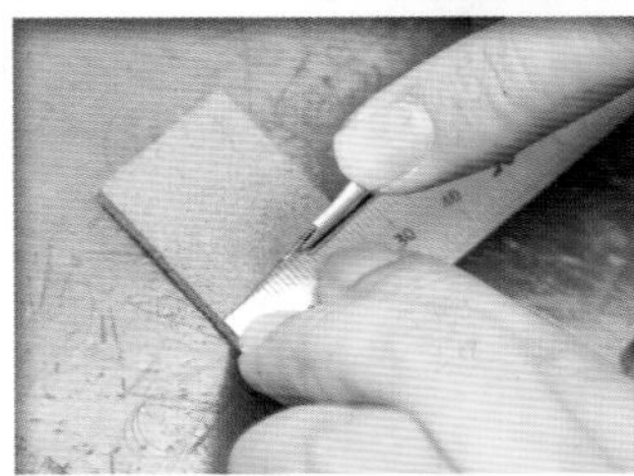

06 裁切芯材

依照裁切扣头内里的要领，将芯材两端切成直线，总长为 40mm，侧面尺寸粗裁即可。两条表带皆需要芯材，因此要裁切两片。

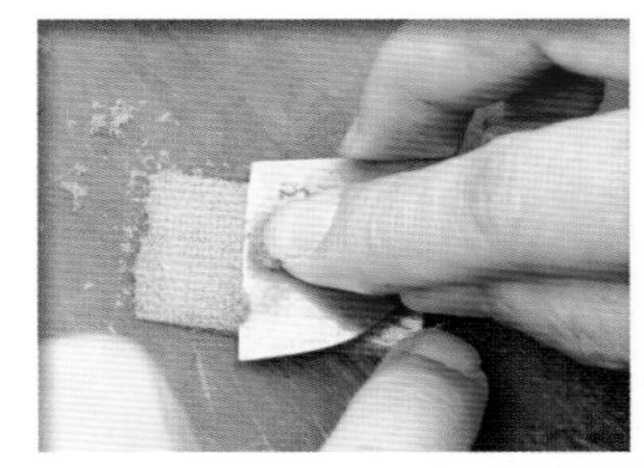

07 ◀POINT!

接着要削薄成一个完整的斜线（请参考下图）。芯材的形状将会决定带头位置的外形，一边用手指确认形状，一边谨慎地进行作业。

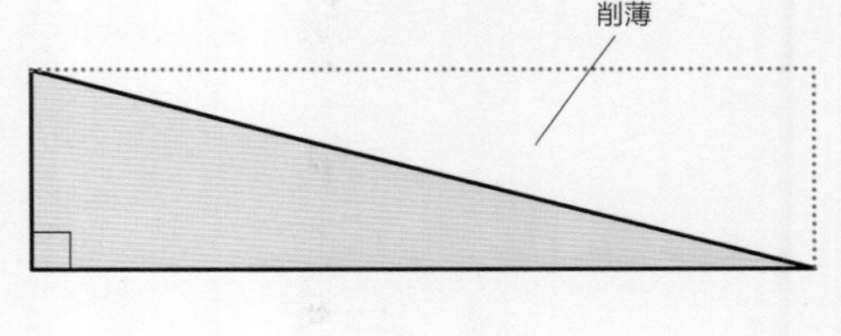

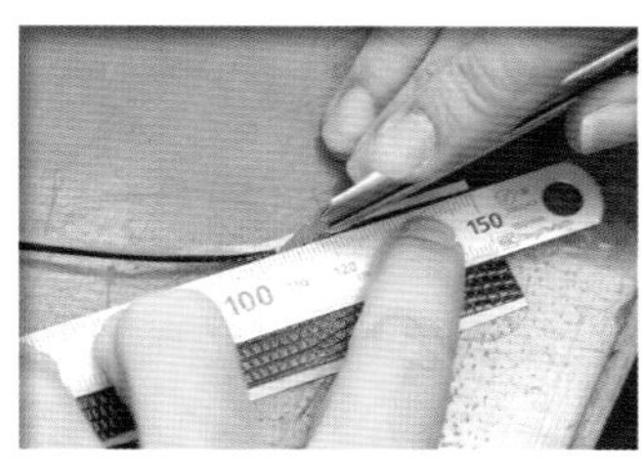

08 **裁切两条表带环**

可以直接使用与表面相同的蜥蜴皮。但想要做得更好时，就将蜥蜴皮与内衬皮革黏合，让皮革厚度到达 0.7~1mm。准备好皮革后将其中一边切成直线。

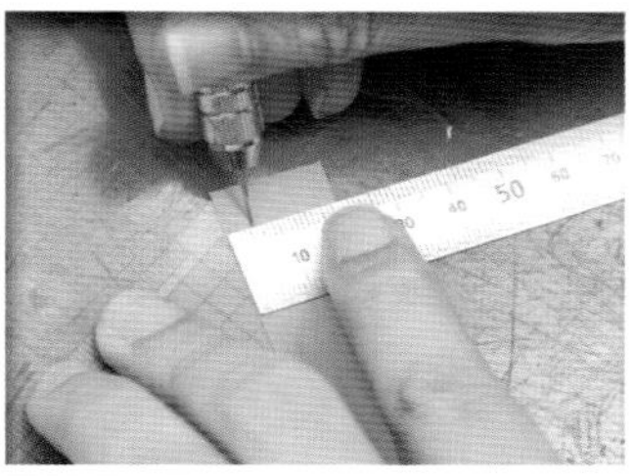

09 ◀POINT!

以步骤 08 切好的直线边为基准，在前后两端宽幅 5mm 处做记号，沿着这两个记号裁切出 5mm 宽的条状皮革。

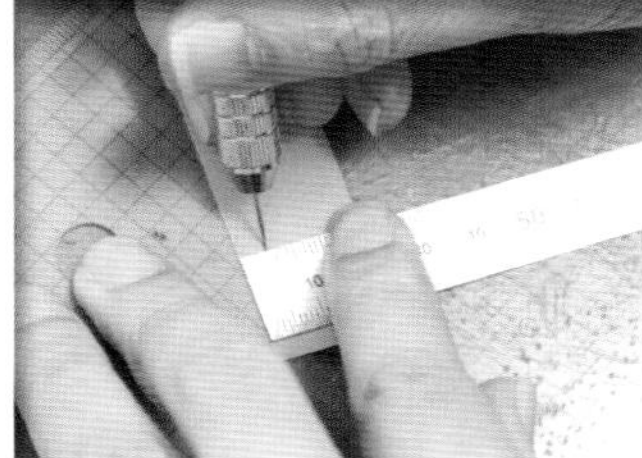

10

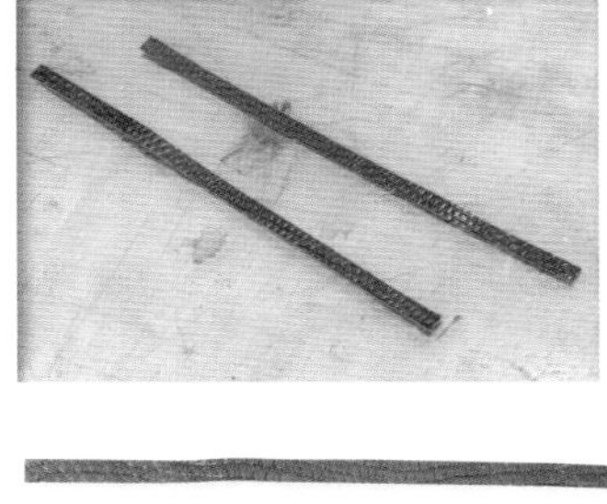

切出固定环与活动环的两条皮革。先预留长度（大约 60mm 便足够），等到要装上时再切成需要的尺寸。

黏合补强布料与芯材

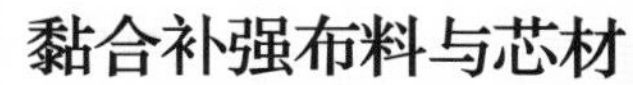

先在表面皮革的背面贴上补强布料与芯材。必须特别注意贴的位置与范围，下面会做详细讲解。

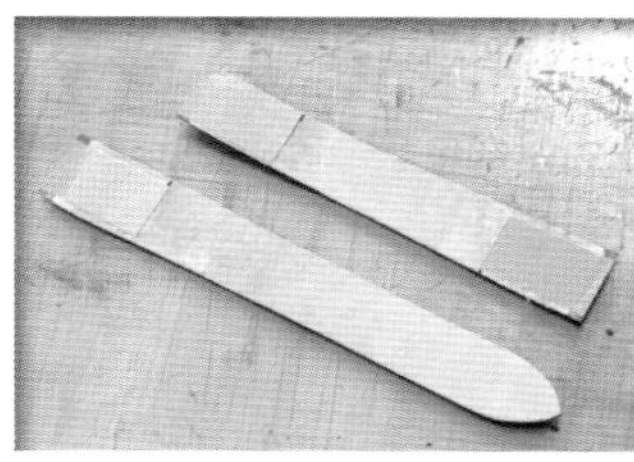

◀CHECK!

如图所示，补强布料只需贴在要向内折的部分（尖头侧靠表身、扣头侧的两端共三处）。另外，为了避免露馅，补强布料的尺寸要稍小于表带，在两边留一点空隙。

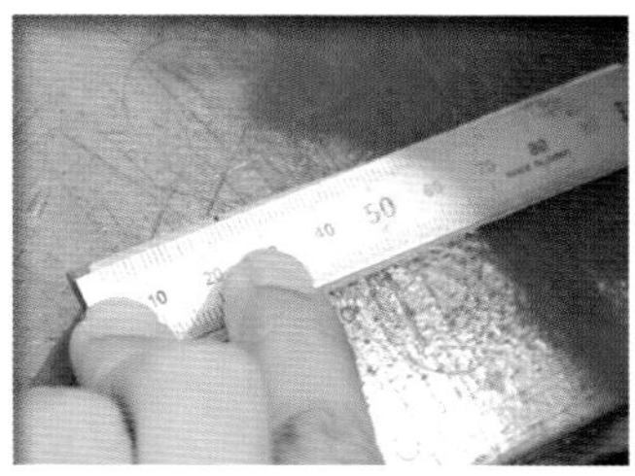

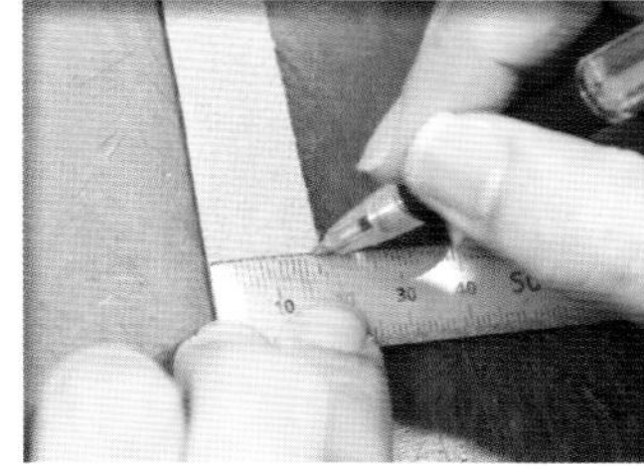

01

向内折的部分为 18mm，补强布料则是 25mm。从皮革前端向内 25mm 处画上黏合补强布料范围的记号。

02

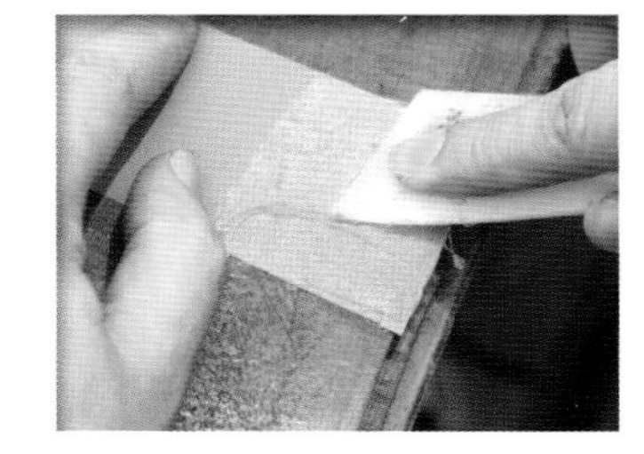

在记号范围内涂抹橡皮胶。补强布料需要先涂胶再裁切，因此范围可以涂得大一些。因为要尽可能地减少厚度，所以橡皮胶也要尽量涂薄一些。

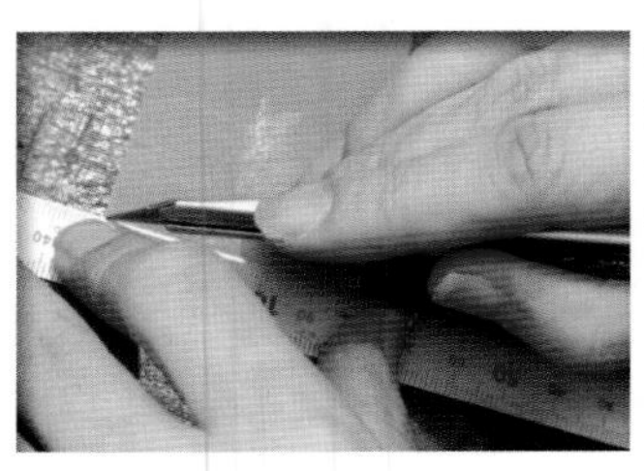

03

在涂上橡皮胶的范围内切出一个长 25mm、宽 15mm 的补强布料。

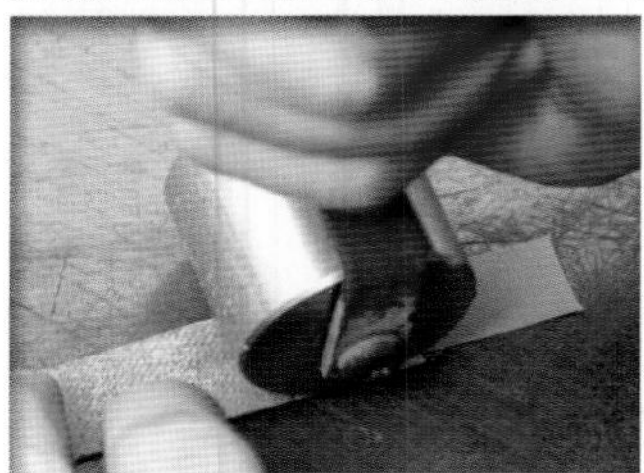

04

贴上补强布料时注意不要超出皮边外。对准 25mm 处的记号线贴上，再用滚轮确实压紧。黏合后将多出的部分切除。以相同的方法黏合其他两处的补强布料。

05

接着要黏合芯材。注意只将靠近表身的两端贴合即可。黏合的位置在需要内折的 18mm 之后，与补强布料会稍微重叠。先用笔在 18mm 处做上记号。

06 ◀POINT!

黏合时要注意芯材的方向与黏合面（较厚的那端朝表身方向，黏合面为床面）。确认好黏合的范围与位置后，将芯材的黏合面涂满橡皮胶。

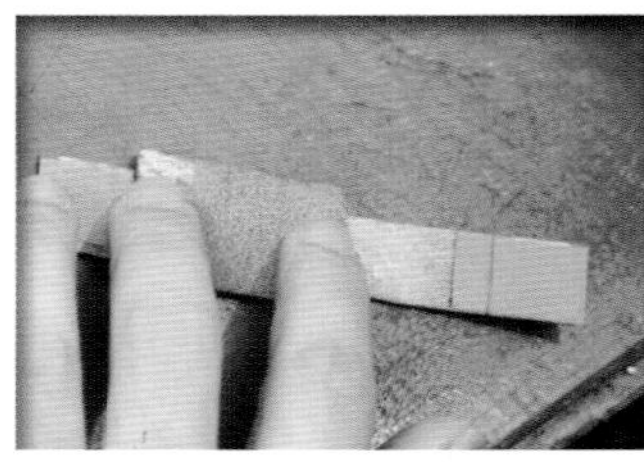

◀CHECK!

扣头侧的皮革比较难分辨方向，要仔细确认。只有靠近表身的那端要贴。

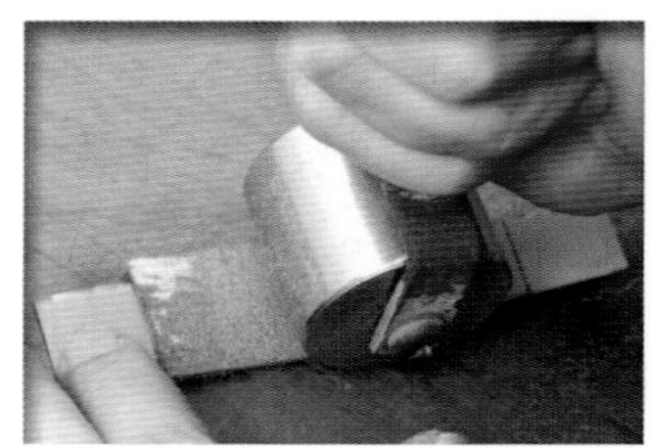

07

对准记号贴上，用滚轮压紧。

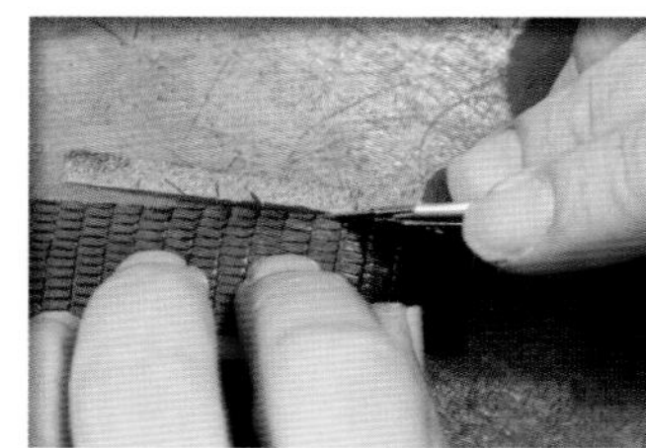

08

从表面那侧切除多余的芯材，切的时候要仔细，让切口呈现出完美的直线。

09 ◀POINT!

黏合完成后再次削薄已经变薄的那一端，边削边以手指触摸交接处，借以消除连接部位的高低差。

带头内折与内里黏合

将贴了补强布料的那端内折黏合，做出可让耳针与表扣穿过的孔，再贴上内里皮革。

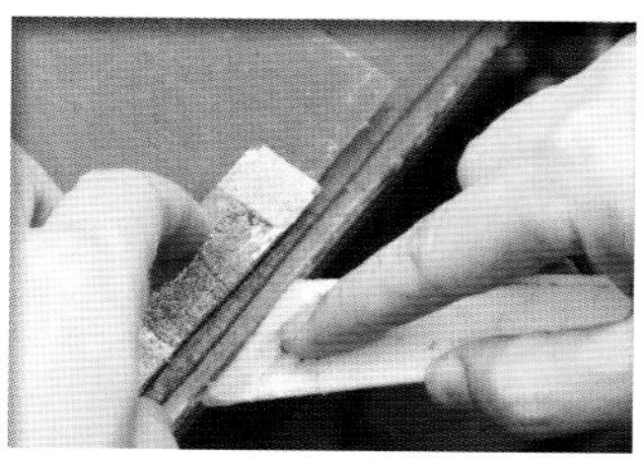

01 内折靠近表身的那端

在18mm内折后会重叠的范围上涂抹橡皮胶。稍后黏合内里时整面都会上胶，因此涂得超出范围也没有关系。记得耳针穿过的部分不要上到胶。

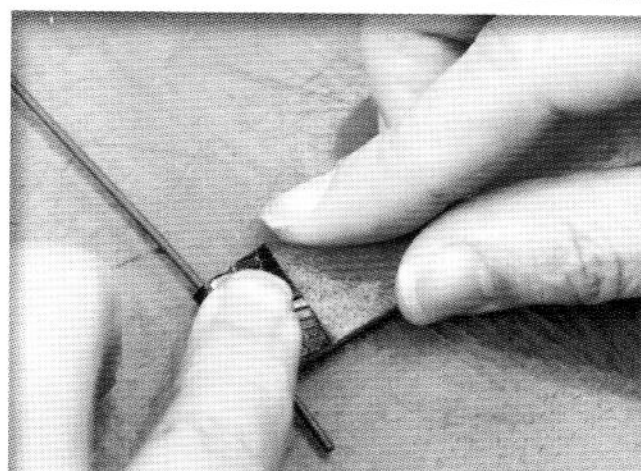

02 ◀POINT!

内折的同时做出耳针的穿孔。标准的耳针直径为1.5mm，拿相同直径的铁丝辅助可以方便内折的作业。此处的重点在于穿孔的大小不能过松或过紧，要做出刚刚好的尺寸。以耳针穿入时只会感到些许阻力的情形为最佳。

03

使用铁钳压紧黏合处。两条表带靠近表身的那端皆以此方法黏合。

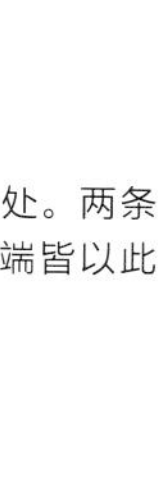

04 内折表扣端

表扣位置的处理顺序几乎与前述相同，唯一的差别在于内折的长度比18mm再长10mm，所以要在18mm处往后10mm的地方做记号。

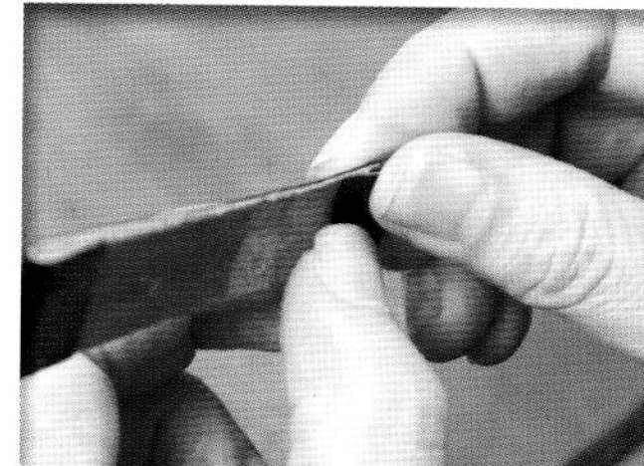

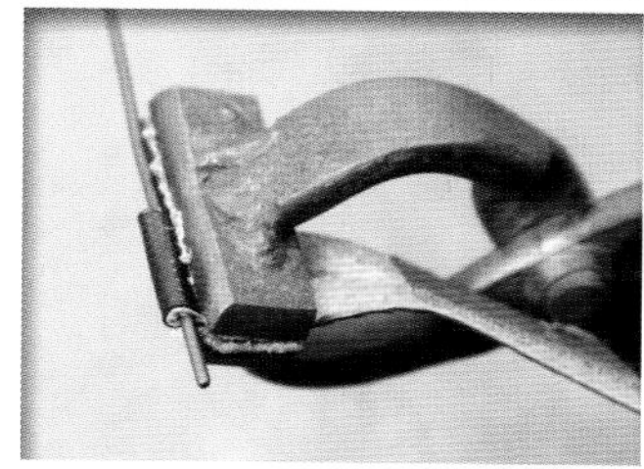

05 ◀POINT!

按照步骤04的记号将皮革内折，利用铁丝做出穿孔。在压着之前先确认完成的长度是否为75mm。若是尺寸有点偏差，就稍微调整内折的位置。

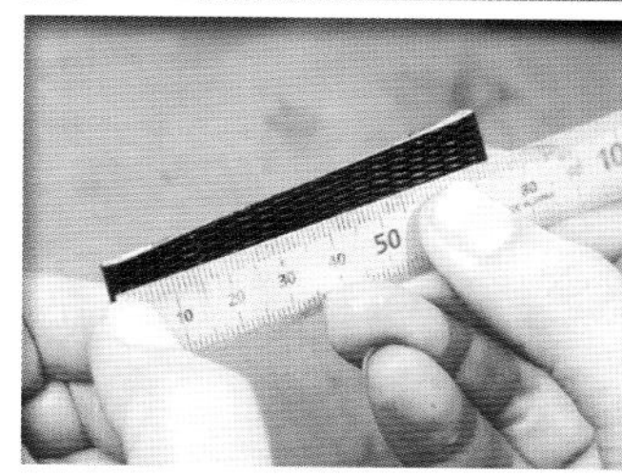

◀CHECK!

再次确认尖头端与扣头端的总长是否为115mm与75mm。

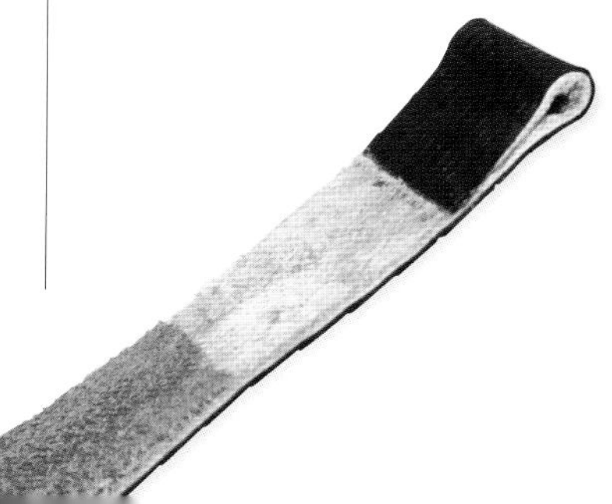

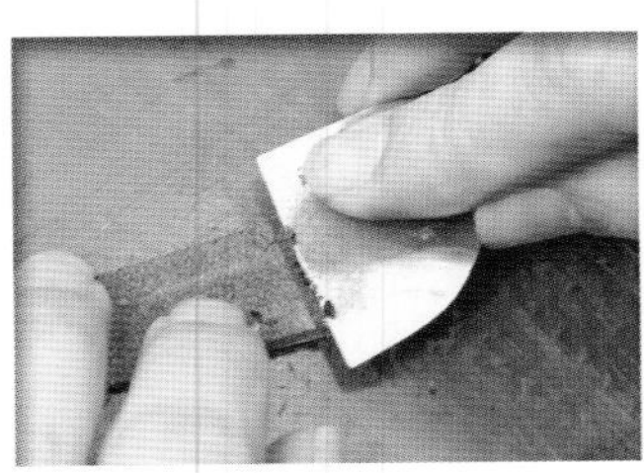

06 ◀POINT!

反折的部分因为加上了补强布料的厚度，因此要将连接处削薄以消除高低差。

07 **贴上内里皮革**

内里皮革要从内折的部分整个覆盖上去。在上胶之前，除了内折前端 3mm 宽的范围（图片做记号的位置）以外，其他部分都要进行刮粗。

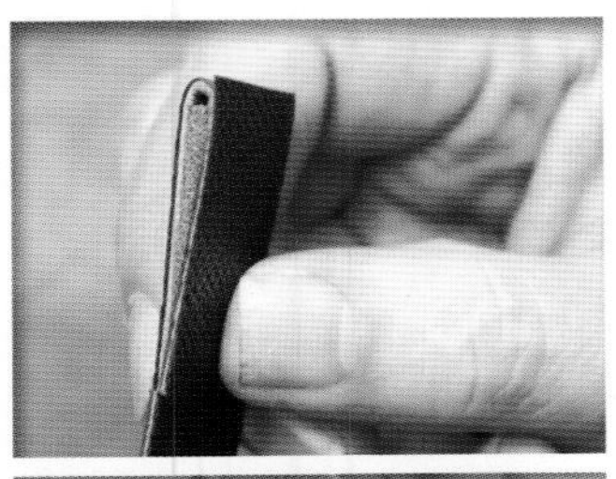

08

对照扣头端的内里尺寸是否吻合，两端内折的部分都要留 3mm 宽的空间，没问题便可直接贴上。若像左图一样稍长时，可以再进行裁切以做调整。

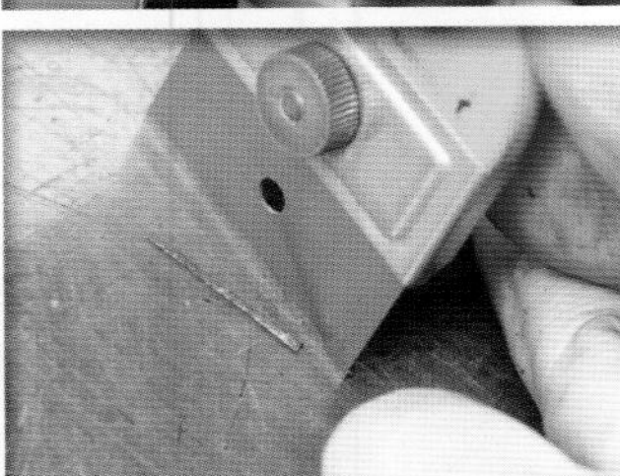

◀CHECK!

调整好内里的长度后别忘了将边缘削薄。

09

涂上橡皮胶，贴上内里。尖头端的内里不需确认长度，只要在靠近表身的内折前端预留 3mm 宽的空间即可。

◀CHECK!

因为扣头端的表扣那头稍后会装上固定环，所以要预留 15mm 左右的范围先不黏合。

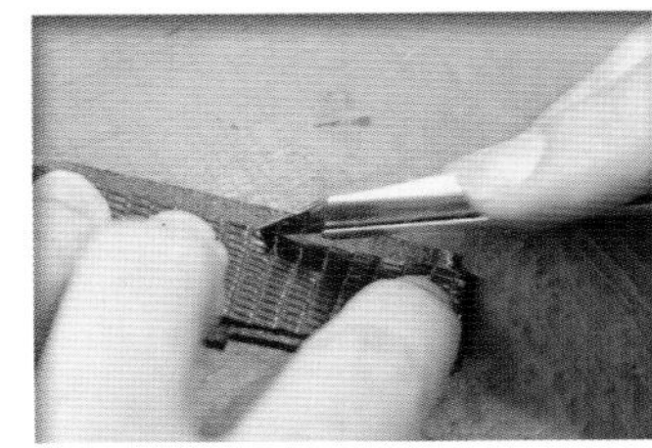

10

从表面切除内里的多余皮革。切的时候要保持谨慎，让切口呈现完美的垂直线条。

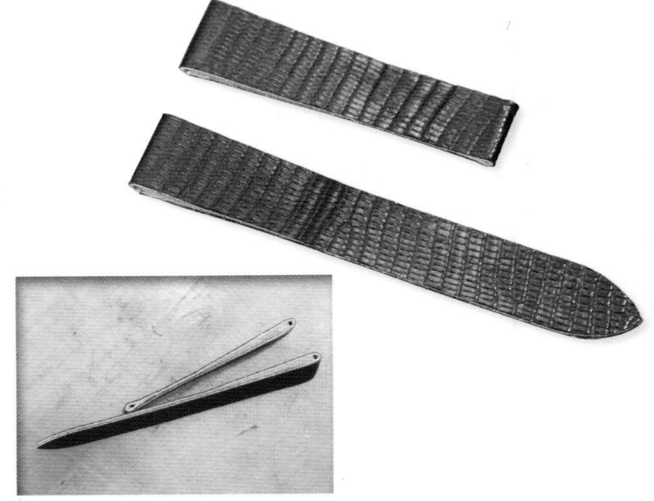

缝合与皮边处理

缝合前先稍微修整皮边，缝合后再仔细地磨整。此阶段只缝合尖头端的表带，请特别注意。

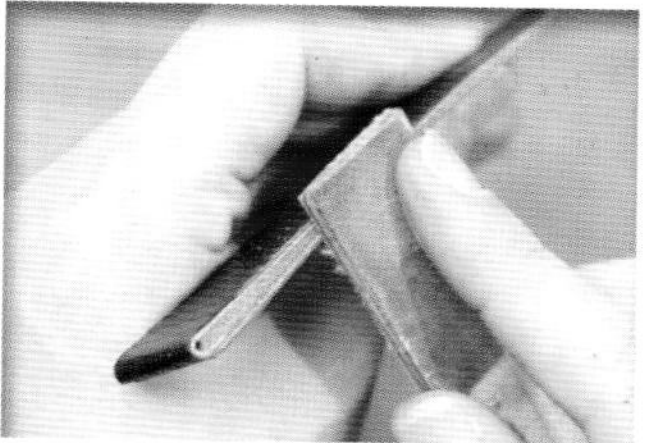

01

缝合前先稍微修整皮边。先用 400# 的水砂纸将表面磨平。

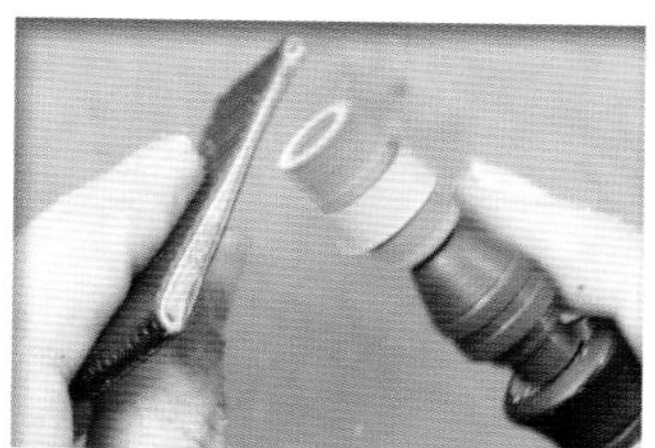

◀CHECK!

使用装上带柄砂轮的刻磨机可以提高作业的效率。

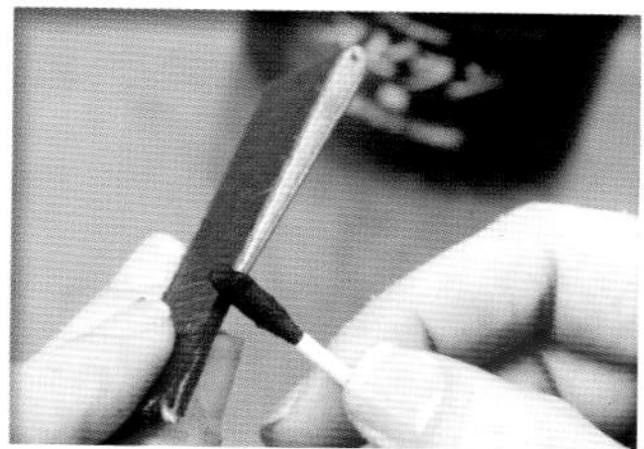

02 ◀POINT!

在皮边涂上染料。由于之后还会做一次染色覆盖，所以此时也可以先不染色。若是选择先不染色，皮边就要处理得非常干净。

TECHNIQUE No.22

酒精性染料与水性染料的区别

一般来说，酒精性染料比水性染料的渗透力更强，耐旋光性也较好，因此受到许多工匠的喜爱。但是内里为浅色皮革，而在染深色染料时，用酒精性染料很容易留下明显的痕迹，因此这时要选择渗透力较弱的水性染料。

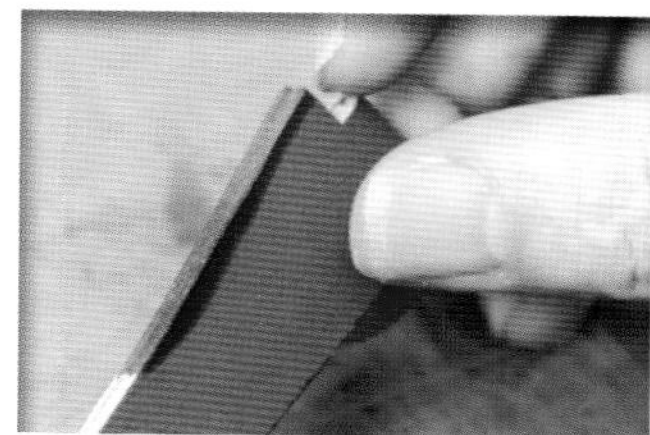

酒精性染料因为渗透力很强，容易如左图一样使得银面留下痕迹。而水性染料用量太多时也会出现此情形，请特别注意。

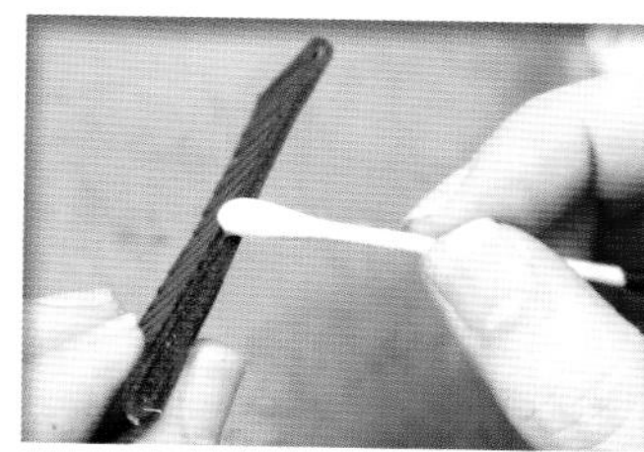

03 ◀POINT!

染色后再轻轻地涂上一层床面处理剂，将凹凸不平的地方填平，使表面变得平滑。等上色完成后表面就会更加亮丽。

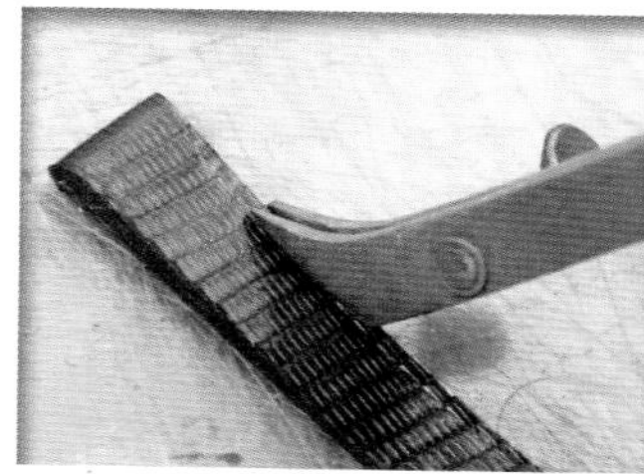

04 **缝合尖头端的表带**

稍微整理过皮边后，接着画出缝线。尖头端的部件是从反折处的其中一边画到底再转回另外一边，只有一条缝线轨迹；扣头端的部件则是两边各画一条，共有两条缝线轨迹。将边线器设定为 2mm 宽，让缝线显得纤细一些。

TECHNIQUE No.23

正确画出缝线的新方法

在皮革的银面上贴上纸胶带，再以装上圆珠笔的圆规直接在胶带上画线，如此便能正确且明显地画出缝线。这个方法非常适合蜥蜴皮这类较难压出轨迹的皮革。

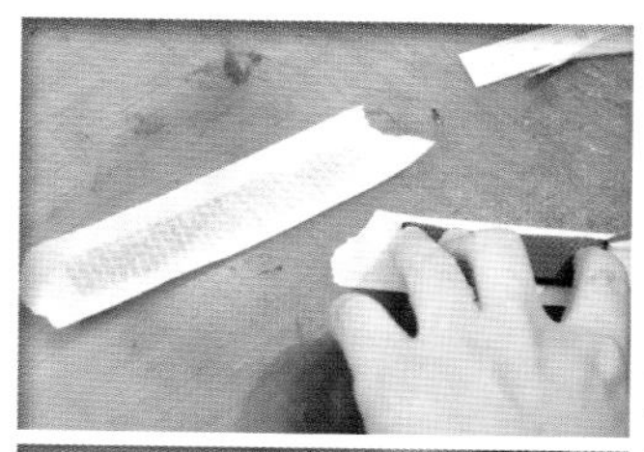

用纸胶带将银面全部贴住，切除多余的胶带后直接在上面画线。除了能够确认线的轨迹是否正确且明显，也不必担心会在银面上留下痕迹。不过撕胶带时比较容易伤害到皮革，所以要选用黏性较低的纸胶带。

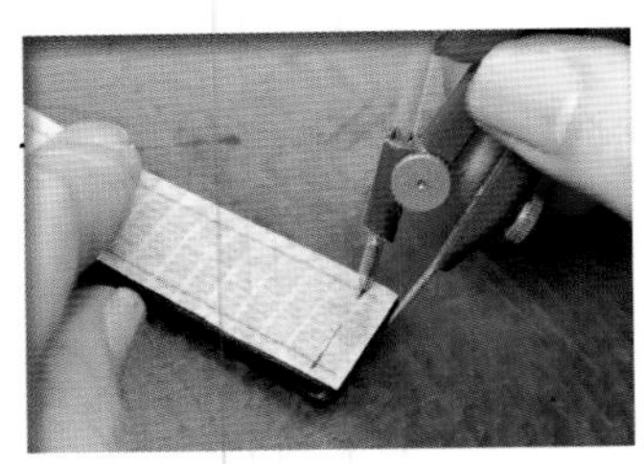

05
反折处前端5mm宽的范围不上缝线。需要缝合的位置为下图红线的部分。

06 ◀POINT!
使用菱斩凿孔。不需整个打穿，只要在表面上轻轻地打出线孔的形状，稍后缝制时再用菱锥刺穿。

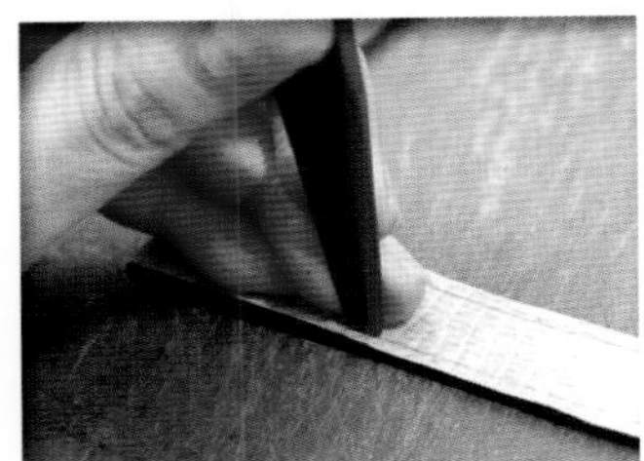

◀CHECK!
芯材的边端位置不要凿孔（请参考下图）。经过此处时改用双菱斩，稍微调整线孔的位置。

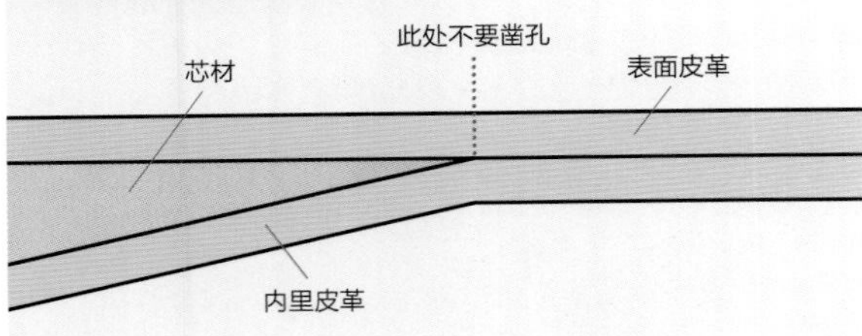

07
经过尖头的时候也要使用双菱斩稍微调整位置，让顶点处只有一个线孔。

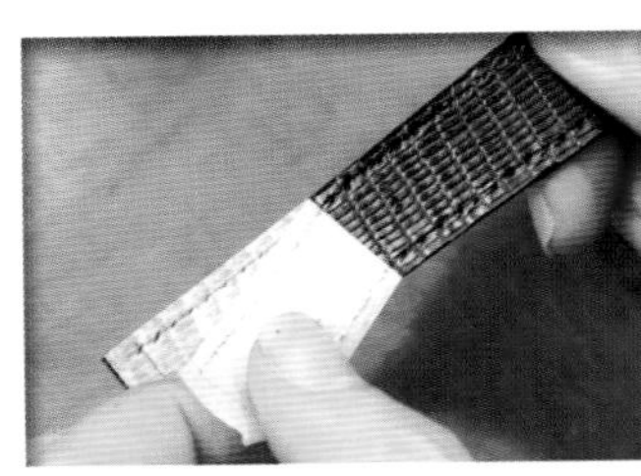

08
凿完线孔后将纸胶带撕掉。接着开始缝合尖头端的表带。

◀CHECK!
线孔的大小要保持在可辨别为菱形的范围内。

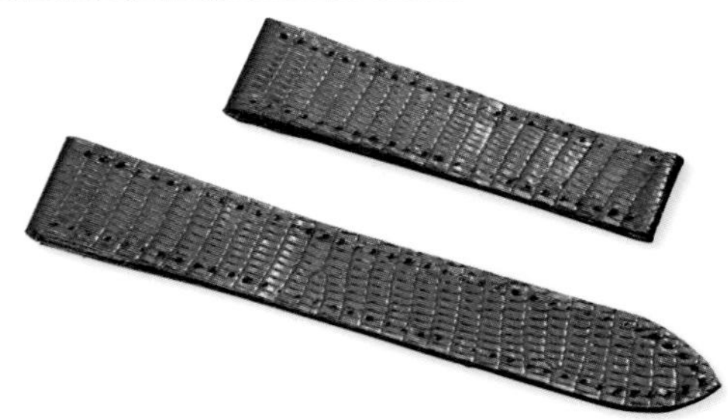

09
用菱锥刺穿线孔，以较细的线缝制（此处使用8号尼龙线）。下针与收针时都要回缝一个孔，将线头藏在线孔中。

10 ◀POINT!

因为使用的是尼龙线，所以要用热熔的方式处理线头。用电热笔可以把线收得很漂亮。也可用剪刀剪断，再以打火机烧线头。用较不尖的锥子将线头塞进线孔内，线头便会比较不显眼。

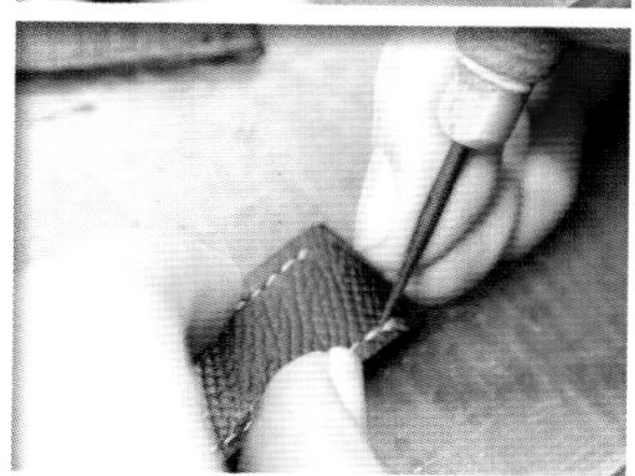

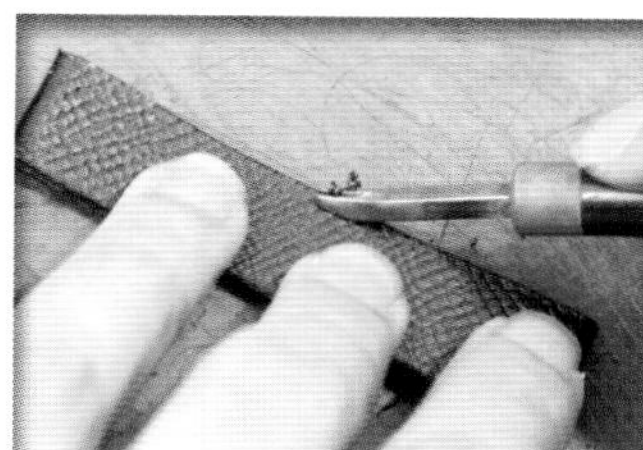

11 研磨皮边

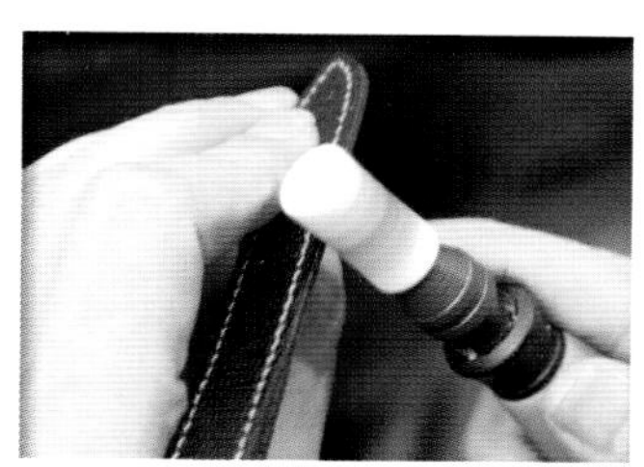

缝完后用 400# 左右的水砂纸将皮边修整至平滑。使用装上砂纸棒或牛皮砂轮的刻磨机可以提高作业效率。

◀CHECK!

用小号的削边器一边修整，一边观察。注意别削得太多，也可以用砂纸轻轻地磨整毛边。

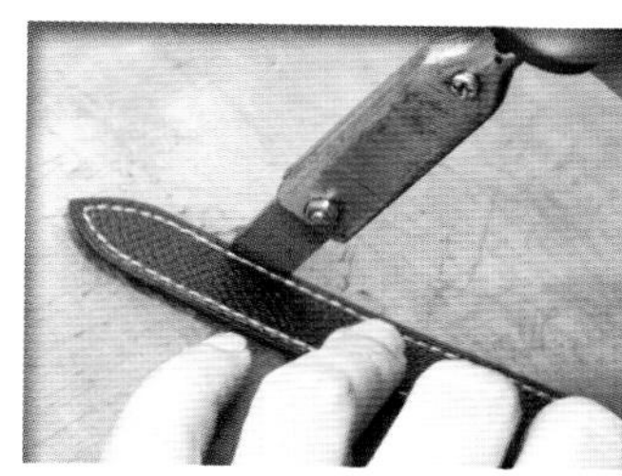

12 ◀POINT!

若想使用装饰边线器修边，则一定要在染色前进行。皮边加热后会产生非常细微的粗糙面，因此修边后还要再用水砂纸或牛皮砂轮磨整。

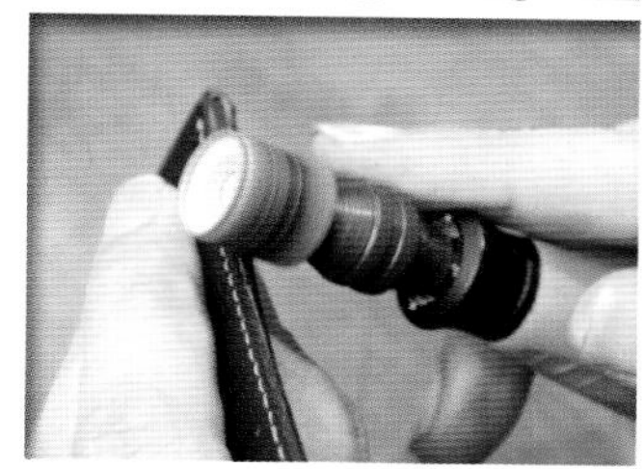

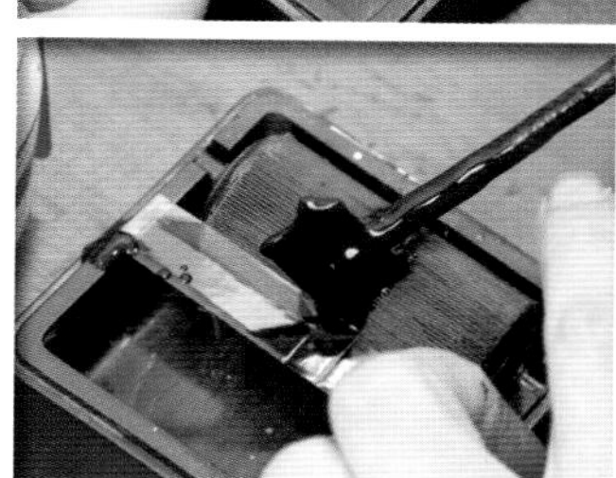

13 皮边上色

涂上 ORLY 染剂。如图，在涂边机滚轮的旁边贴一条透明胶带，留一道小小的缝隙，以刮除多余的染料。有些涂边机会附有调节染料用的胶片。染料的量不需太多，少量地涂在滚轮中央即可。

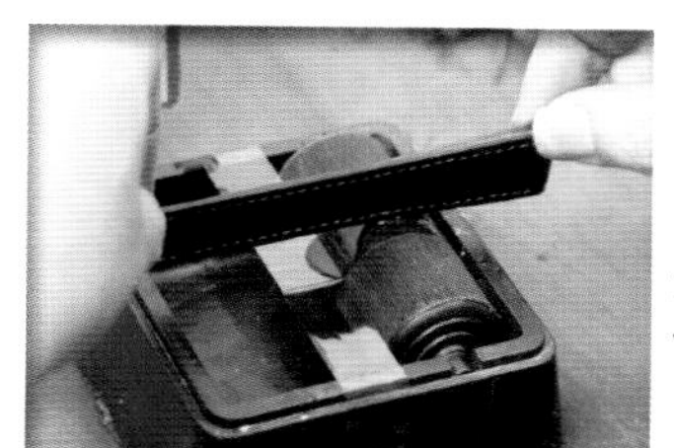

14

将皮边靠在滚轮上滚动，均匀地涂上染料。没有涂边机时要利用竹片等工具仔细地涂抹。涂抹的方法将于 P72 做详细的讲解。

TECHNIQUE No.24

皮边染色的诀窍

染色一般都分为两步：第一次先做好完整的基底，第二次则做出平滑的表面。由于染料凝固后会包覆住皮边，因此上色的重点就在于避免不均匀或凹凸的现象。染色前的皮边状态也十分重要，事前要做好修整工作（请参考 P69）。

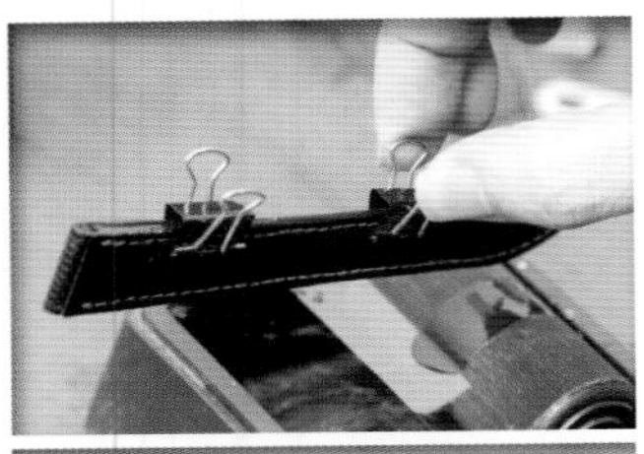

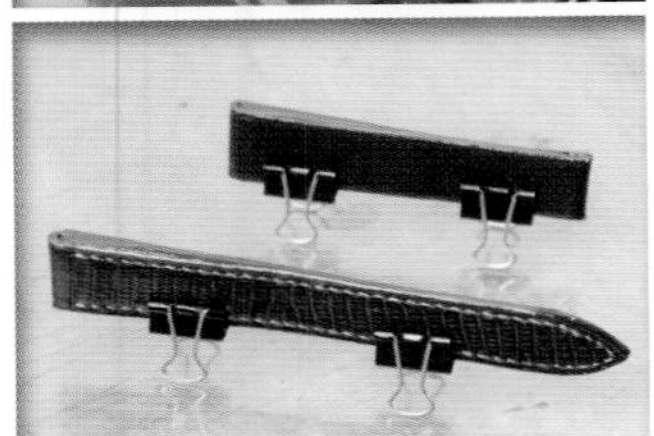

使用涂边机不仅能加快作业的速度，而且与手涂比，上色更均匀。涂抹这类小部件时可以用长尾夹夹住，便于拿取和放置干燥。涂完要等到干燥后，再涂第二次。

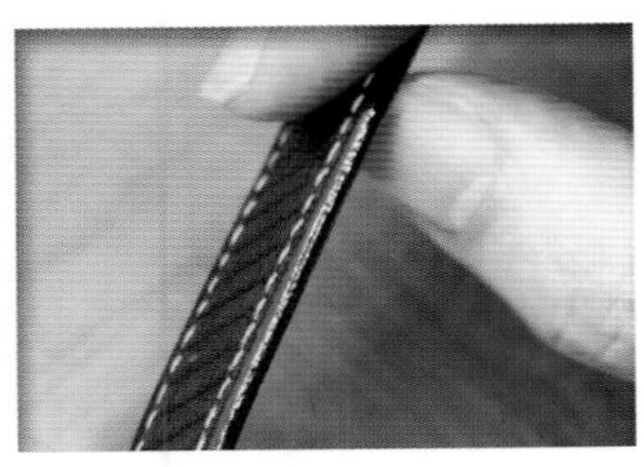

◀CHECK!

涂完第二次染料，等到用手触摸不会有黏稠感便染色完成了。最好能像左图一样呈现表面均匀、带有细微光泽的状态。

TECHNIQUE No.25

皮边上色后要再次磨整

如果以完美平滑的皮边为目标，就要用 400# 的水砂纸磨整，不断地重复上色的动作，将细小的凹凸全部整平。另外，介绍一招密技——在刻磨机的钻头上包覆一层铁氟龙胶带，研磨时便会收到极大的效果。

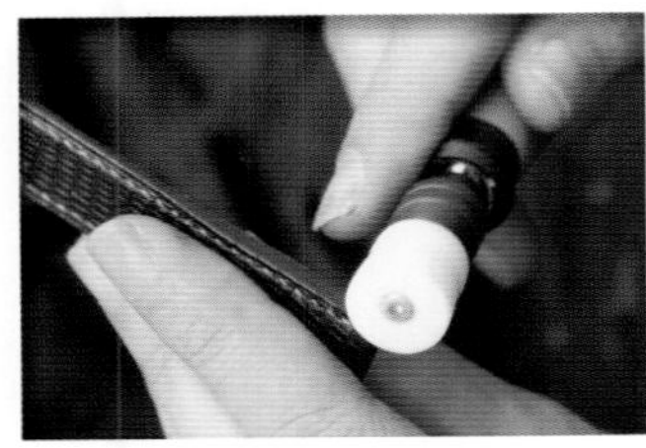

铁氟龙胶带在文具店或各大卖场均有销售。旋转研磨时的热度会将染料不均匀的地方充分填平，能够非常有效地让表面呈现平滑的状态。

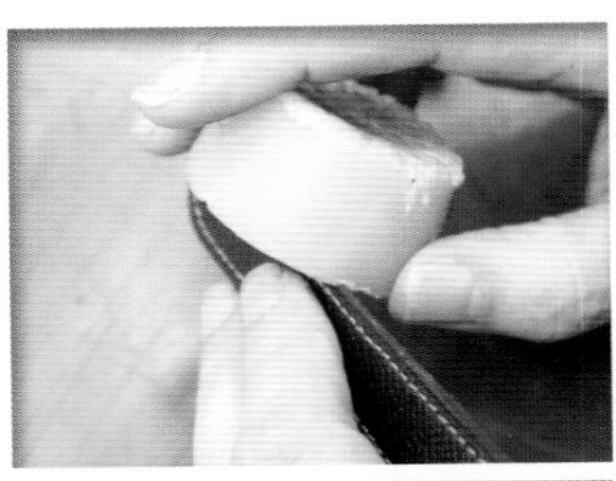

15 ◀POINT!

最后做上蜡处理。给皮边上蜡后，用刻磨机（没有刻磨机可用棉布代替）仔细地磨出光泽。蜡可以选用蜜蜡或是一般的线蜡。

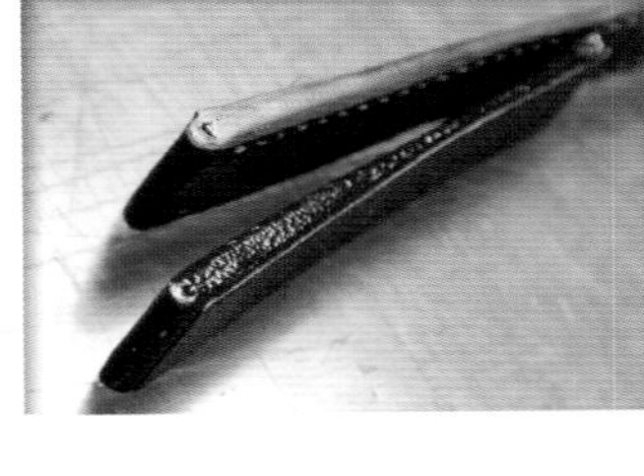

◀CHECK!

左图中，下方的皮边为单纯上色，上方的皮边为经过研磨处理。单纯上色的皮边有滑顺感，而研磨后则会呈现平稳的光泽，请自行选择处理的方式。

16 处理固定环与活动环的皮边

固定环与活动环的皮边也要事先处理好。染料入色后涂上床面处理剂，再用装饰边线器修饰。此处使用的是黑色皮革，因此只要上皮边染料就好。若是使用颜色较明显的皮革，就要选择适合皮革颜色的染料，让皮边与皮革的颜色能够一致。请根据作品的实际情况与个人喜好进行选择。

装上固定环与活动环

将固定环与活动环部件的连接位置削薄，黏合后形成环状，装上扣头端的表带后开始缝合。

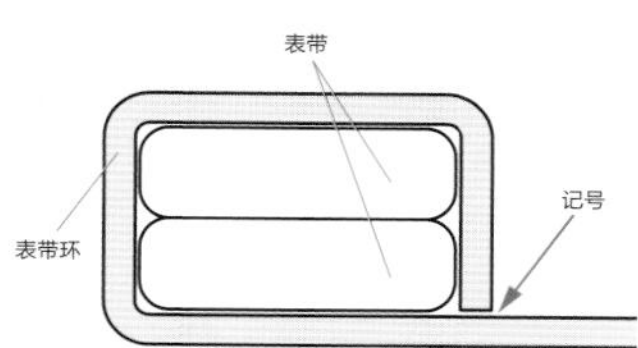

◀CHECK!

将两条表带重叠，用固定环与活动环的部件在 16mm 宽的那端绕一圈（如左图），绕完后再加上 7mm 的长度（用来黏合的部分）并切断。

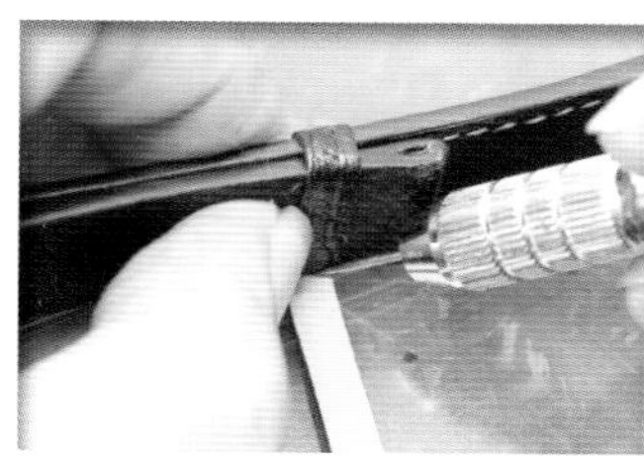

01 ◀POINT!

在上图“记号”的位置做记号。此时要注意卷起来的松紧度，不要太松，也不要太紧，最好是能够固定又不会妨碍活动。

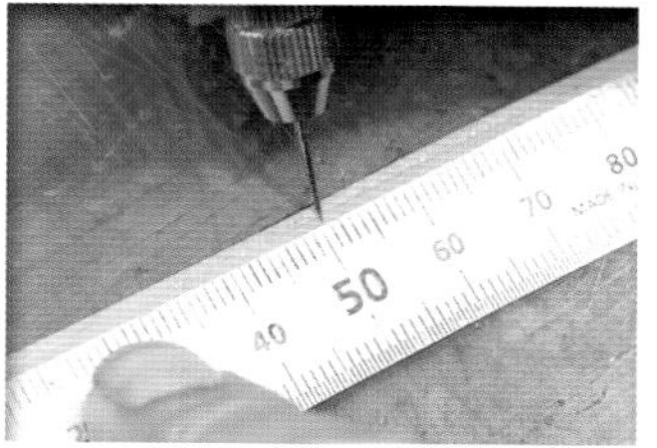

02

在步骤 01 画的记号处延伸 7mm，再做另一个记号。此处的总长度是 44mm+7mm=51mm。因为每个作品的尺寸都有所不同，所以每次都要进行实际测量。

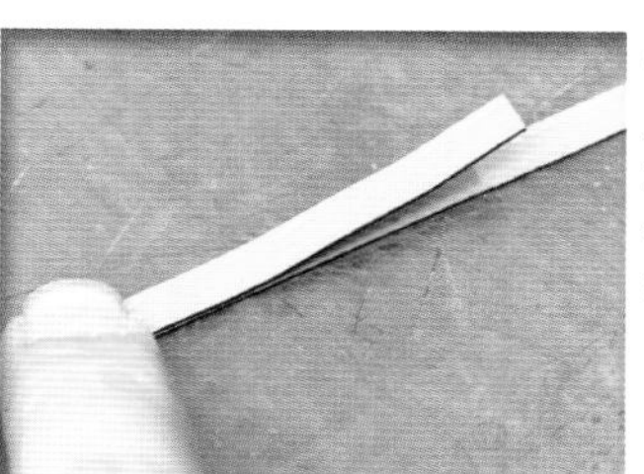

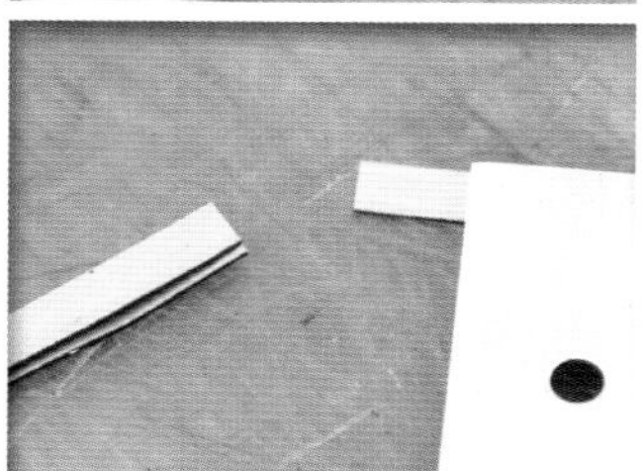

03

从步骤 02 的记号处切断，注意切口要保持垂直。把两条表带环皮革重叠就可以轻松地切出一样的长度。

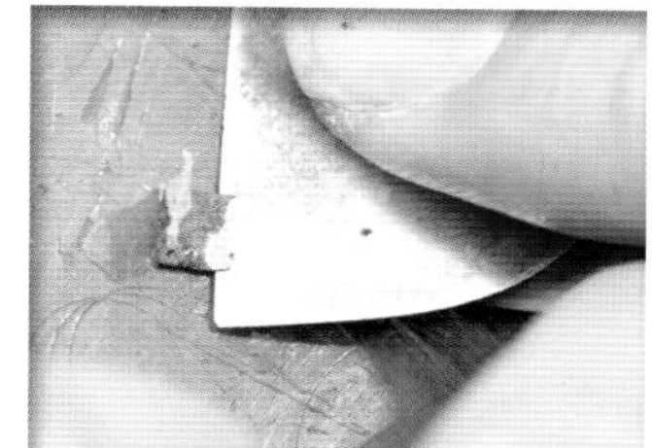

04

多加的 7mm 是要重叠黏合的部分，因此在两端各 7mm 的位置做记号（一端是银面，另一端是床面）。然后进行斜削的作业，消除最前端的厚度。

◀CHECK!

此处与 P64 处理内里皮革的方式相同，要让交接处的角度与范围相互吻合，做出平整没有凹凸的环状皮革。

05

在削薄的范围内涂橡皮胶，黏合后形成环状。

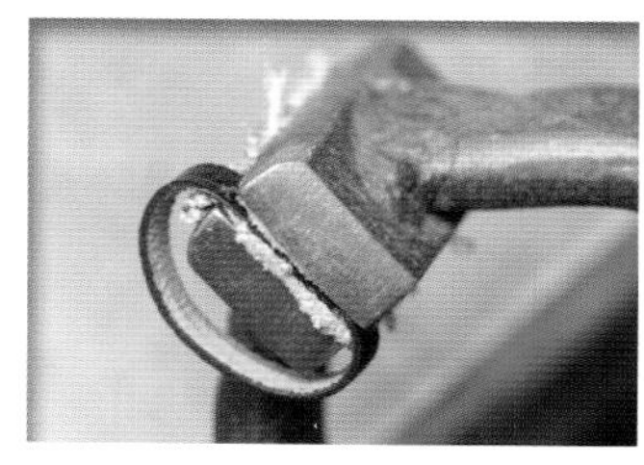

06

用铁钳进行压紧。

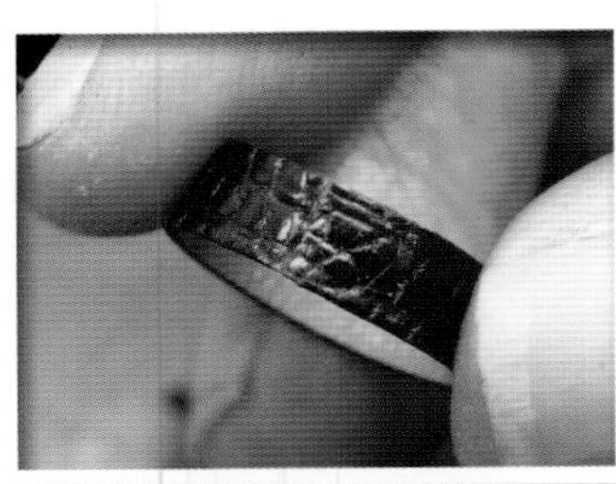

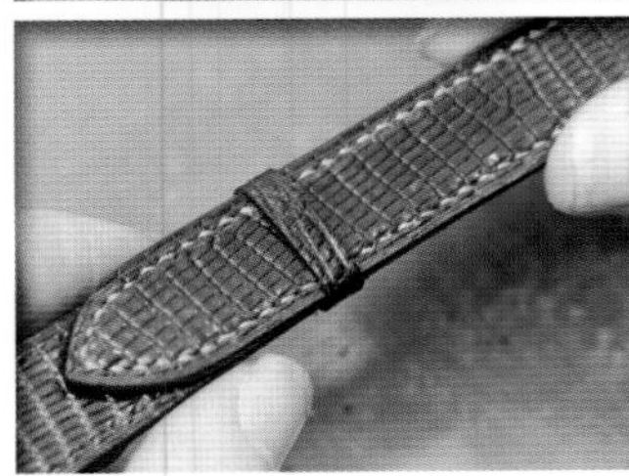

◀CHECK!

若是削薄得很精准，就会像左图一样看不出交接处的痕迹。另外完成后要试着穿过表带以检查尺寸。如果太紧或太松，则要重做。

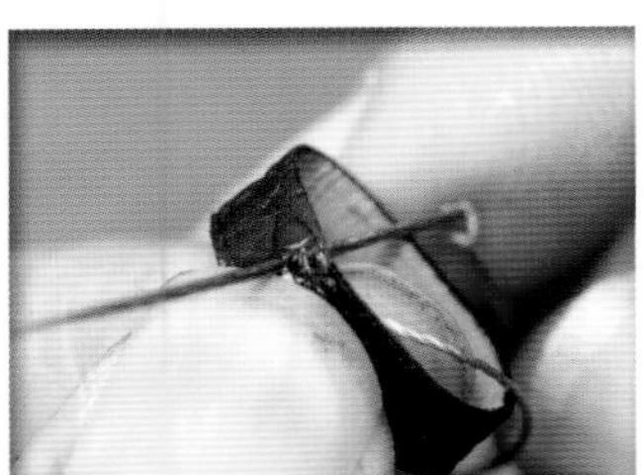

07 缝活动环

因为活动环不会固定在表带上，所以要在连接处缝上一针进行补强。用平整的木棒穿过活动环，用菱斩在连接处凿出两个线孔。

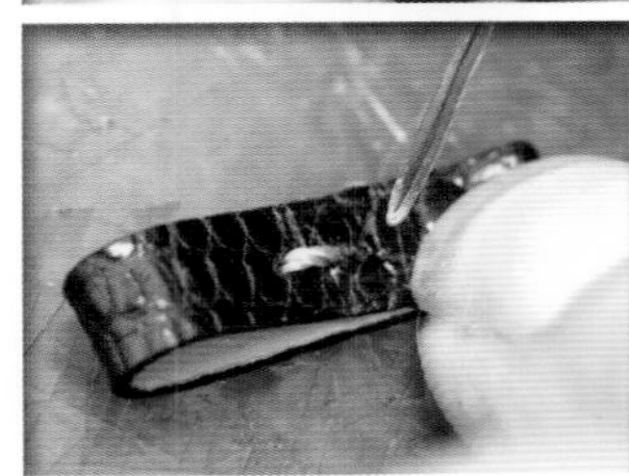

08

只将线的一端绑在针上，重复缝制两针，将线头隐藏在内侧。

09 装上固定环

将表扣端内里皮革（P68 没有上胶黏合的部分）翻开 15mm 的范围。注意不要翻开太多。

◀CHECK!

装上固定环前要记得先放入活动环。

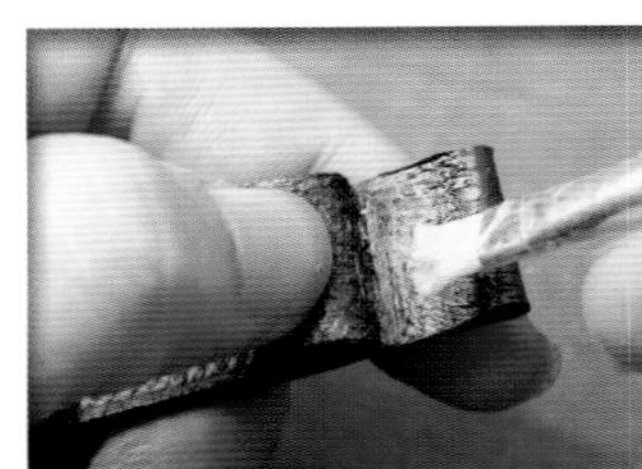

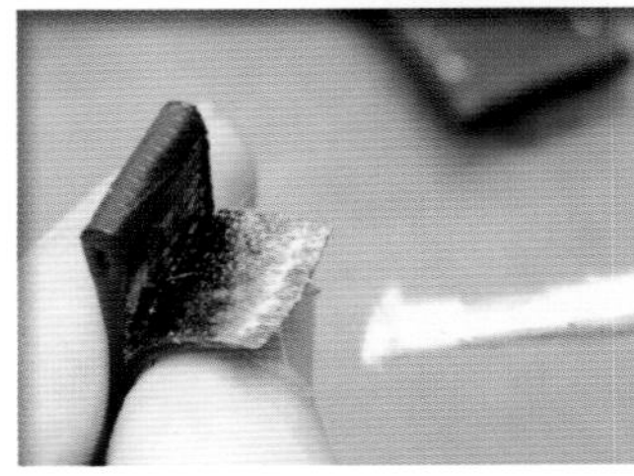

10

在翻开的范围内上胶。用小支的画笔可以方便作业。

11

以固定环的连接处为中心，在内侧与表带同宽的 16mm 黏合范围内上胶。

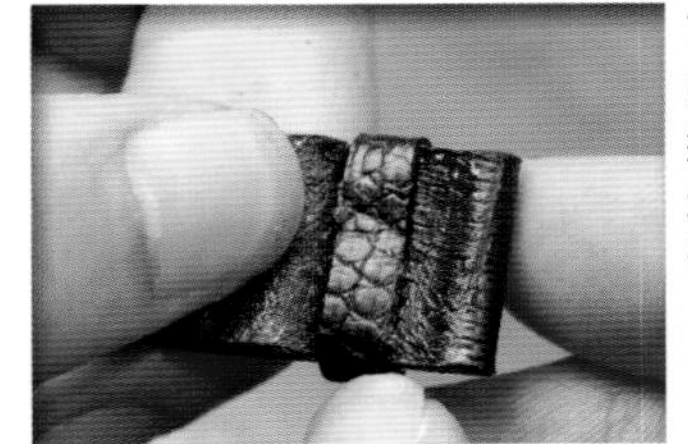

12 ◀POINT!

贴上固定环。此时要确认连接处是否在表带的中央、固定环有无歪斜、有无平整贴齐表带等。

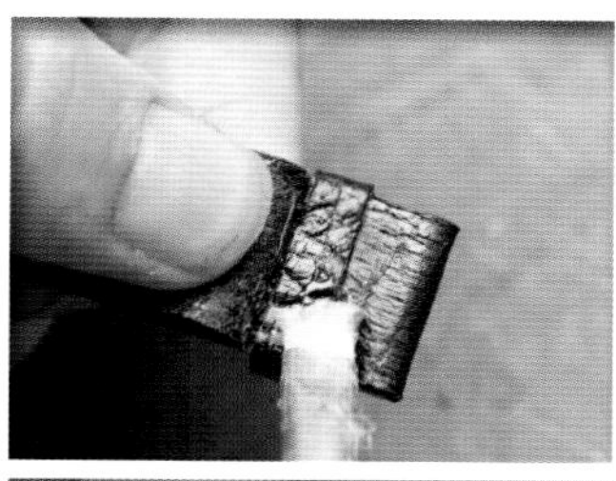

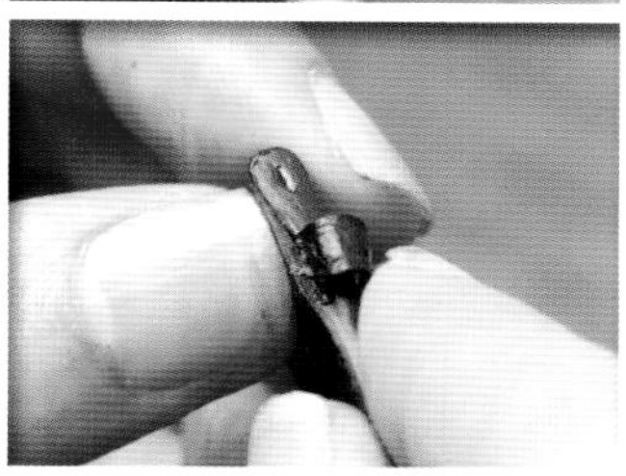

13

在固定环的表面上胶，将内里皮革贴上。此时要注意皮边是否贴齐，不可歪斜。

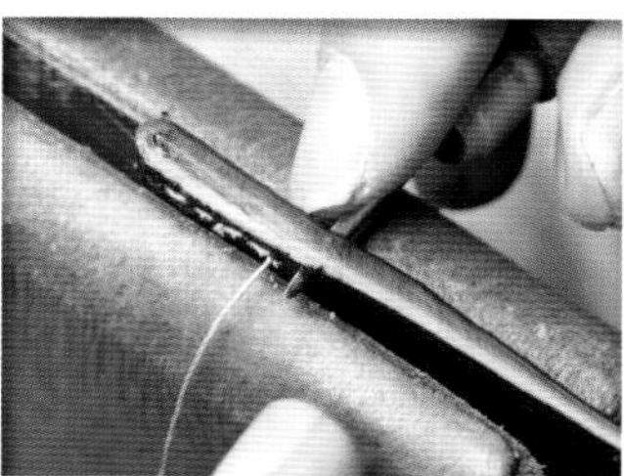

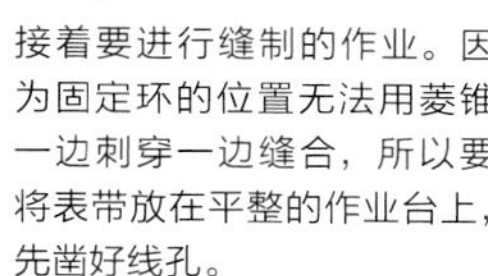

14 ◀POINT!

接着要进行缝制的作业。因为固定环的位置无法用菱锥一边刺穿一边缝合，所以要将表带放在平整的作业台上，先凿好线孔。

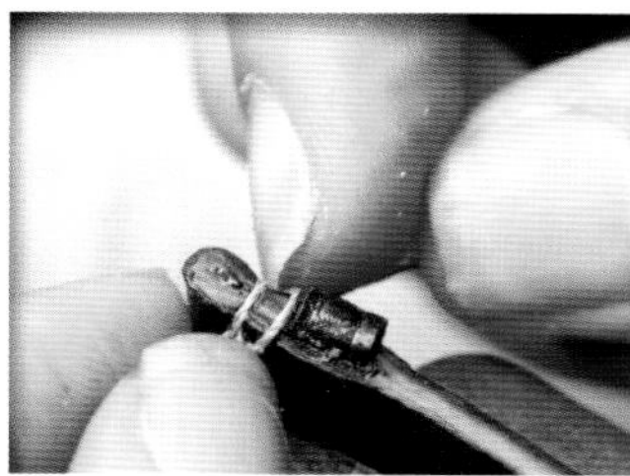

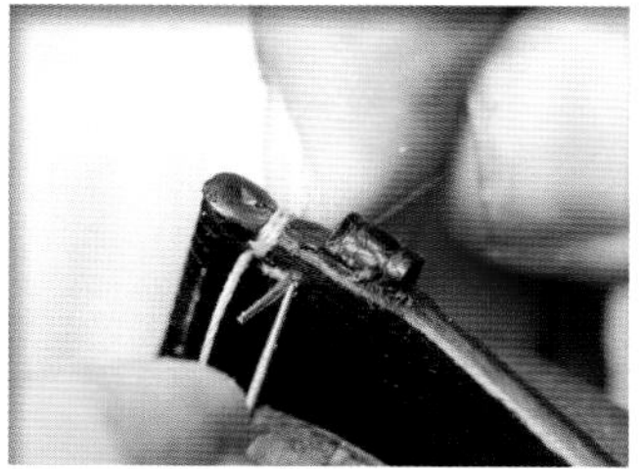

15 **缝合扣头端表带**

不管从哪一端开始缝都没关系。不过都要在表扣端的外侧绕两圈再回缝一个孔，请参考右侧“CHECK!”的图示。缝线经过固定环时要穿过每一层皮革，注意缝线不要跨过固定环的上方。

16

缝完后处理线头。用电热笔尽量从最根部熔断，让线头处不会太过明显。

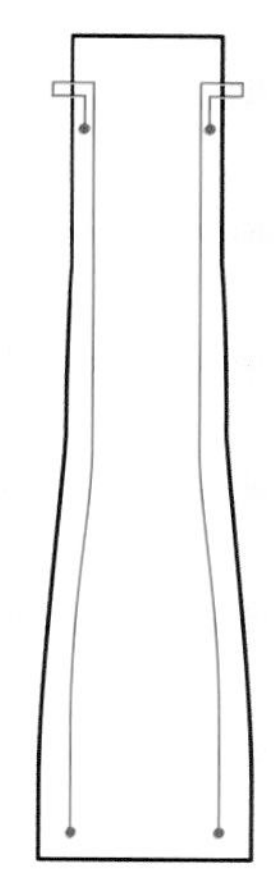

◀CHECK!

此为缝法的示意图。表扣端不论是下针还是收针都要在外侧绕两圈再回缝一个孔。就针脚而言，就像是在两侧各缝两个“L”形。

TECHNIQUE No.26

用缝纫机缝表带的方法

若想用缝纫机缝扣头端的表带时，因为无法从固定环的下方穿过，只能在固定环的前方停下，往另一侧移动，接着再往回缝，形成两个直角。另外在表扣端的两侧（离反折处 5mm 的距离，最后一个线孔的位置）各绕两圈作为补强。

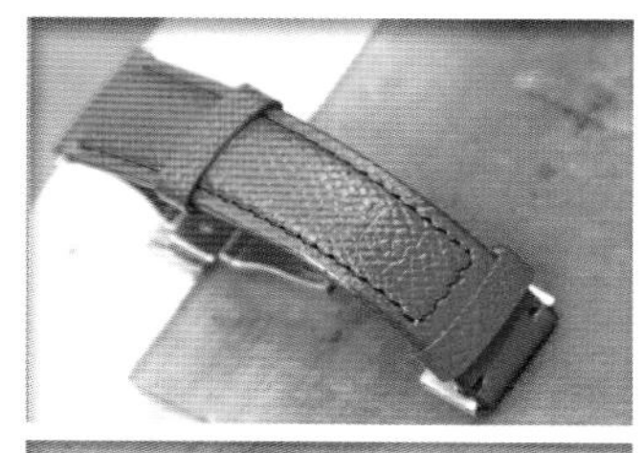

只要用上述方式就能用缝纫机缝制表带。除此之外，当内外皮革不同色时，使用缝纫机就能配合皮革颜色选择两条不同色系的线。不过若是上下两条线的强度不一，则很容易就会看到另一条线，所以要做适当的调整。

凿出安装扣针用的凹槽与扣孔

在尖头端表带上凿出扣针用的孔，在扣头端表带上凿出安装扣针用的凹槽，最后再稍微整理皮革表面。

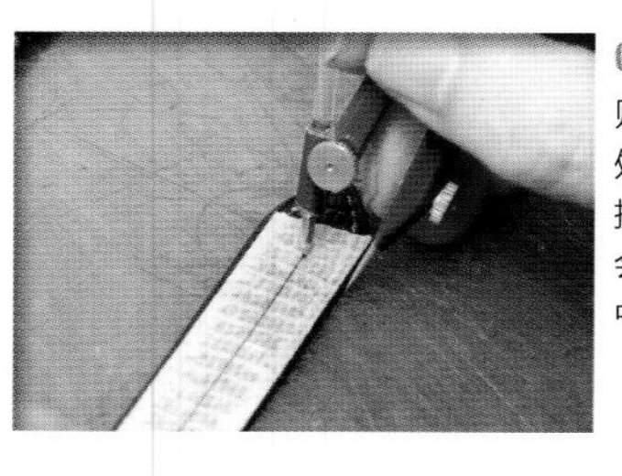

01 凿扣孔

贴上纸胶带，在两侧的 8mm 处（表带的中央）做记号，连接两端画出一条直线。这样会比从单边开始画线更接近中央位置。

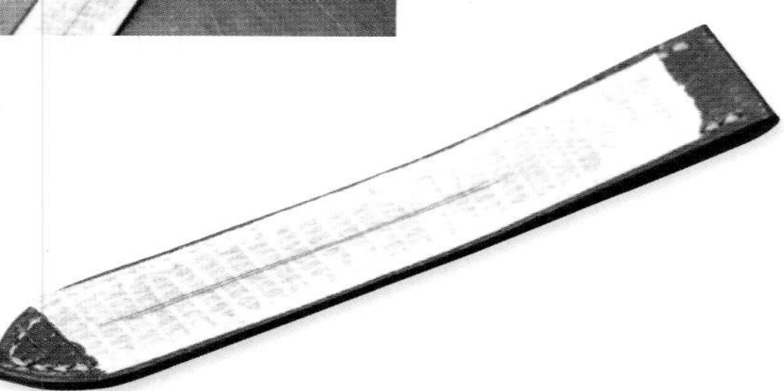

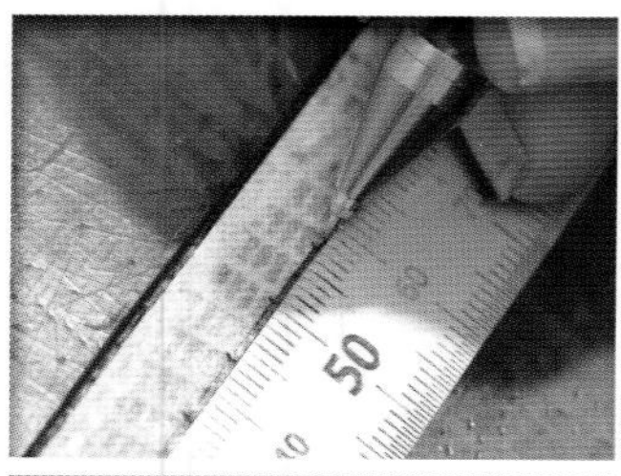

02

将铁尺靠在中央的直线上，点出扣孔的位置。先用圆珠笔做记号，再用圆锥轻轻地刺一下，在皮革上留下清楚的记号。

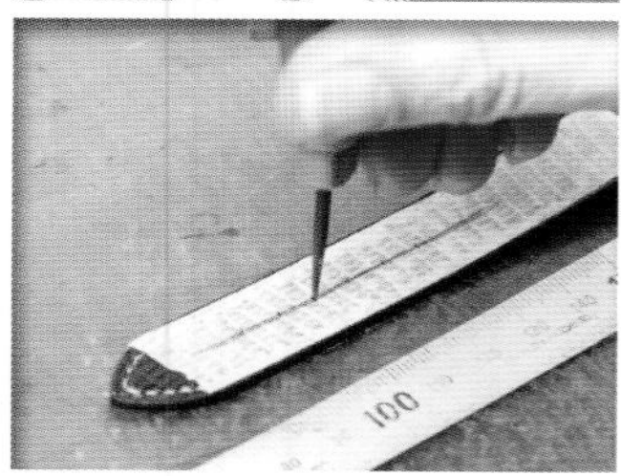

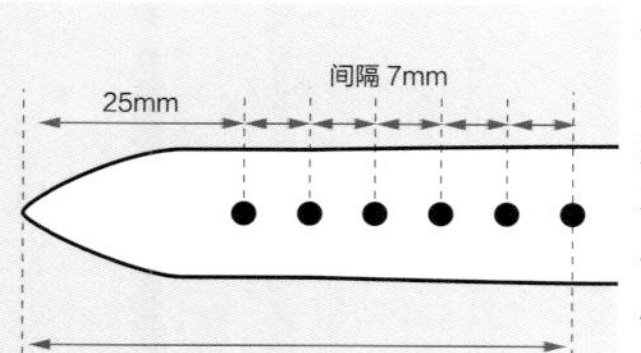

◀CHECK!

此处凿了 6 个扣孔。在距离尖头 25mm 处先凿第一个孔，再以 7mm 的间距凿出其他孔。从尖头到最后一个孔圆心的总长为 60mm。

TECHNIQUE No.27

用开孔工具在正确的位置上开孔的秘诀

因为扣孔非常规律地排列在一条直线上，只要稍有歪斜就会很明显，所以凿孔的位置必须十分准确。遇到这种情况时，只要以中央线为圆心使用圆规画出扣孔的轮廓，如此便能正确地标出凿孔的位置。

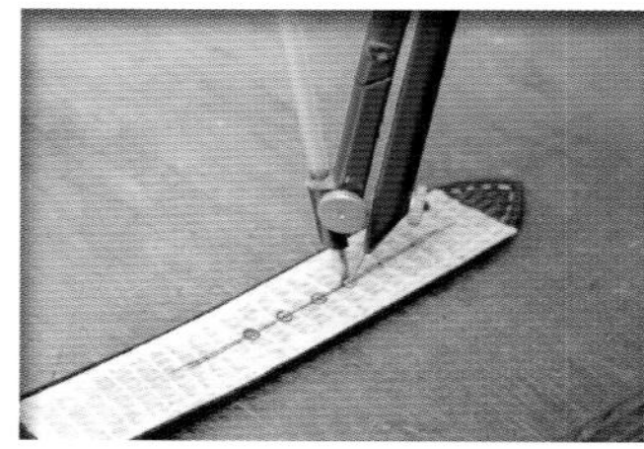

使用的圆斩的直径为 1.5mm，因此将圆规设定为半径 0.75mm（差不多即可，不需要非常精准），如此便能画出与孔径差不多大小的圆。

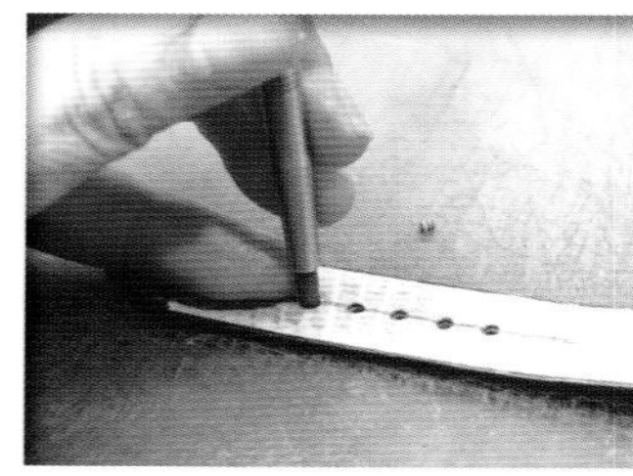

03

用直径 1.5mm 的圆斩对准圆形凿孔。全部的孔都凿好后将纸胶带撕掉即可。

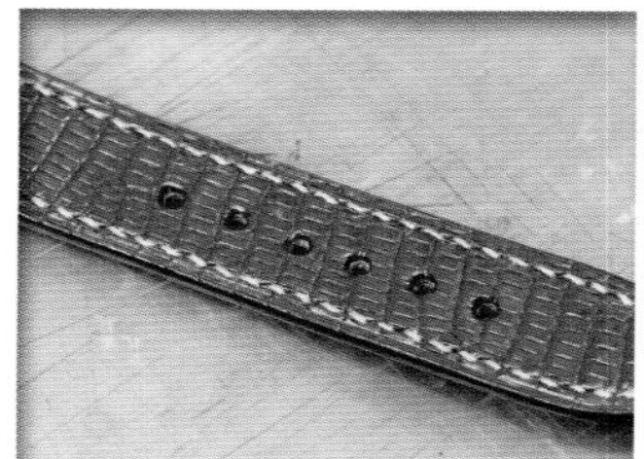

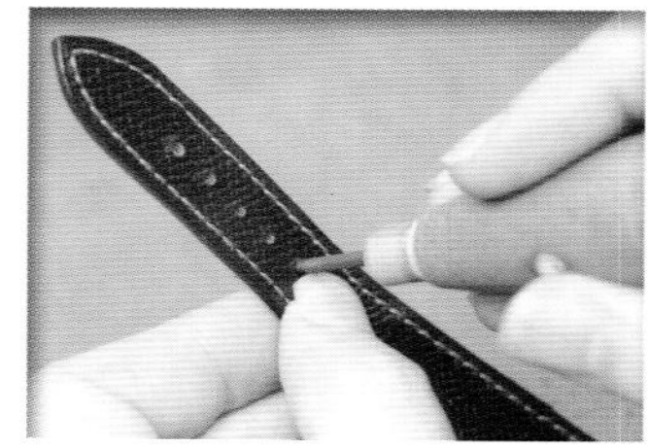

04

在此先确认扣孔的位置。若是有一点偏差，可以将圆锥插进孔内，往偏差的方向挤压以做修正。轻微修整就好，注意不要修整过头。

05 凿安装扣针用的凹槽

在扣头端表带的表扣位置挖出让扣针活动的长条状凹槽。凹槽的宽度为 2mm，深度为 3.5mm。详细的尺寸与位置如下图所示。

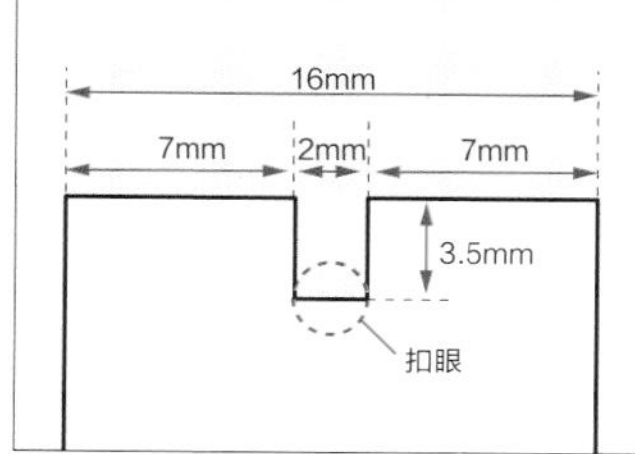

06

若是拥有凿安装扣针凹槽的专用工具，便能轻松作业，不过这种工具只有某些钟表材料行等特殊的地方才有，非常难以买到。如果没有，那就用直径 1.5~2mm 的圆斩凿孔，再用裁皮刀或美工刀切成长条状，如此也能成功做出凹槽。

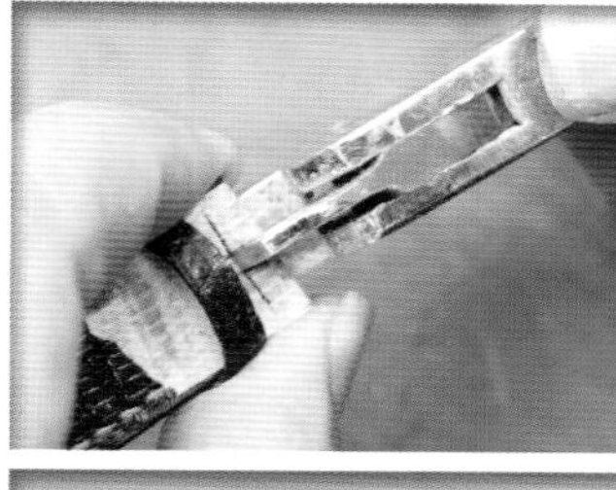

07

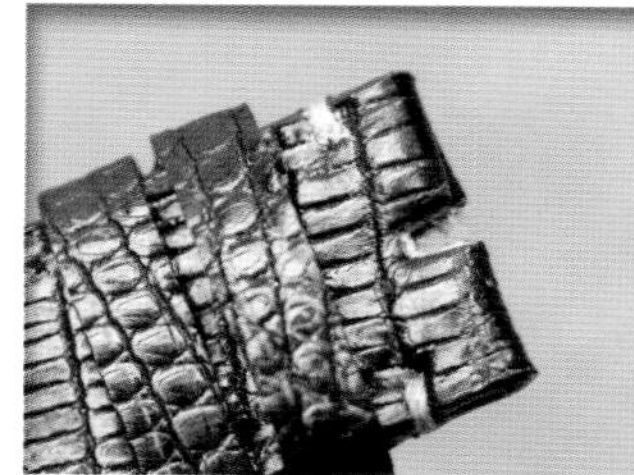

耳针的孔在处理皮边的时应该被压平了，此时需要先用圆锥将孔刺穿。

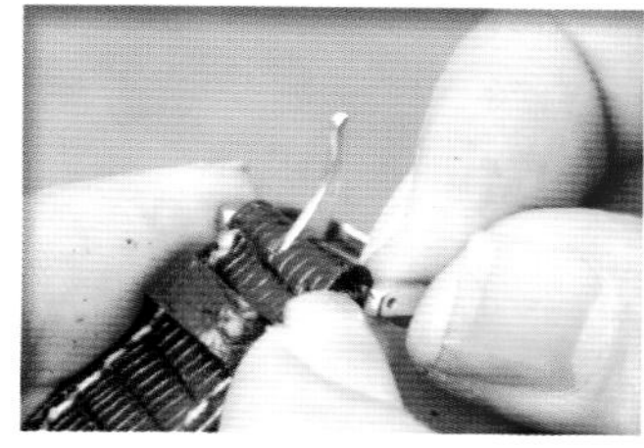

08

装上表扣。先把扣针放在凹槽内，再用耳针连同扣针一起穿过。耳针的两端有弹簧可以伸缩，缩起后将表扣装上。

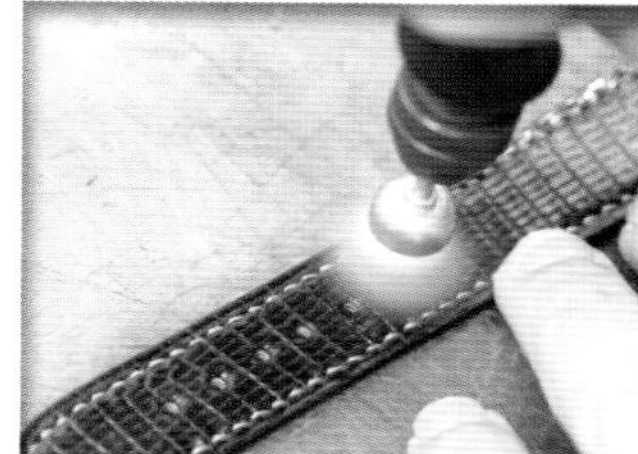

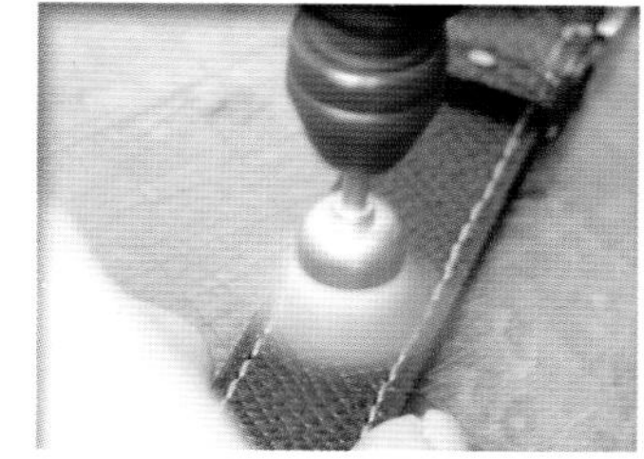

09 ◀POINT!

最后用猪毛刷将蜥蜴皮革的表面与缝线处整理干净。

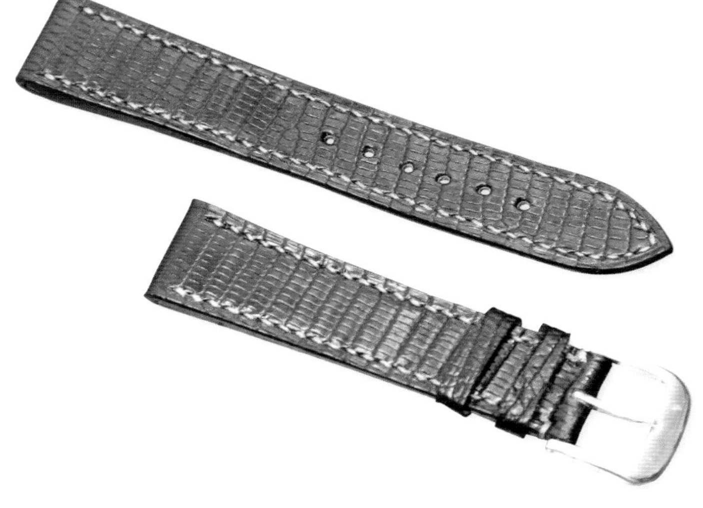

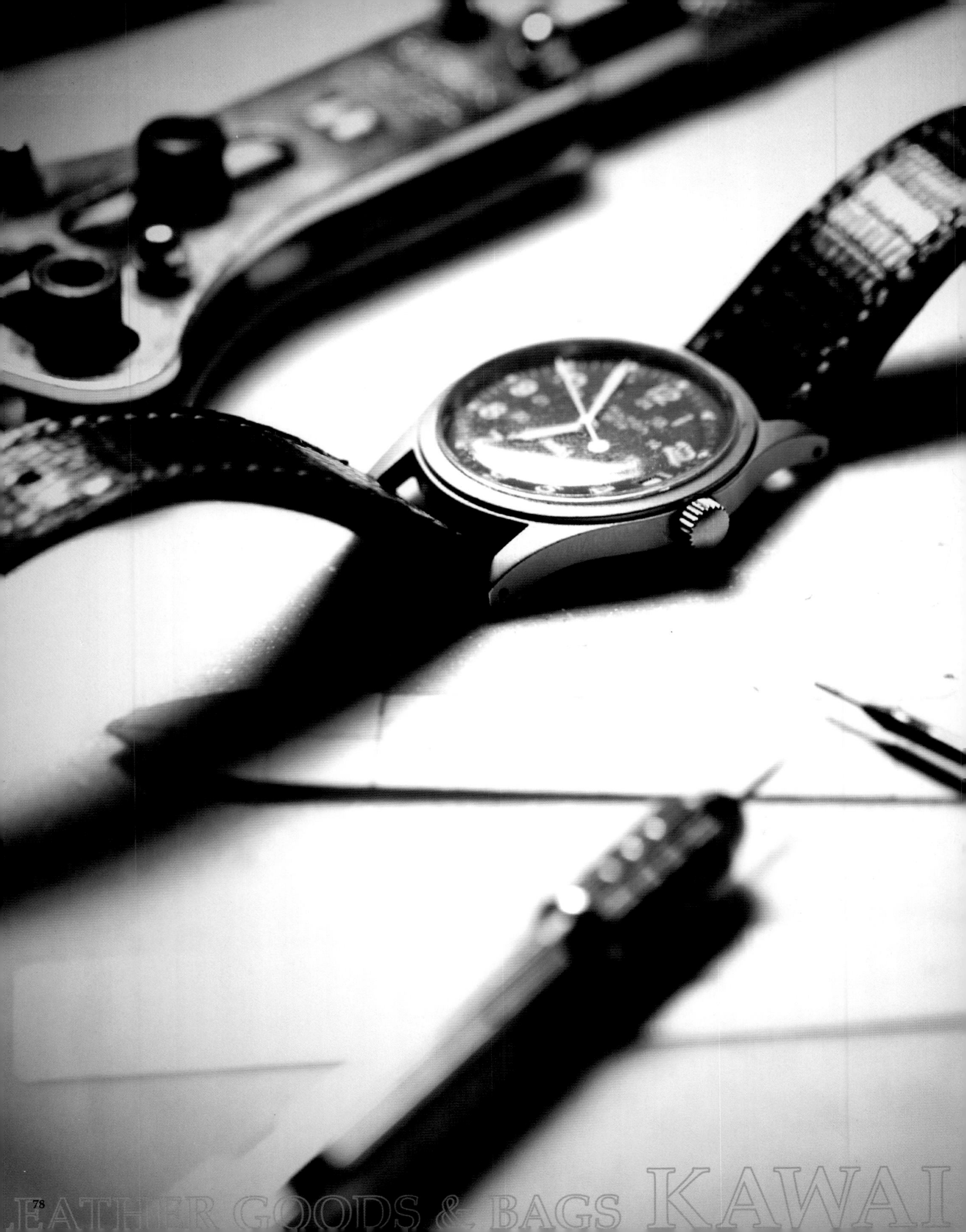
LEATHER GOODS & BAGS KAWAI

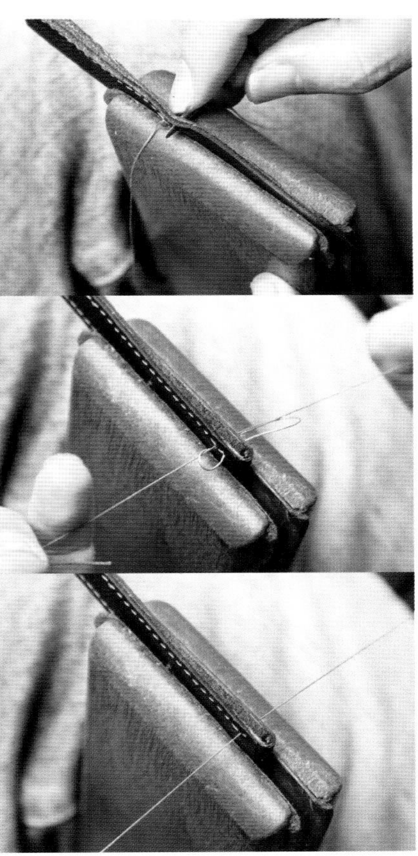

川井义明

SHOP DATA

Leather Goods & Bags KAWAI
地址：日本神奈川县川崎市宫前区平 1-6-20-514
电话 & 传真：044-862-2768
网址：http://www.kawai-leather.jp
E-mail：info@kawai-leather.jp

只有持续不断地投入创作的人，才能做出高完成度的独创性作品

裁切、削薄、黏合、缝制等极为基本的技术皆是做出美丽作品所不可欠缺的。川井师傅的过人之处，就是每天连续不断地磨炼这些技术所积累、衍生出的真功夫。一想到要投入莫大的时间才能达到这种境界，不免令人感到头晕目眩。好的作品并非是添加了特别的装饰或者珍贵的材料，而是他人所无法模仿的高超完成度。例如，巧妙地运用特殊皮革这类带有特性的材料，做出原本很难完成的作品。虽然作品的题材各有不同，但唯一不变的便是独创性。如果各位对川井师傅的作品有兴趣，可以自行上网查询。

川井义明

皮夹

CARTERA

为成功人士倾力打造的皮夹，
同时可收纳纸钞与硬币，
大小适当，构造极为精简，
可放入西服的侧口袋内。
选用柔软的皱纹皮革作为材料，
温柔的触感令人爱不释手。

CARTERA

皮夹

制作：木岛慎哉（Order R）
摄影：关根统

[制作的重点]

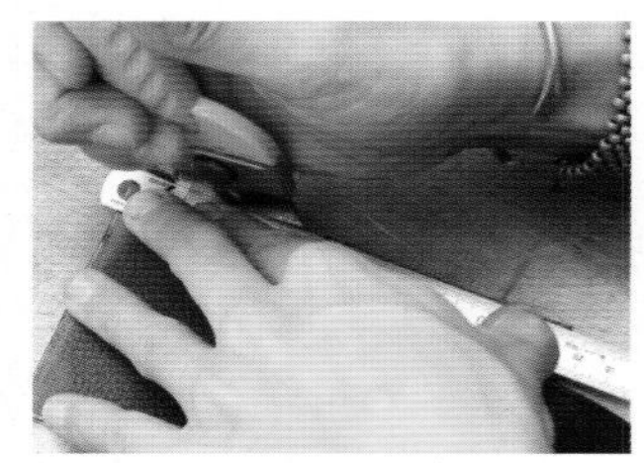

① 黏合后再裁切成正确的尺寸

几乎所有的部件都是以预留 2mm 的状态进行裁切的，黏合后再统一修正为正确尺寸。如此便能让皮边的切口形成一条整齐的直线。
作业时要注意切除各个部件多余的部分。

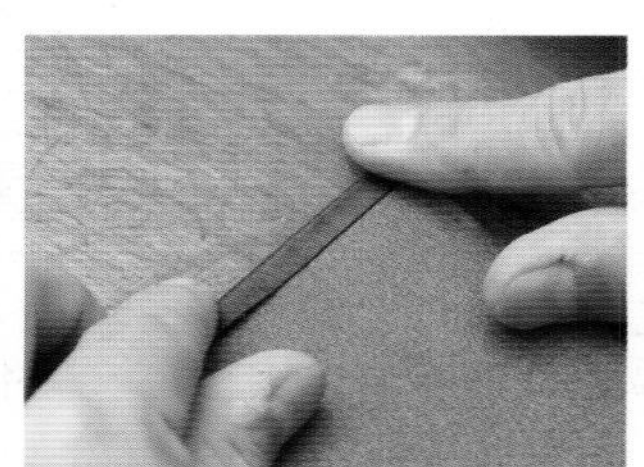

② 反折展现简洁感

将零钱袋的开口部分与内挡上缘的皮革由外向内反折，不做缝制处理。
反折后可以隐藏皮边，让人有简单利落的印象。
仔细地将反折的部分削薄，消除整体的厚度。

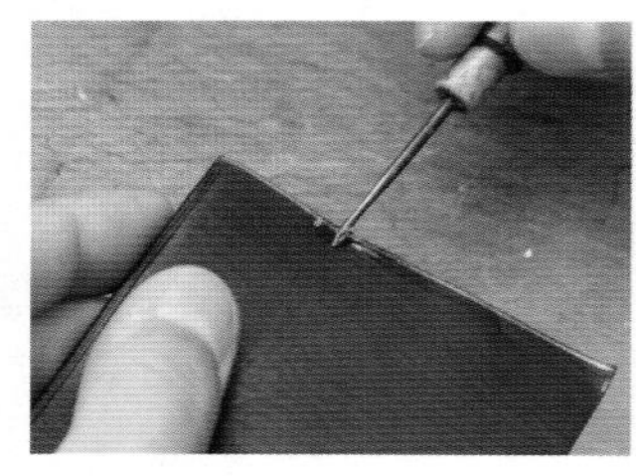

③ 黏合银面时不需刮粗的方法

一般要黏合银面时，要先将黏合表面刮粗，这是常识，不过这里会向各位介绍不需刮粗就能黏合的方法。虽然这个方法有点特殊，但是不会伤害到皮革，建议各位学习一下。

④ 隐藏内里皮边的方法

本次只有零钱袋的内里是使用不同材质的皮革。如果直接缝合两片不同的皮革，皮边的颜色或质感就会出现落差，无法做成像一张皮革的感觉（除非是故意追求这种效果）。因此，将内里皮革两端各减少 2mm，这样就不会与外侧皮革的皮边重叠了。

[使用的皮革与材料]

因为此作品是流线型的设计，所以推荐使用较有柔软性的皮革。含有油脂、较为湿润的皮革较适合手工制作，能充分展现本作品的质感。

不过，为了维持形状，必须还有适度的韧性，因此植鞣制的皮革会较为适合。

外侧皮革的厚度为 1~1.4mm，内里皮革为 0.8~1mm，黏合后为 2~2.4mm，内挡为 0.9~1mm。详细的尺寸需要依据使用皮革的特点做些微调整。除了皮革还要准备一组扣子。

[使用的工具]

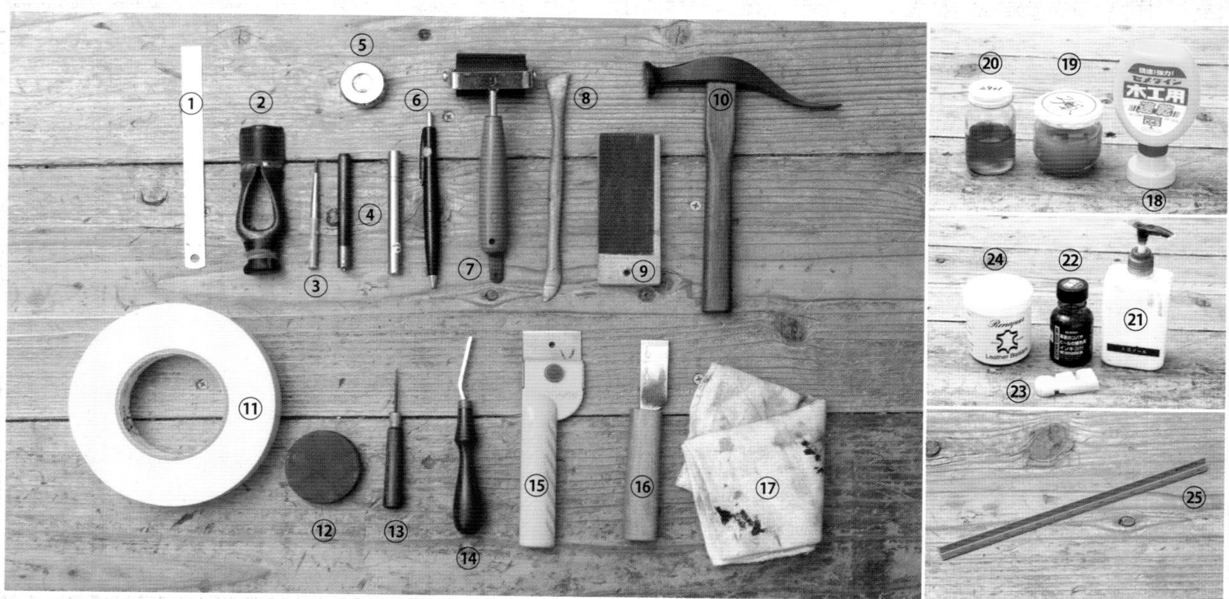

①**铁尺**（辅助画线、裁切、黏合等） ②**冲孔模具**（用于切角，可用裁皮刀代替） ③~⑤**圆斩、四合扣打具、环状台**（皆需配合扣子选择适合的尺寸） ⑥**银笔** ⑦**滚轮** ⑧**木制刮刀**（用于上胶） ⑨**砂纸**（贴在木板上可便于作业） ⑩**铁锤**（用于压紧与做出折痕的作业） ⑪**双面胶**（此处使用工业用的“HiBon”，用于黏合皮革） ⑫**磨边器** ⑬**圆锥**（前端 3mm 的部分做弯曲处理的特制工具，用于做记号或将胶抹开） ⑭**削边器** ⑮、⑯**换刃式裁皮刀、裁皮刀**（依据不同的状况使用） ⑰**棉布**（用于研磨皮边） ⑱**木工用黏合剂** ⑲ **3Dine 胶**（强力胶的一种，依据情况使用） ⑳**溶剂式黏合剂**（此处使用的是工业用的“BANDER2901”，拿来作为黏合时的基底，没有此黏合剂就用刮粗的方式处理） ㉑**床面处理剂** ㉒**皮边染料**（选择可以配合皮革的色系） ㉓**蜡**（用于处理皮边，可使用一般的线蜡） ㉔**皮革保养油**（完成后涂抹在皮革上） ㉕**三角比例尺**（制图用的三角尺，非常适用于裁切黏合后的狭窄皮边）

> HiBon：具有丙烯醛基系的黏性。因为不会影响皮革的柔软性与穿针作业，非常适合黏合皮革。

> BANDER2901：主要成分为合成橡胶，是溶剂式的多用途黏合剂。涂抹在银面上可以形成一层基底，方便使用橡皮胶等进行黏合作业。

※在此仅介绍主要工具与较具特征的工具，基本工具请自行判断准备。

裁切后削薄

切下皮革后，做削薄的动作以减少厚度。注意粗裁与需要削薄的部分，仔细进行作业。

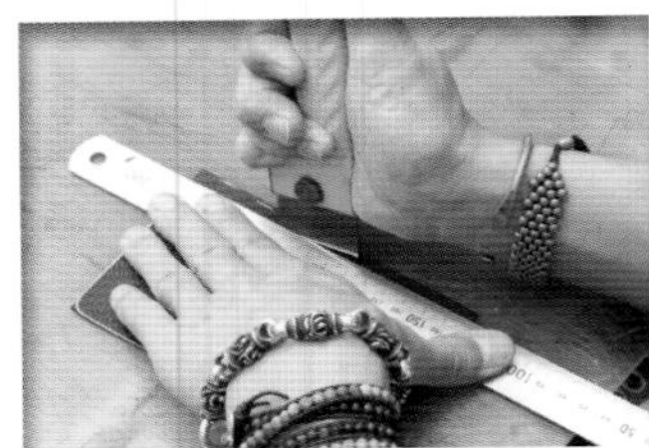

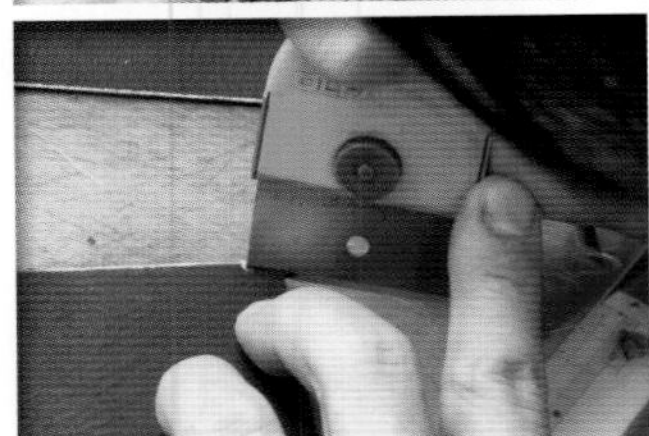

01

角落在黏合后才会修整成曲线，此处先利用铁尺裁切成直角。反折的部分用刀尖切断。除了反折处与内挡的下缘需要按照纸型的尺寸进行裁切，其他部分皆以粗裁的方式处理。

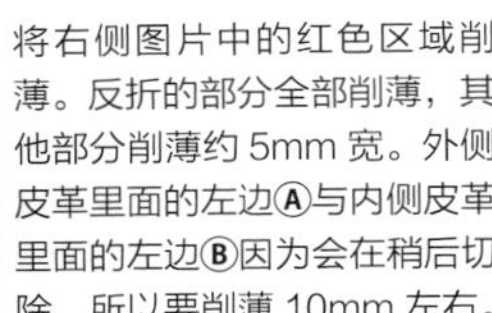

02

将右侧图片中的红色区域削薄。反折的部分全部削薄，其他部分削薄约 5mm 宽。外侧皮革里面的左边Ⓐ与内侧皮革里面的左边Ⓑ因为会在稍后切除，所以要削薄 10mm 左右。

TECHNIQUE No.28

利用银笔轻松粗裁的方法

如果黏合后的粗裁想留下 1mm 的空间时，就用银笔照着纸型描线，再沿着笔迹的外侧切割，如此就会刚好留下 1mm 左右的空间。

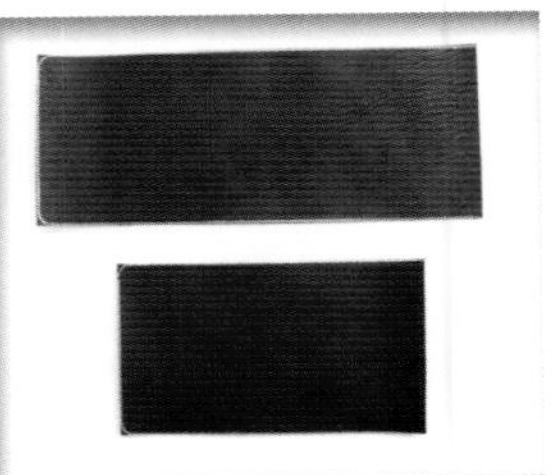

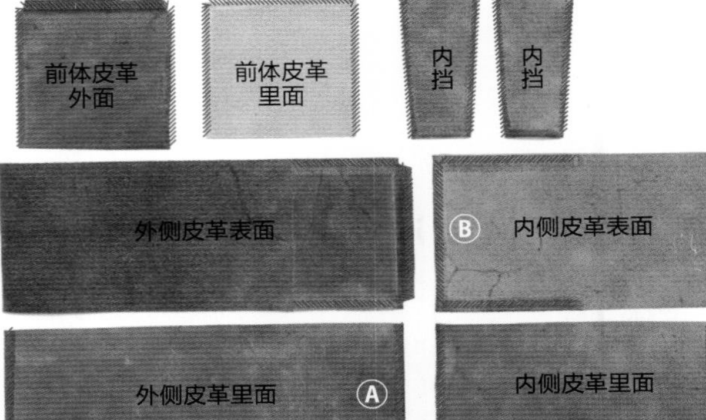

※皆为床面。

CHECK!▶

在此为各位讲解下皮夹的构造。重点在于外侧皮革绕过零钱袋到前体的前方，形成放置纸钞的空间。

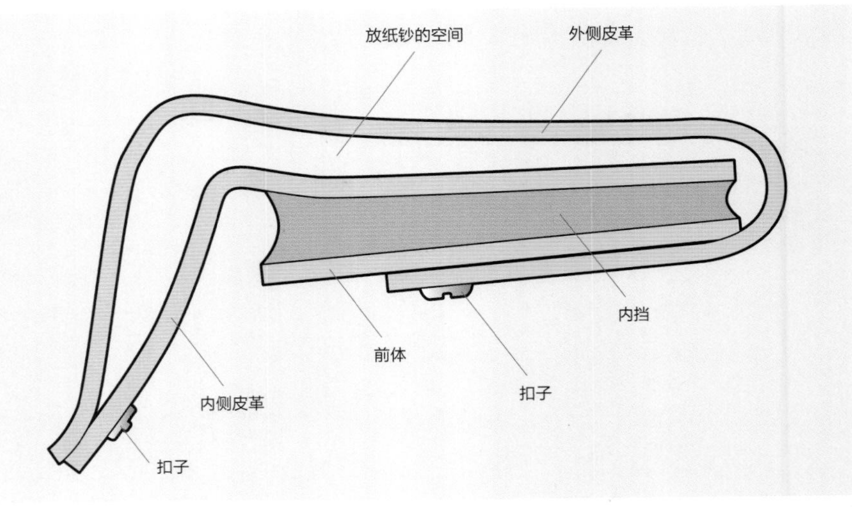

放纸钞的空间
外侧皮革
内挡
前体
扣子
内侧皮革
扣子

处理各部皮革

皮夹大致分为四个部分。在组合前先黏合各自的内外皮革再做反折的动作。

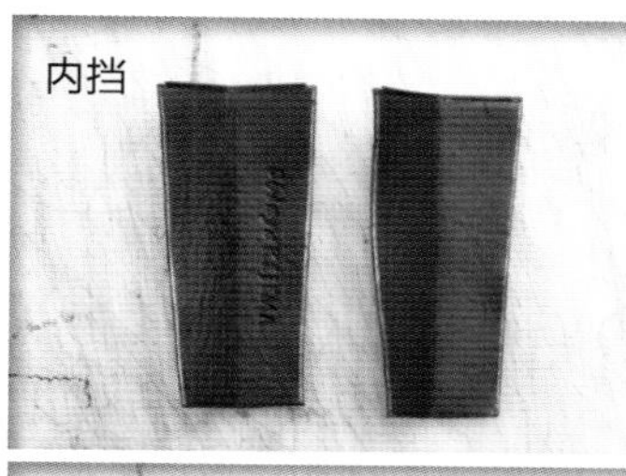

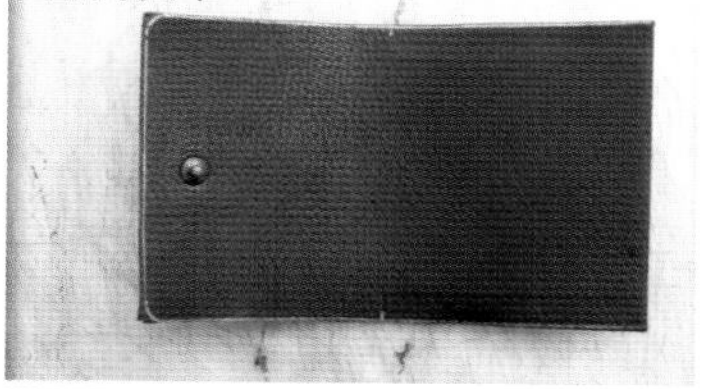

◀**CHECK!**

皮夹由内挡、前体、内侧皮革、外侧皮革组成。内挡不需黏合内里皮革，只要做反折的动作。其他部分先黏合内里皮革后再反折，接着处理皮边或装上配件。

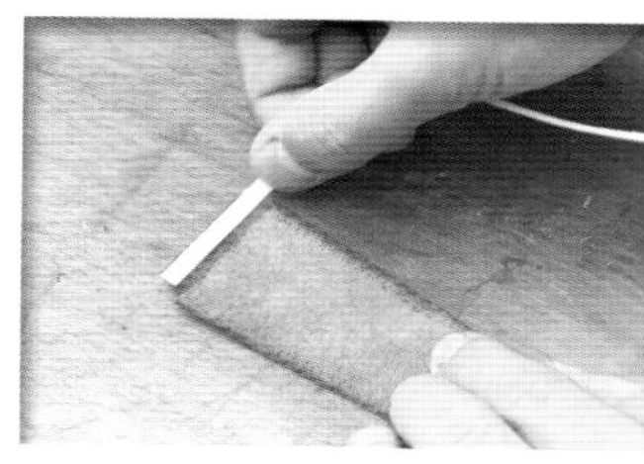

01

在反折处的床面贴上双面胶。使用黏合剂时两个黏合面都要上胶。

◀**CHECK!**

同时将两个内挡贴上双面胶，增加作业的效率。

02 **处理内挡**

将反折部分弯折，利用铁锤敲打出明显的折线。

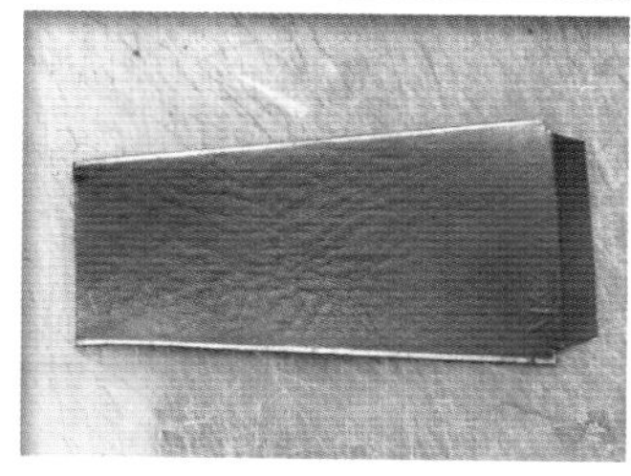

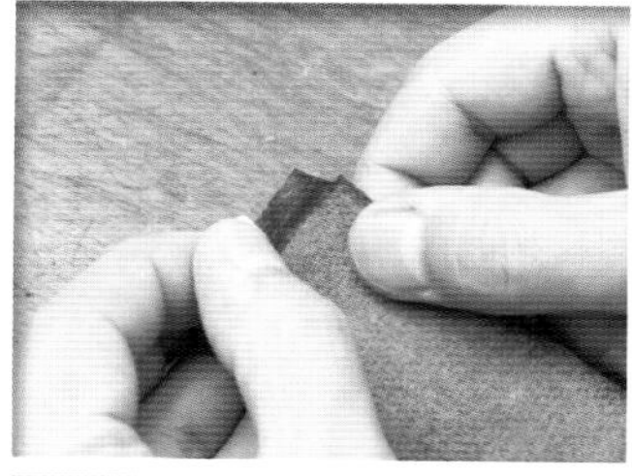

03

将双面胶的表面层撕掉，沿着折线将反折部分反折贴上，再用铁锤敲打、压紧。

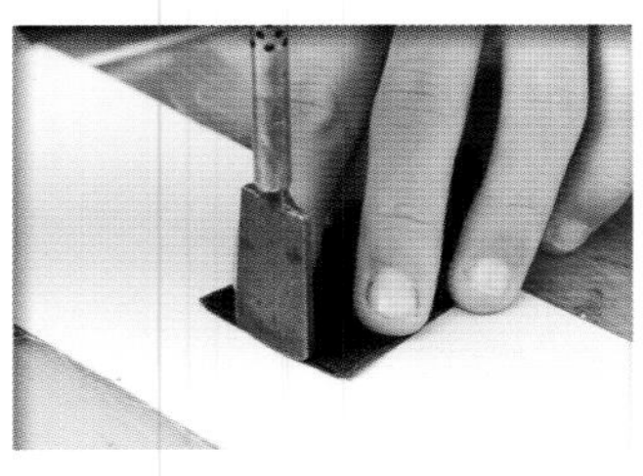

04
想用装饰边线器处理反折处的边缘时，就要在此步骤开始做。

05
将银面对折，用铁锤敲打出明显的折线。

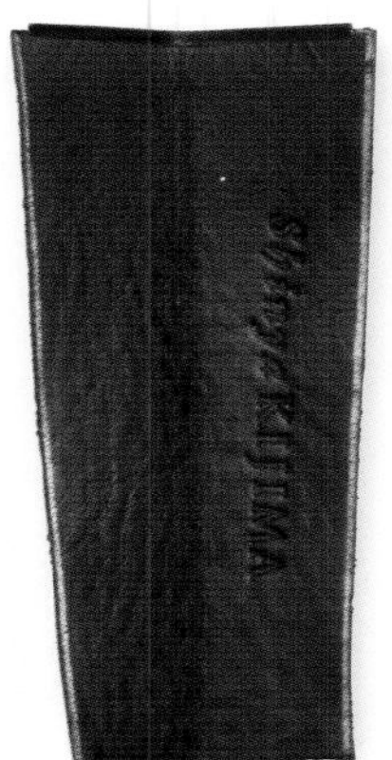

06 **处理前体**
在前体内皮革的床面上贴满双面胶。使用黏合剂时前体外皮革的床面也要涂满胶。

07
将前体内皮革对准前体外皮革的反折线贴上，两侧各留有2mm的空间。因为长宽不同，请注意不要贴错方向。

08 ◀POINT!
利用滚轮压紧黏合面，尤其角落的部分，要用铁锤确实敲打、压紧。

09
按P87的方法反折，并黏合、压紧。不过此处是黏在内里皮革的银面上，所以要先涂上BANDER2901作为基底。详细的方法会于P89讲解。

10
此时先用装饰边线器处理反折部分的边缘。

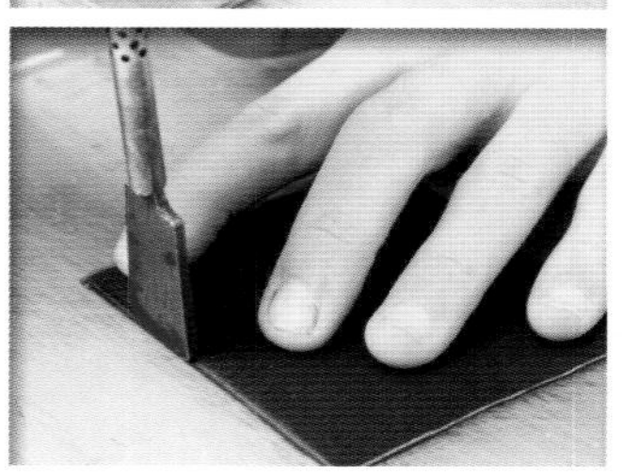

TECHNIQUE No.29

不用刮粗银面的黏合方法

将 BANDER2901（参考 P85）作为黏合的基底，可以不用进行刮粗。这是一种非常强力的黏合剂，就算涂在银面上也不会剥落，能够紧密地与其他部位黏合。也可以利用同类型的溶剂式黏合剂，但推荐使用能够涂薄的 BANDER2901。

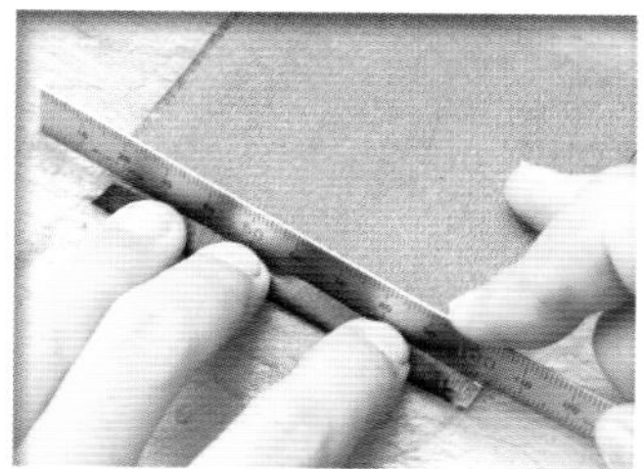

如图，在反折的前端用铁尺压出痕迹，标示出黏合范围。若是用刮粗的方法，就用刀具或砂纸将此范围的皮革刮粗。

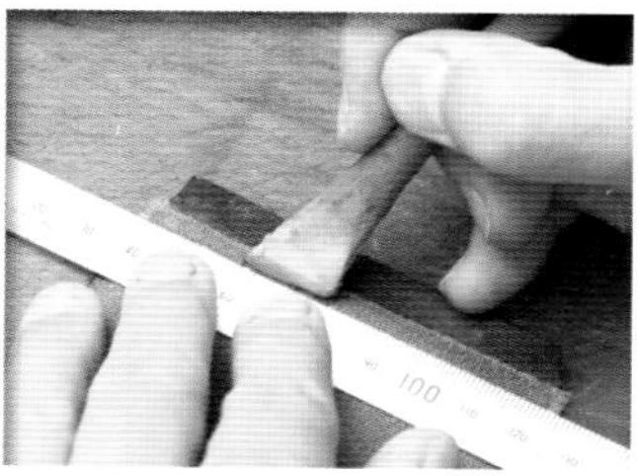

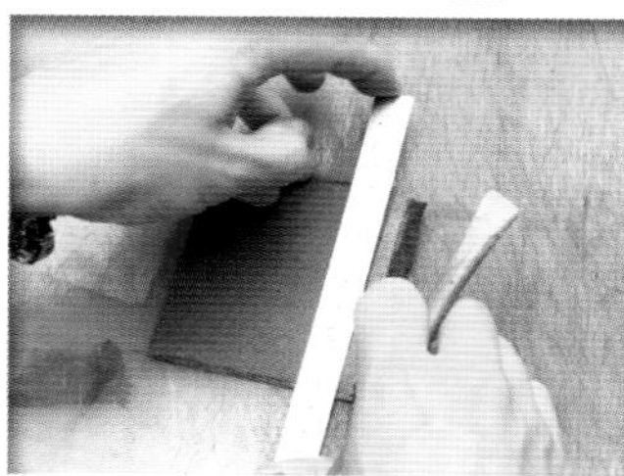

将铁尺靠在上胶的交接处，用木制刮刀在黏合范围内薄薄地涂上 BANDER2901。拿开铁尺时若用横抽的方式，则会连胶一起拉出，所以要先压住其中一端，让另一端浮起，再从正上方拿开。接着用 3Dine 胶黏合。

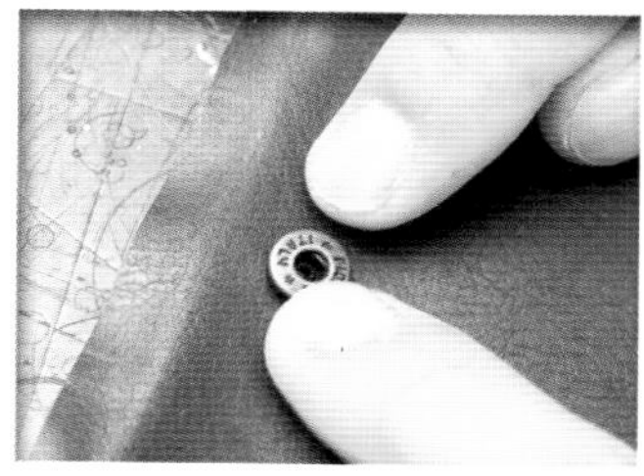

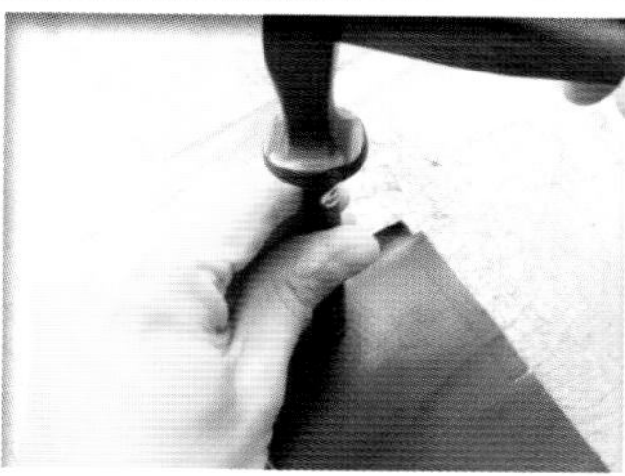

11 处理外侧皮革

在外侧皮革表面扣除反折部分的中央 10mm 处安装四合扣的母扣零件。先用圆斩凿孔，再用四合扣打具装上四合扣。

12

为了减少皮革的凹凸现象，在母扣的背面贴上尼龙修补贴布（可以于手工艺用品店购得），也可以涂抹黏合剂，贴上一片薄薄的皮革。

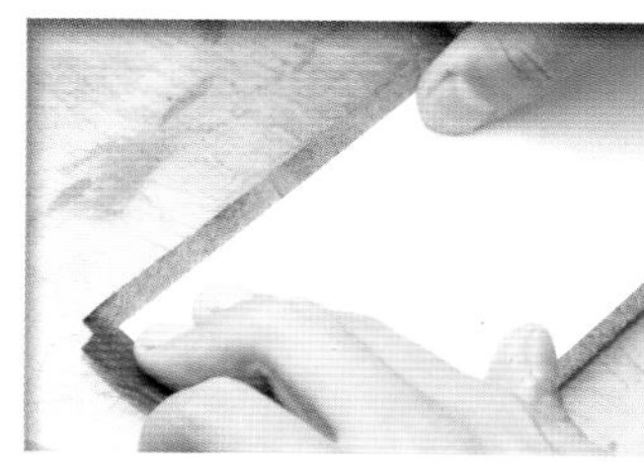

13 ◀POINT!

在外侧皮革表面的床面上贴上双面胶，除了反折部分，其他三边皆预留 5mm 左右的空间。使用黏合剂时表面与里面的黏合面都要上胶。

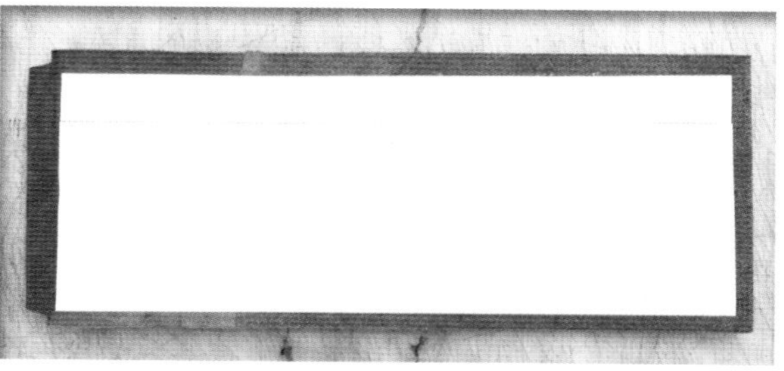

▲ CHECK!

贴双面胶的范围如同上图所示。这么做是为了不让皮边出现双面胶的夹层。四周多出的部分于下一个步骤涂上 3Dine 胶后黏合。

14 ◀POINT!

在上一个步骤没贴双面胶的范围内涂 3Dine 胶。另外也要在外侧皮革里面相对应的范围上胶。涂胶的时候利用铁尺，能方便作业。

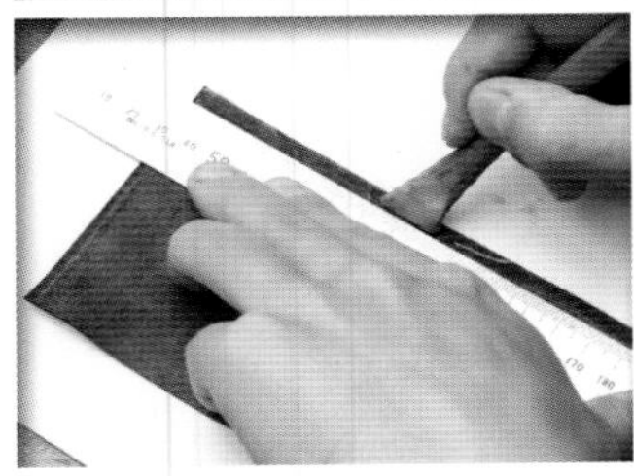

◀CHECK!

反折的部分稍后再贴双面胶，所以不要涂 3Dine 胶。如果是用黏合剂，则涂抹了也没有关系。

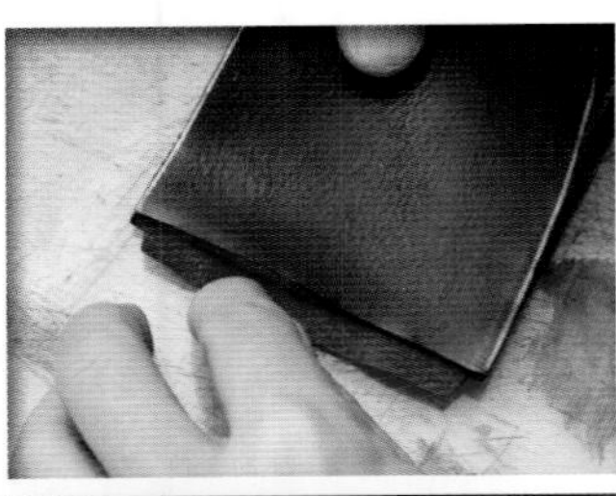

15

考虑到接下来的作业，先从反折那端撕开约一半的范围。

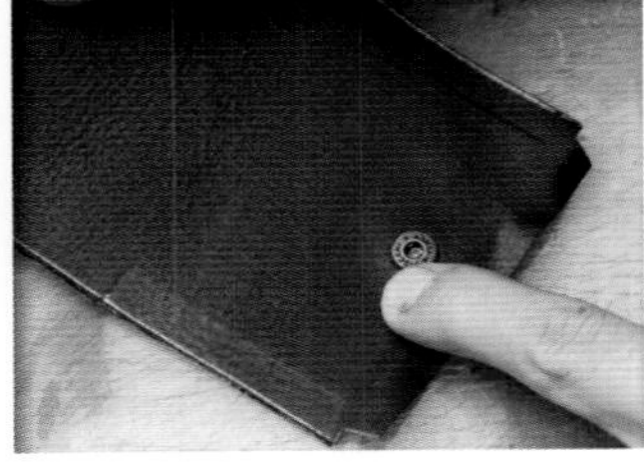

16

首先将外侧皮革里面的直线部分对准外侧皮革表面的反折线，黏合至第一个弯曲的位置前。

17

慢慢地弯曲黏合至第二个弯曲处，接着完成所有的黏合动作。要一边模拟完成品的形状，一边调整弯曲的幅度。

TECHNIQUE No.30

弯曲黏合时的诀窍

像此处在较大的皮革上做弯曲黏合的时候，若是整面都涂上了黏合剂，很有可能不小心就黏在一起，这样会增加作业的难度。此时只要在还不想黏合的范围夹入适当厚度的纸，就能避免这种情形的发生。

尤其这次使用的是较为柔软的皮革，夹入有厚度的纸便能方便作业。

18

黏合好后用滚轮压紧。

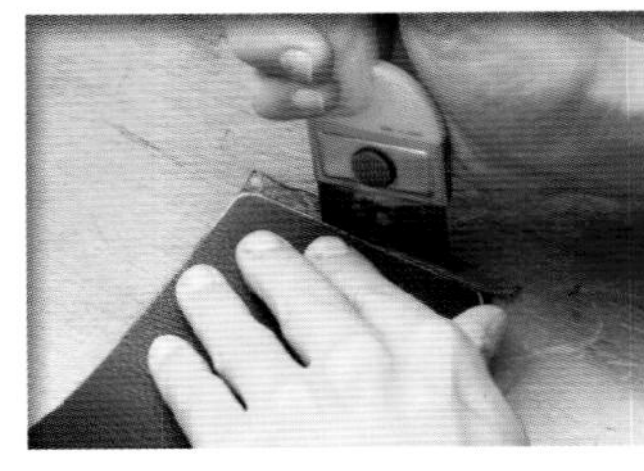

19 ◀POINT!

弯曲黏合后外侧皮革的边会多出一小部分，将之切除即可。先前削薄较大的范围就是为了不让削薄的部分在这里被全部切除。

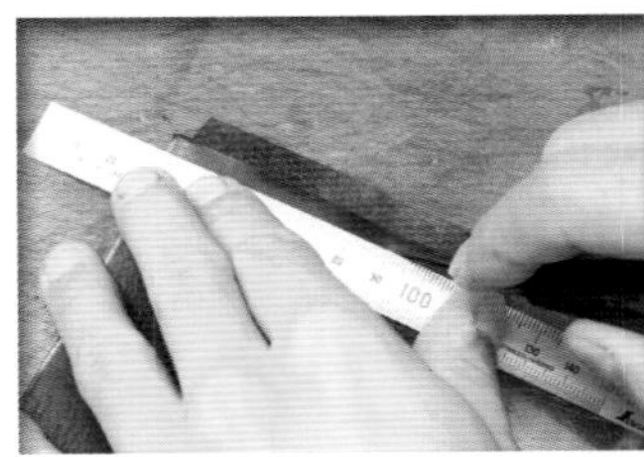

20

按照 P88 步骤 09 的方法处理反折的部分。

21

压紧反折的部分。注意不要伤害到母扣的零件。

22 **处理内侧皮革**

在内侧皮革表面曲线角的那端，距离边缘 13mm 的中央位置安装公扣。同样在背面贴上尼龙修补贴布，减少凹凸感。

◀CHECK!

在压紧修补贴布时，若将公扣凸出的部分朝下直接按压，会让皮革产生凹凸的形状，因此要在下方垫一块塑胶板，并挖出 5mm 深的洞，放置凸出的部分。

23

与处理外侧皮革时相同，内侧皮革表面贴双面胶时周围也要预留 5mm 左右的空间，剩余的范围再涂上 3Dine 胶。不过，没有装上公扣的那一端在完成后将会被隐藏起来，因此可以不用贴到底。使用黏合剂时表面与里面的黏合面都要上胶。

24 **◀POINT!**

从公扣的那一端开始黏合。缓缓地配合弯曲的位置黏合，完成所有范围的黏合作业。

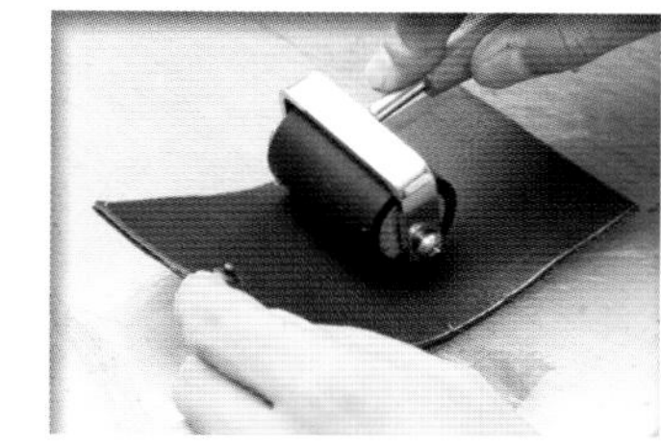

25

黏合完用滚轮压紧。注意外侧皮革是向外弯，内侧皮革是向内弯。

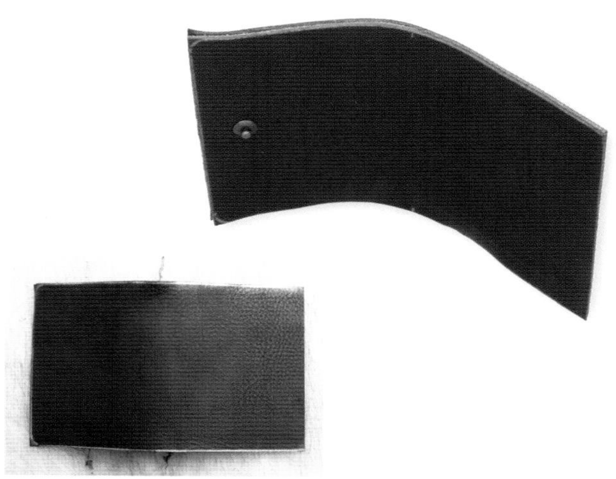

组合外侧皮革与前体

接下来开始进行组合。各部件都是重复黏合、修边、缝制的动作，请注意作业的顺序。

01 ◀POINT!

在前体表面的两侧距离反折处 20mm 的位置（参考纸型）上，各自做出与外侧皮革组合的记号。接着对准记号将两个部件重叠，在外侧皮革与前体皮革交接位置（距离反折处 58mm）的内侧做记号。

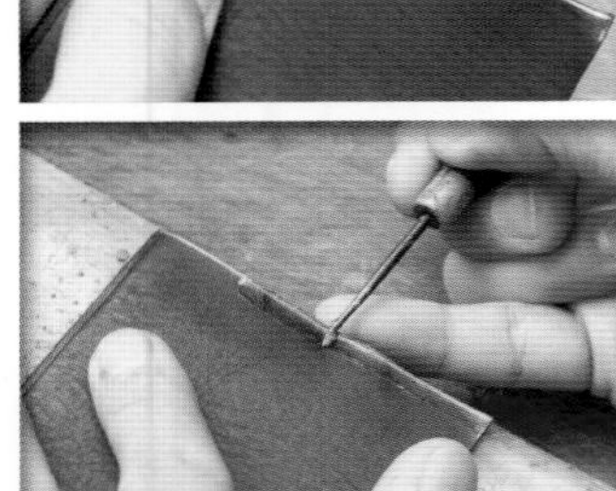

02

依据步骤 01 的记号，确认黏合的范围后涂上约 2mm 宽的 3Dine 胶。黏合范围事先涂上 BANDER2901 作为基底或使用刀具刮粗。

03

确认记号的位置，将外侧皮革与前体黏合组合。

04

在内挡、前体两侧 3mm 左右处涂上 3Dine 胶，将内挡贴在前体的内侧。

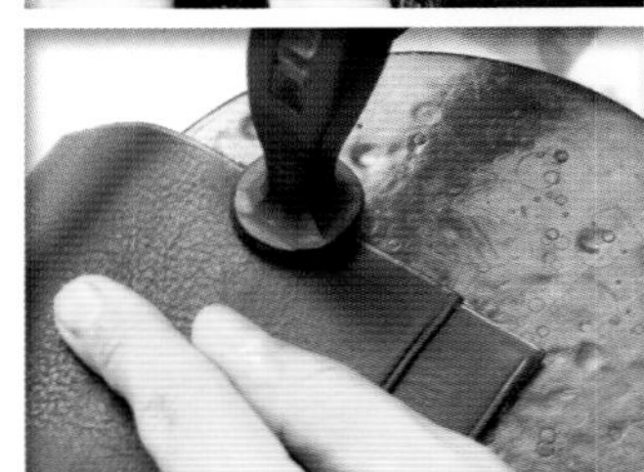

05

将内挡的上缘（开口的那一端）对准反折处黏合，再用铁锤敲打、压紧。外侧皮革、前体、内挡组合后就会呈现如同下图所示的状态。接下来要缝制红线圈起来的部分。

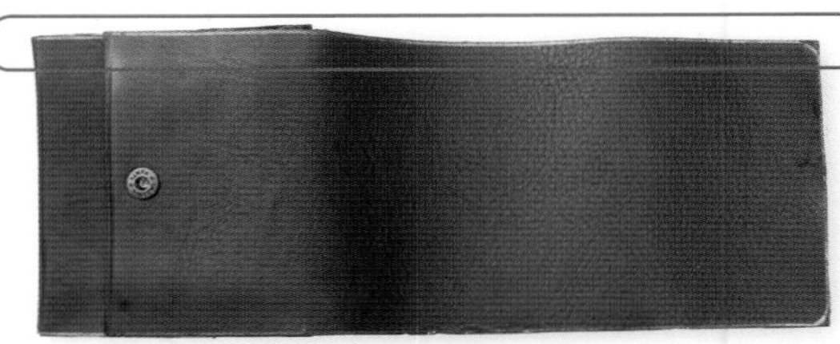

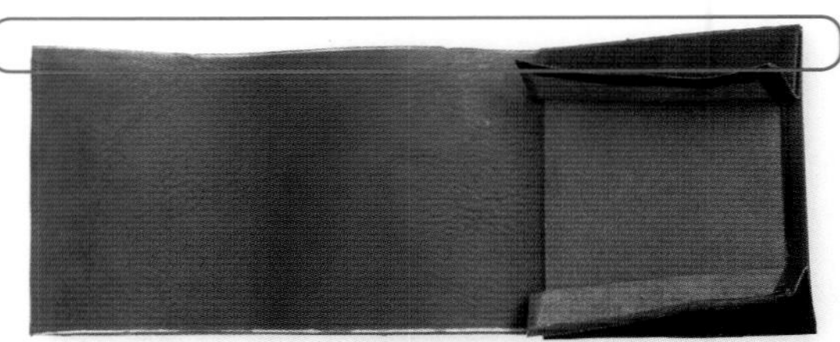

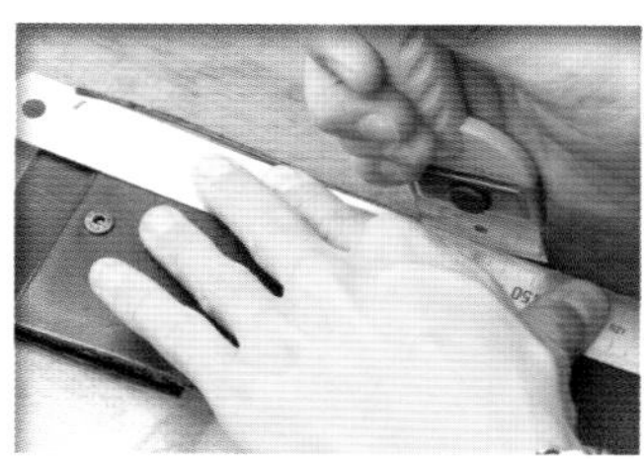

06 ◀POINT!

放置纸钞的开口部分先缝合单边，利用铁尺切除 1mm 左右的边缘。注意不要切到内挡。

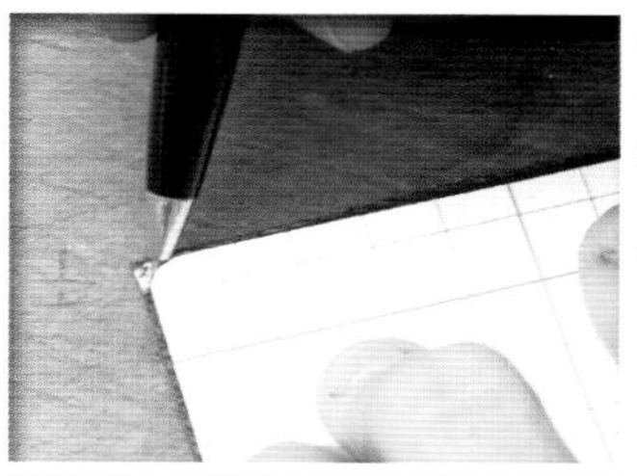

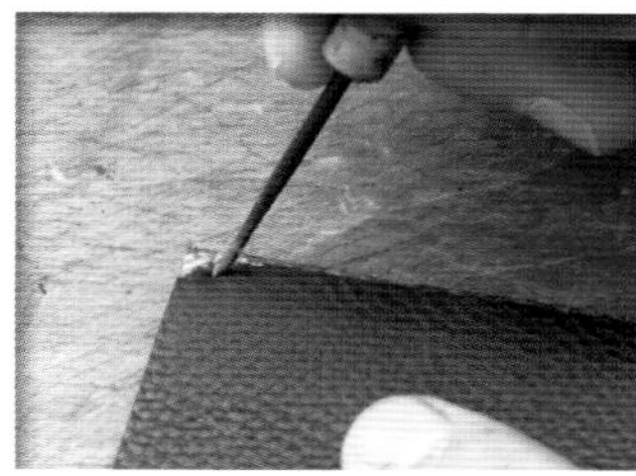

07

切除的边与反折处另一侧的角落在缝合后修整成曲线状。以纸型描出曲线后，在中央位置做出记号。

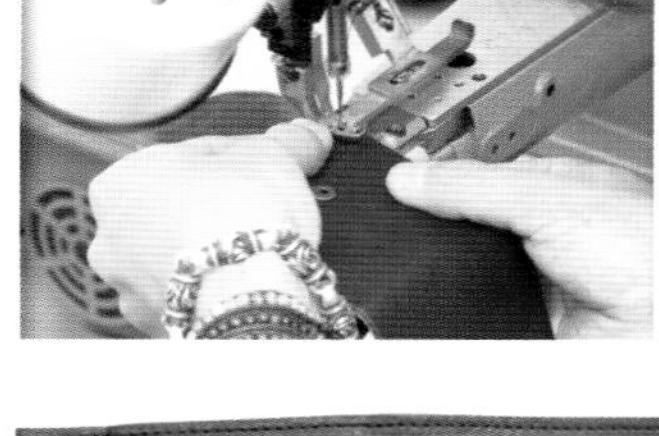

08

从零钱袋的开口处缝合至步骤 07 的记号为止。此处是以缝纫机作业，若是用手缝的方式，建议线孔的间距要稍大于照片所示。

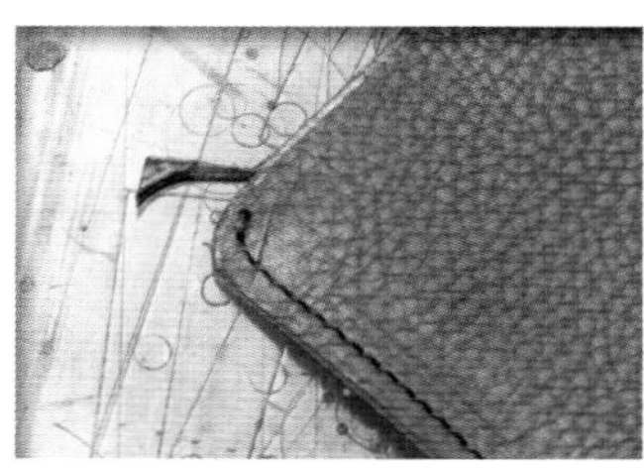

09 ◀POINT!

沿着步骤 07 的曲线修整边角，因为没有缝线的那一端稍后才要切除，先不要完全切断。利用切边用的冲孔模具便能简单地做出同样的曲线。

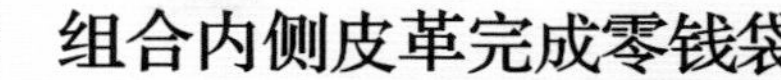

组合内侧皮革完成零钱袋

将内侧皮革贴上，做出筒状的零钱袋。缝制的部分与范围相当复杂，请特别注意。

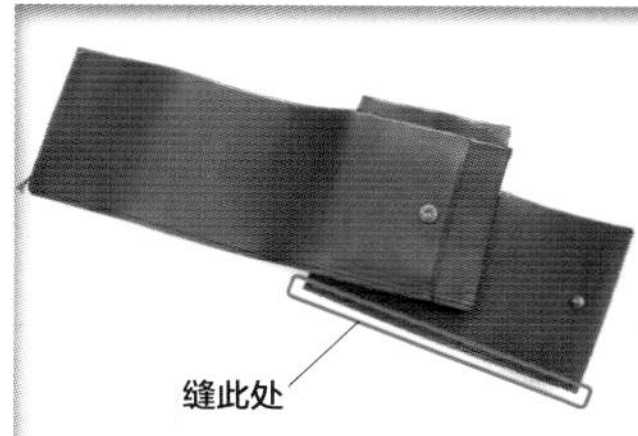

◀CHECK!

内侧皮革先装上放置纸钞开口侧的内挡，缝制的范围为下端（零钱袋底部的角）到上端（与外侧皮革重叠的角），如同图片所示。

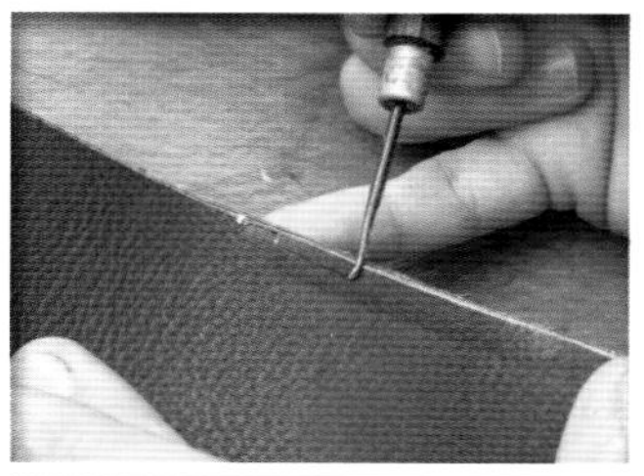

01

先在前体的表面（装上扣子的那面）与放置纸钞开口侧的内挡的黏合范围内做好基底，再涂上 3Dine 胶。

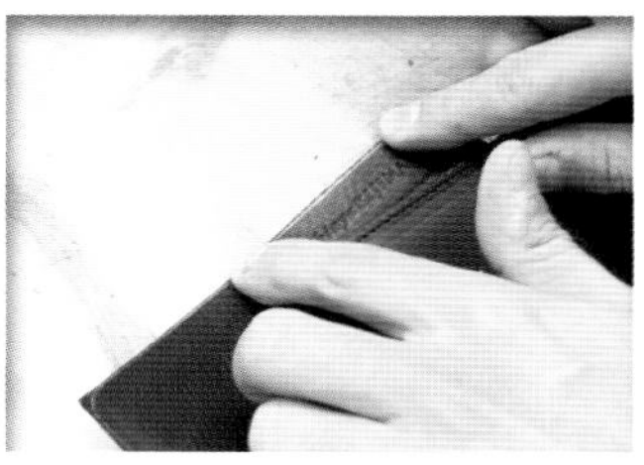

02

黏合上胶的部分并压紧。

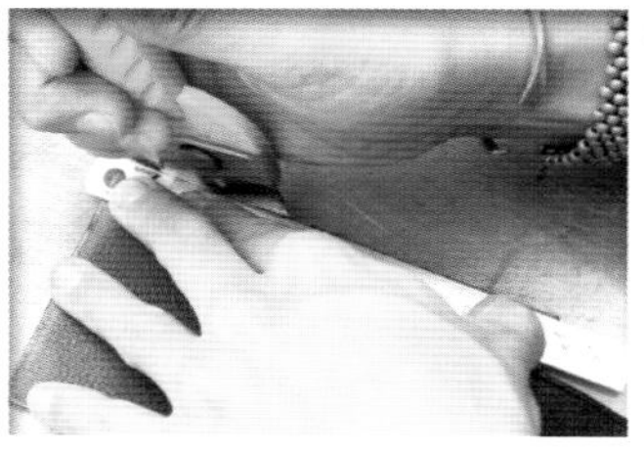

03

由上至下缝合黏合好的那一边，缝制前先整齐地切除约 1mm 宽的皮边。

04

按照 P93 步骤 07 的方法在边角的曲线中央位置做缝线的记号，然后沿着边缝合。如此零钱袋的右侧便固定了。

05

按照 P93 步骤 09 的方法将边角切成曲线。

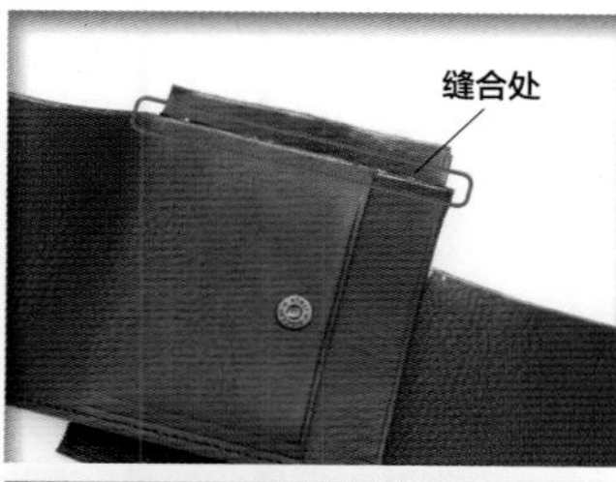

◀CHECK!

接下来要缝合纸钞空间底侧的内挡与前体。缝合的范围稍微超出内挡的下缘，到达弯曲的部分。剩下的地方等到贴上外侧皮革后再缝合。

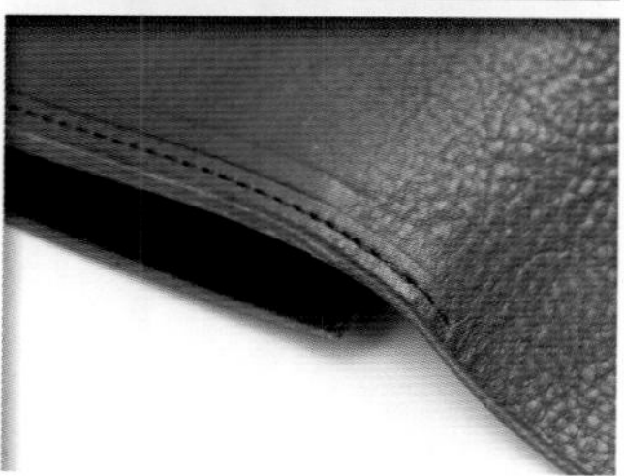

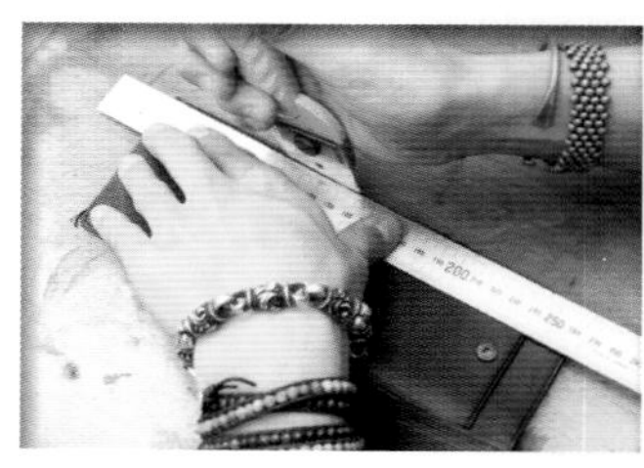

06

将外侧皮革纸钞空间底侧的边，连同前体与内挡切除约 1mm 宽的皮边。

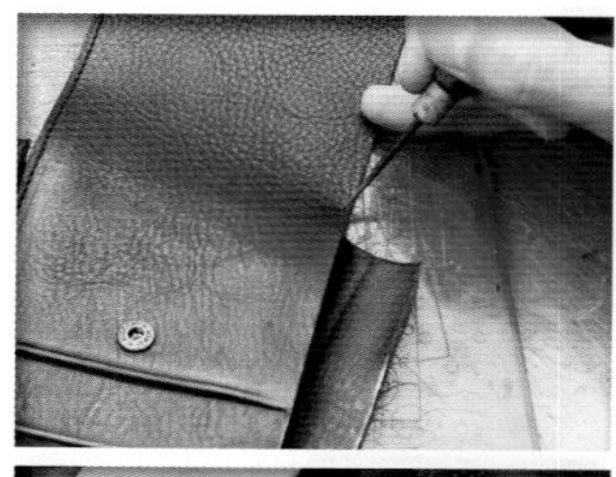

07

在本页左下角“CHECK!”图中“缝合处”的下针位置做记号，从此记号往上（零钱袋的开口位置）缝。

◀CHECK!

接下来要将步骤 07 缝好的内挡与内侧皮革黏合，让零钱袋形成一个筒状。此处仅先进行黏合与切除作业，等贴上外侧皮革后再做缝合的动作。

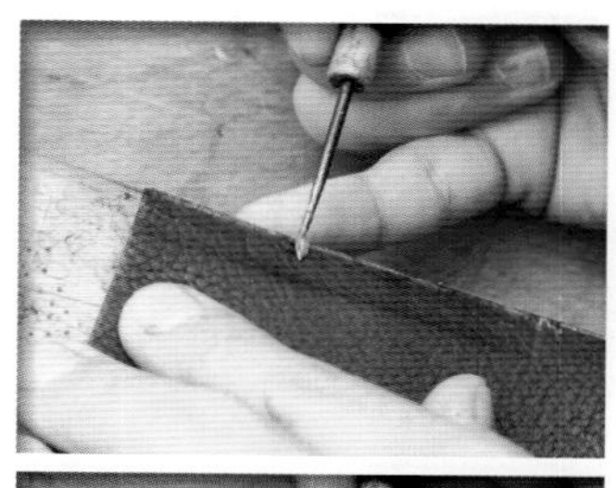

08

在内挡与内侧皮革的黏合面上打基底，涂上 3Dine 胶。内侧皮革的黏合范围是从底部向上延伸 78mm（请参考纸型的标记）。

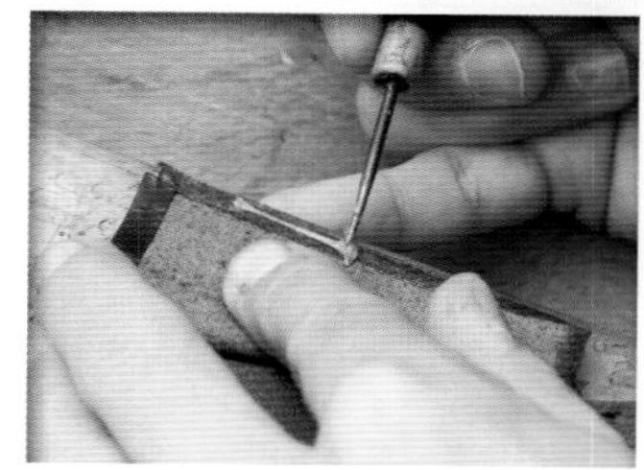

09

内侧皮革与内挡黏合后用铁锤仔细地敲打、压紧。

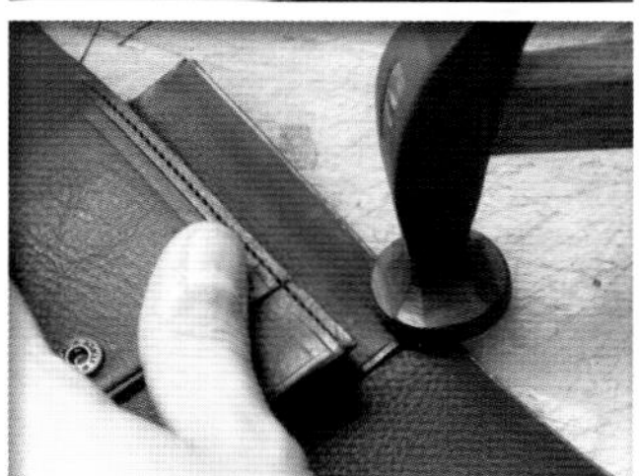

10

黏合后的部分（纸钞空间的底侧）切除约 1mm 宽的皮边。

◀CHECK!

所有部件连接后便会呈现下图的状态。左侧是从零钱袋底部观看的效果图。接着黏合内侧与外侧皮革，再缝制后便可完成。

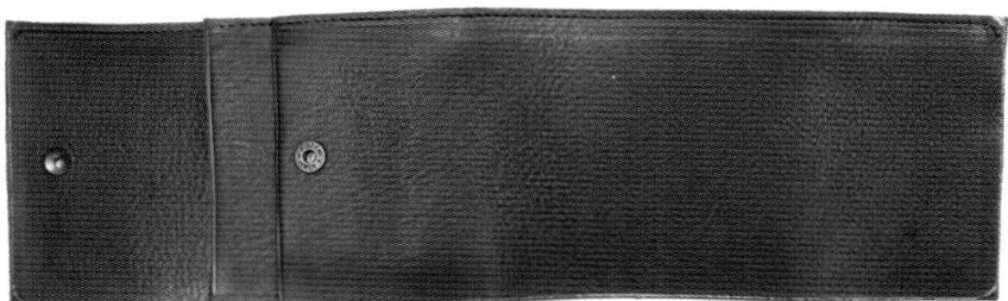

整理组合将作品完成

将内侧与外侧皮革黏合后缝成“L”形，便制作出皮夹的形状。接着仔细磨整皮边，做最后的处理。

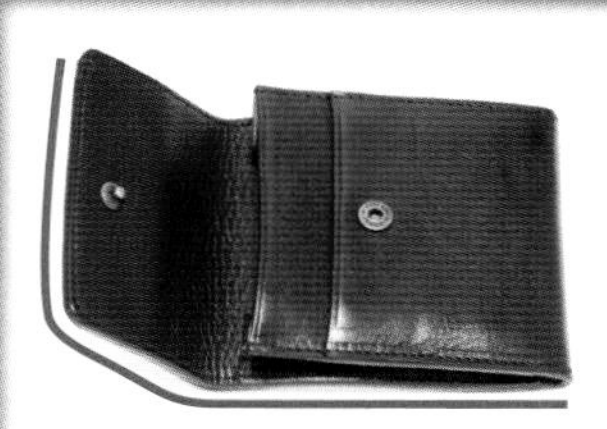

◀CHECK!

将外侧皮革内折，与内侧皮革黏合后缝合。缝制位置为左图的红线部分。接着从 P94 步骤 07 的记号处往下缝。

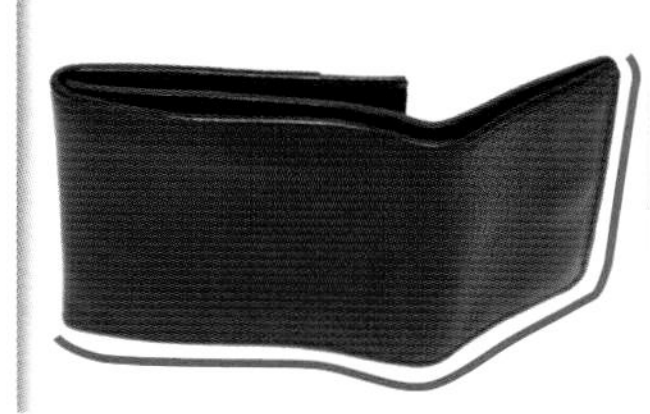

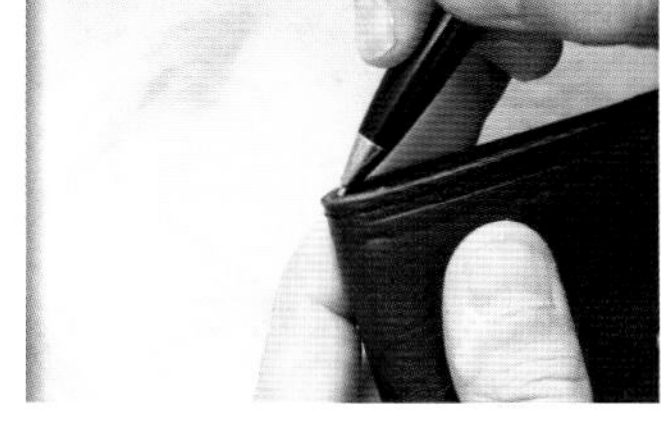

01

黏合内侧与外侧皮革前先试折，在内挡底部与外侧皮革相接的位置做黏合范围的记号。

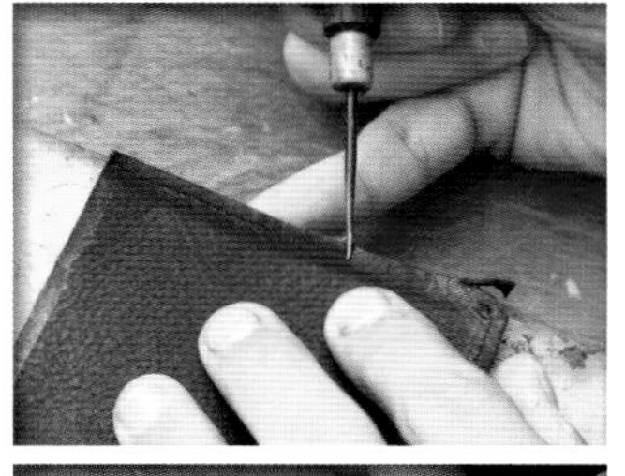

02

先在黏合范围上打基底，涂上 3Dine 胶。

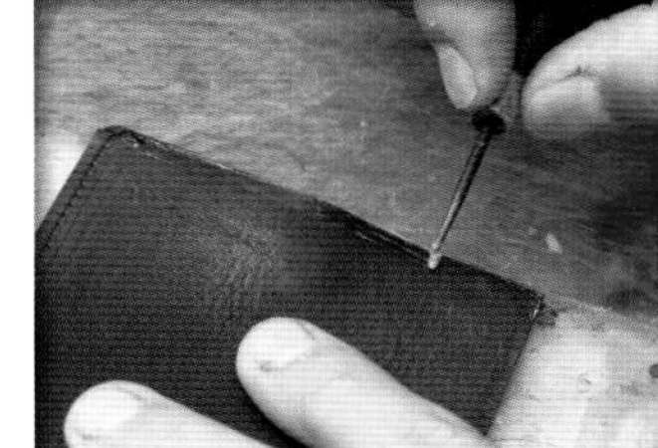

03

先从顶端开始黏合，接着再处理底边的弯曲黏合位置。黏合完后用铁锤敲打、压紧。

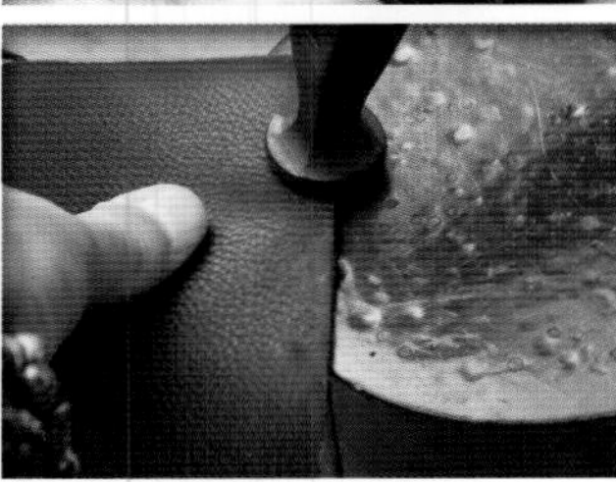

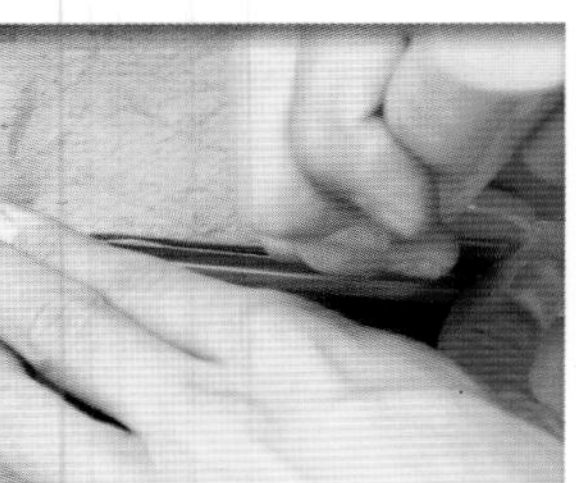

04 ◀POINT!

内外皮革连接的顶端切除约1mm宽的皮边，这是最后的裁边作业。此处裁边时会被扣子影响，可以使用开头介绍的制图用三角尺做辅助。

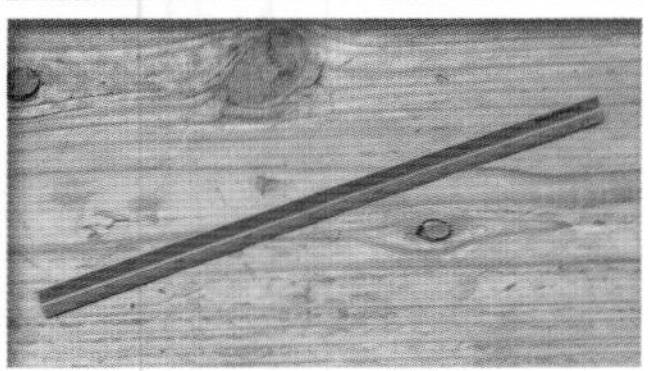

05

缝合前先将两端的边角切成曲线。

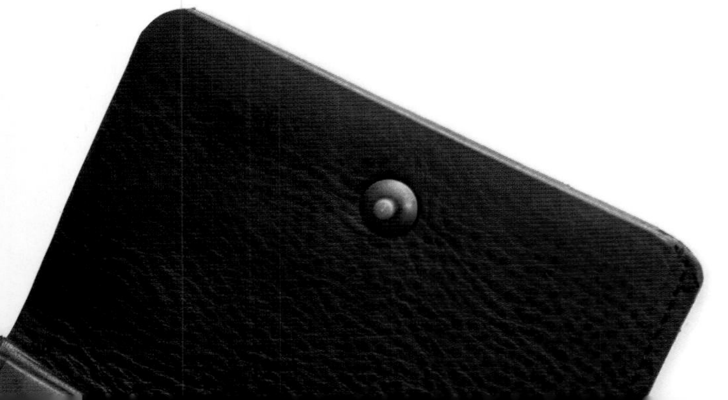

06

以砂纸磨整，使边角更加圆滑。

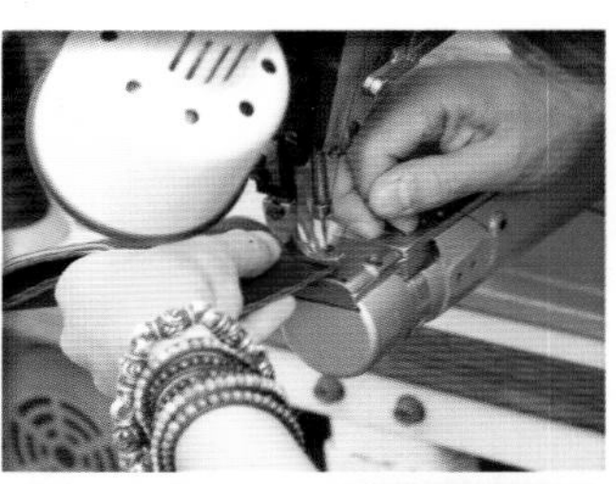

07

缝合黏合后的部分。完成后用铁锤敲打针脚，让缝线紧实且不明显。

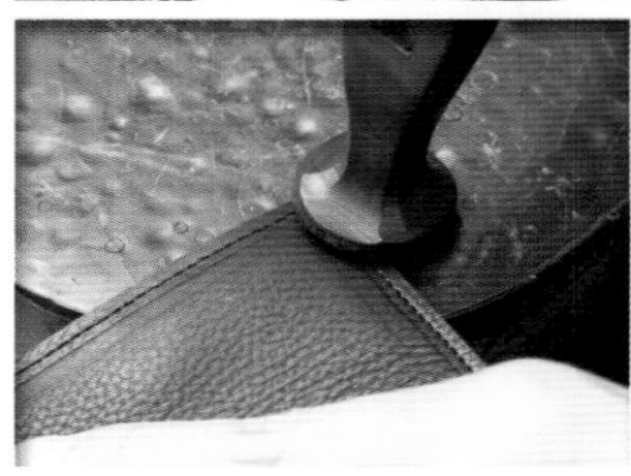

08 **修整皮边与保养**

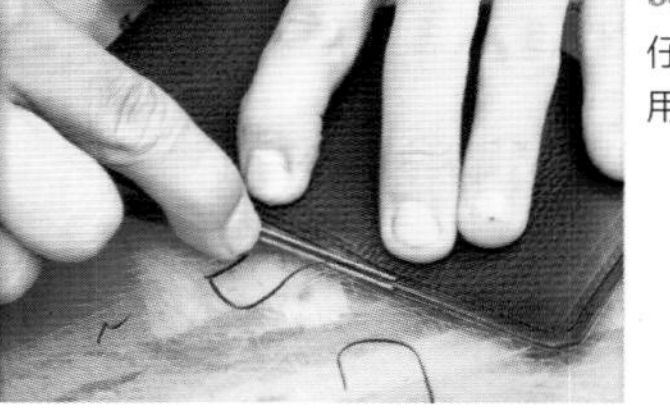

仔细地修整所有的皮边。先用削边器做倒角。

09 ◀POINT!

涂上皮边染料，进行染色。在皮边染料干之前，用磨边器轻轻地进行研磨，方便下一个动作的进行。比起一开始先磨边，最后一起处理会较有一致感。

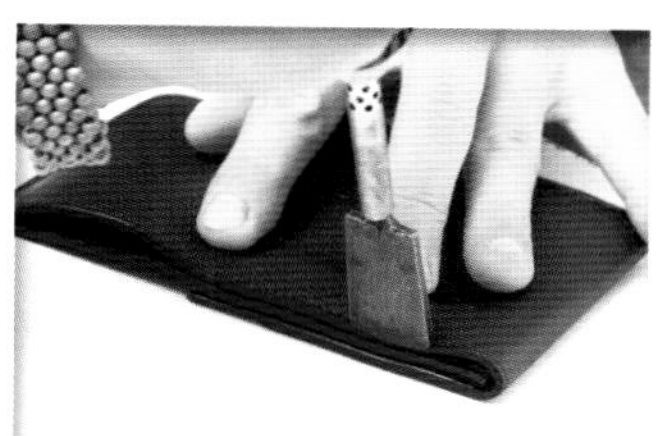

10 ◀POINT!

再次研磨先前用装饰边线器处理过的边缘。磨完后再用装饰边线器修边，这时会产生细微的毛边，要再次磨整。

11

重复用砂纸修整平滑、涂床面处理剂、以棉布研磨出光泽的流程，直到做出满意的皮边为止。

TECHNIQUE No.31

提升磨整皮边作业效率的重点

如同 P96 步骤 09 的动作，正式的磨边作业要利用水分（一般的水也可以）进行研磨打底，如此便能大大地提升磨边作业的效率。另外，皮革的部位与纤维的分布情形不同，整理皮边的方式也会有所不同。但只要掌握这些特征，便可增加作业的效率，所以要先试着去接触各式各样的皮革。

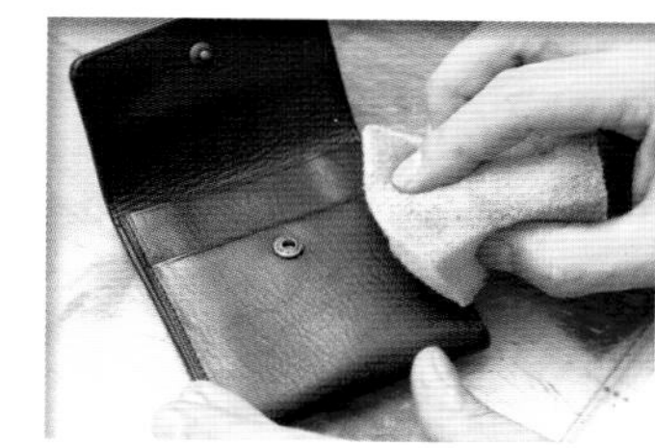

12

最后均匀地涂上皮革保养油，并用双手做开合的动作，做出皮夹整体的外形。

SHINYA KIJIMA

ORDER R

SHOP DATA

Order R

地址：东京都北区堀 3-32-3

电话：090-8947-2131 传真：03-6240-8176

网址：http://homepage2.nifty.com/kijim-earl

E-mail：leather-order@r.nifty.jp

木岛慎哉

想象并创造新的事物，以此为生活重心的男人

创造出新的事物是一件非常有价值的事情，它会给我们带来喜悦，但同时也会遭遇困难与挫折。创造的道路充斥着风险，会时不时让人体会到挫折感。但是处于创造中的木岛师傅，却像是在享受一次充满愉快氛围的旅行。相信对他而言，创造是本能的渴望，是一种心灵上的解放。除了活跃于皮革的创作领域中，木岛师傅在培育人才方面也投入了许多心力，让人由衷地对他感到敬佩。

名片夹

CARD CASE

简单的造型，实用的功能，
这就是最棒的名片夹。
鲜艳的酒红色主体，搭配黑色的皮边，
如此鲜明的对比更能衬托出成熟男士的魅力。
外表虽然朴素，但内里与切口却饱含巧思，
呈现出绝妙的平衡感。

名片夹

CARD CASE

制作：伊藤拓（皮革工房 TAKU）
摄影：清水良太郎

[制作的重点]

① 加入芯材调整形状

在主体的三个位置上黏合芯材，借以控制皮革的厚薄，做出美丽的形状。虽然纸型上有标注芯材的尺寸与黏合的位置，但是希望各位在实际制作过程中，能够根据使用皮革的状况做细部的调整，试着做出自己心目中最理想的造型。

② 不将皮革贴死，增加活动性

在黏合内里皮革时，以弯曲折叠的部分为中心的一定范围内不上胶（如左图所示，深色的部分为上胶范围）。这样的方式比起全部贴紧会让皮革的折合动作更加顺畅。而需要韧性的前体部分要全部上胶，确实贴紧。

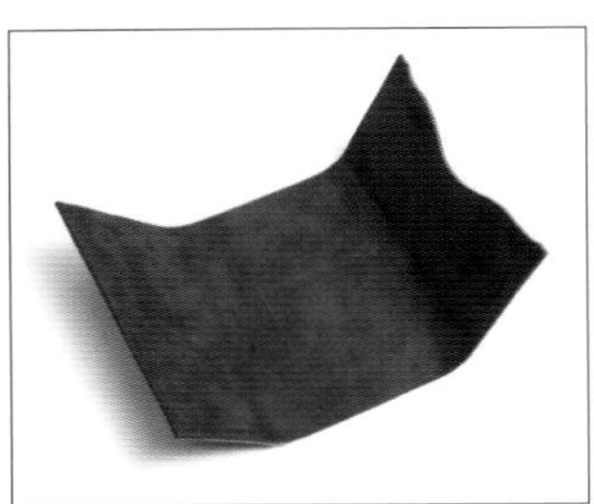

③ 使用磨砂革内里，增加作品的质感

内里皮革依照个人的喜好选择即可，但本作品的亮点就在于使用了磨砂革内里。所谓的磨砂革就是用研磨工具将牛皮的银面上磨出细毛，它有着羽绒般的触感与暗色的光泽。在隐藏处使用具有高级感的皮料，会大大地增加作品的深度。因为此种皮革容易沾到黏合剂或染料，因此制作时要特别注意。

[使用的皮革与材料]

表面的皮革选择鲜艳与沉稳氛围并具的酒红色。推荐各位使用亮色系能表现出沉稳质感的植鞣皮革。内里则如同前页所提到的，使用黑色的磨砂革，做出对比的质感。主体、内挡、袋口的厚度为 1mm，夹层与所有的内里则是稍薄的 0.6mm，芯材准备厚度 0.4mm 左右的厚纸即可。

[使用的工具]

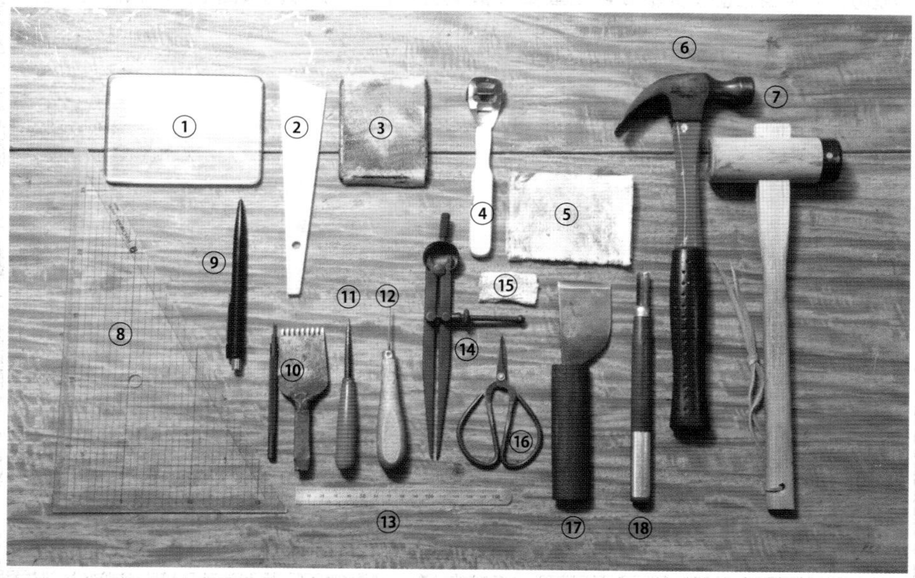

①**玻璃板**（用于摩擦、压紧） ②**上胶片** ③**砂纸**（贴在木板上可方便使用） ④**削薄刀**（用于削整皮边，用不习惯可以其他工具代替） ⑤**帆布**（用于研磨皮边） ⑥**铁锤**（用于压着） ⑦**木锤**（用于敲打凿孔） ⑧**三角尺**（用于画线和测量） ⑨**银笔** ⑩**菱斩** ⑪**圆锥** ⑫**菱锥** ⑬**铁尺** ⑭**间距规** ⑮**丝瓜络**（用于研磨皮边） ⑯**剪刀** ⑰**裁皮刀** ⑱**圆头雕刻刀**（切圆角时比裁皮刀更好用） ⑲**强力胶**（适用于皮革的合成橡胶类强力胶） ⑳**皮边染料**（此处使用黑色，请依个人喜好选择） ㉑**床面处理剂** ㉒**木工用白胶**（用于收线头） ㉓**蜡**（用于皮边处理的最后阶段，可以使用一般的线蜡）

※ 在此仅介绍主要的工具与较具特征的工具，基本工具请自行判断准备。

裁切皮革

依照纸型裁切各部的皮革。其中内里皮革要先粗裁，待黏合后再切除多余的部分。

01

按照纸型的尺寸仔细地切下皮革。裁切主体开口的曲线部分时，注意要保持切口垂直。

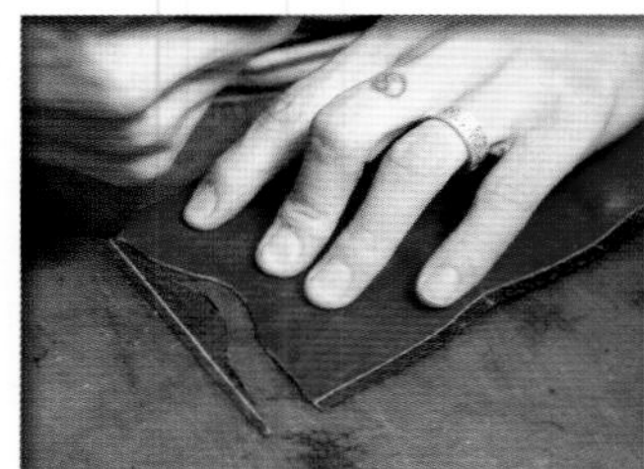

◀CHECK!

裁切内里部件（主体与夹层的内里）时周围要预留 5mm 的空间，待与表面皮革黏合后再切除成正确的尺寸。另外，主体的边角先切成直角的状态，等到黏合后再裁切成圆角。

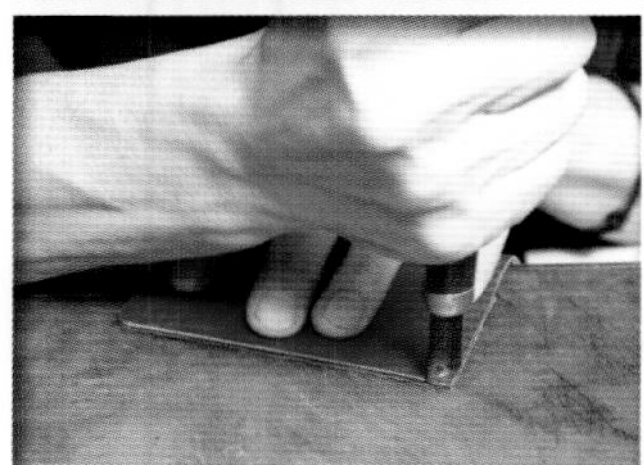

黏合主体的芯材与内里

在主体床面依序黏上芯材与内里。由于黏合后便会决定整体的外形，要慎重地思考黏合的位置与方式。

01

在主体的床面描绘三处芯材的黏合位置，三片芯材的位置便是完成后的三个平面。黏合的位置已标注于纸型上，唯需依照皮革与芯材的厚度、缝制的幅度等条件做细微的调整。

02◀POINT!

除了弯曲处的中央部分，其余的范围皆要涂上强力胶。上胶的范围如下图中颜色较深的部分。

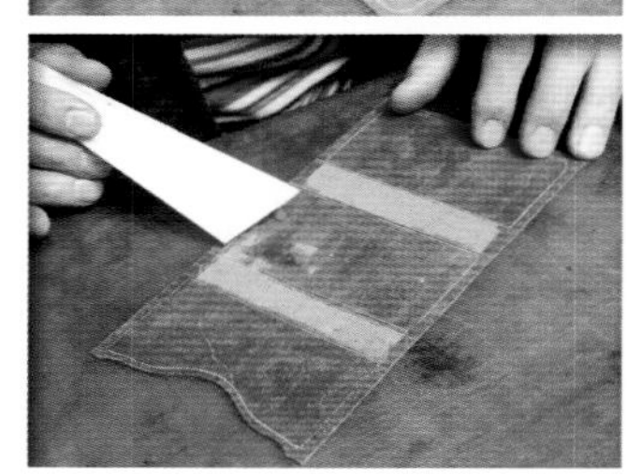

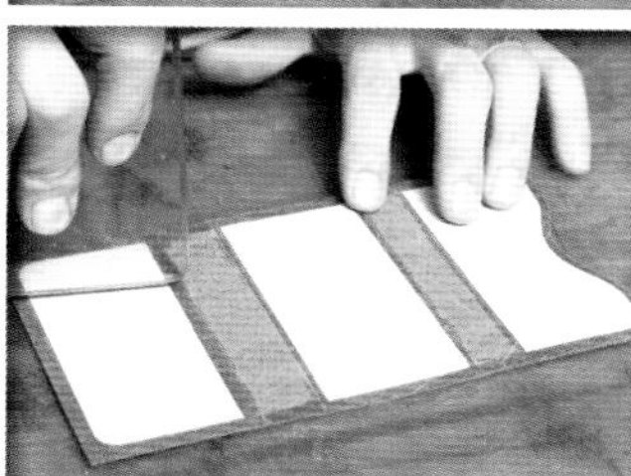

03

芯材的单面涂上强力胶，对准步骤 01 描绘的位置贴上。利用玻璃板等工具按压，使其紧密黏合。

◀CHECK!

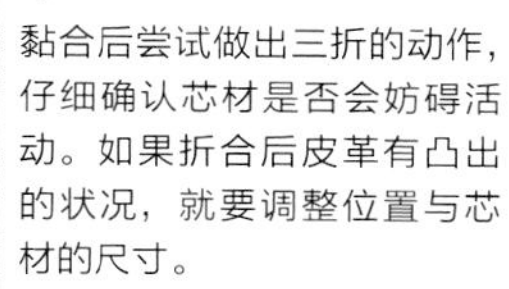

黏合后尝试做出三折的动作，仔细确认芯材是否会妨碍活动。如果折合后皮革有凸出的状况，就要调整位置与芯材的尺寸。

TECHNIQUE No.32

利用芯材控制作品的造型

本作品同时包含着希望保持韧性（收纳名片的部分）与柔软（折合时的可动部分）的两部分。只要事前在这些地方稍做整理，调整芯材与黏合的范围，就能够同时达到这两部分的要求。增加皮革强度的方式由低至高的顺序为：不上胶→涂强力胶→涂白胶→黏合芯材。各位可以根据皮革本身的厚度与强度进行调整。觉得太软就贴上芯材，觉得动作不顺就不要上胶，尝试各种不同的作业组合方式。另外，若是芯材太靠近弯曲的部位，会影响动作的顺畅度；但若是离得太远，又会破坏整体造型，所以要注意芯材的尺寸与黏合的位置。考虑到上述诸点后，本作品最佳的黏合范围如同右图所示，但还是请各位观察皮革的质感后，尝试做出适当的调整。

04

在主体内里皮革的床面上画出弯曲黏合的位置。

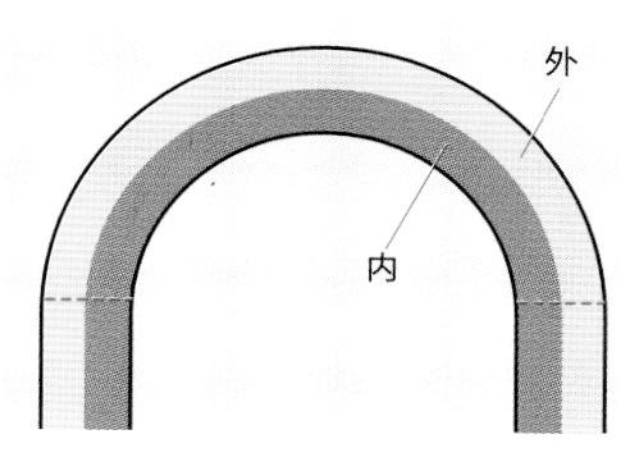

◀CHECK!

此时要注意，外侧皮革的弯曲黏合长度要比内侧的部分稍长一些。

05

在内里皮革的床面与主体的芯材上涂上强力胶。此时除了与主体接触的范围外，只涂外侧 10mm 左右的宽幅，中央部分则不上胶（如左图所示）。

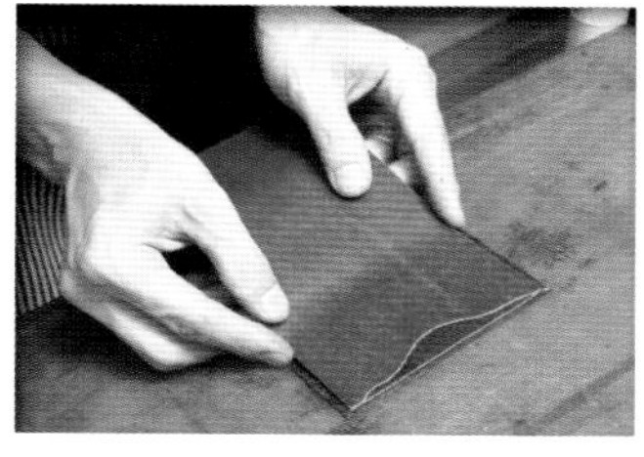

06

黏合涂满强力胶的范围。

07

弯曲黏合，让主体形成能够三折的状态。此时弯曲的程度将会直接影响到完成时的造型。考虑到开合的动作，最上层的弯曲部分角度要稍大一些。

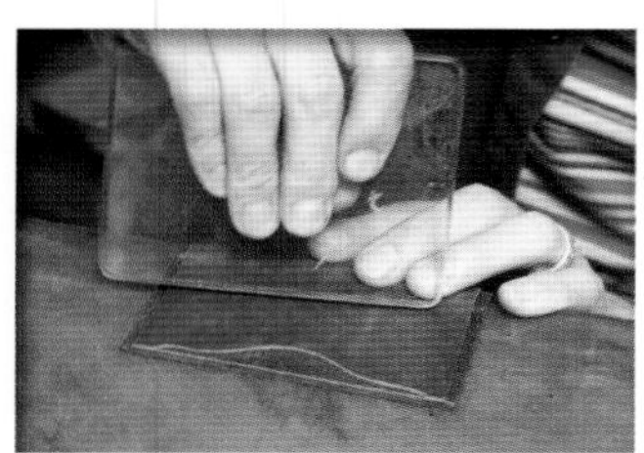

08
利用玻璃板等工具压紧黏合的范围。按压银面时注意不要留下痕迹。

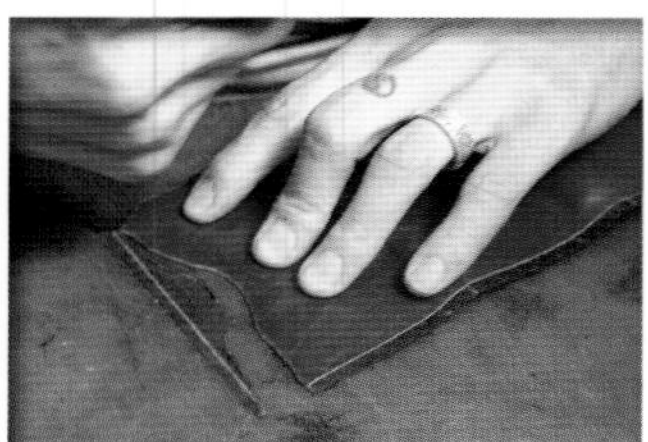

09
切除内里的多余皮革。要仔细裁切，让切口保持完美的垂直状态。

黏合夹层皮革的芯材与内里

进行夹层的芯材与内里的黏合作业。因为没有弯曲的部分，因此比主体的作业简单。

01
在内外皮革的床面与芯材的单面涂抹强力胶，将芯材贴在其中一张皮革上。贴的时候要放在皮革的正中央，让周围留下均等的空间。接着在芯材的另一面上胶，贴上另一张皮革。

02
黏合后压紧，将多余的部分切除。

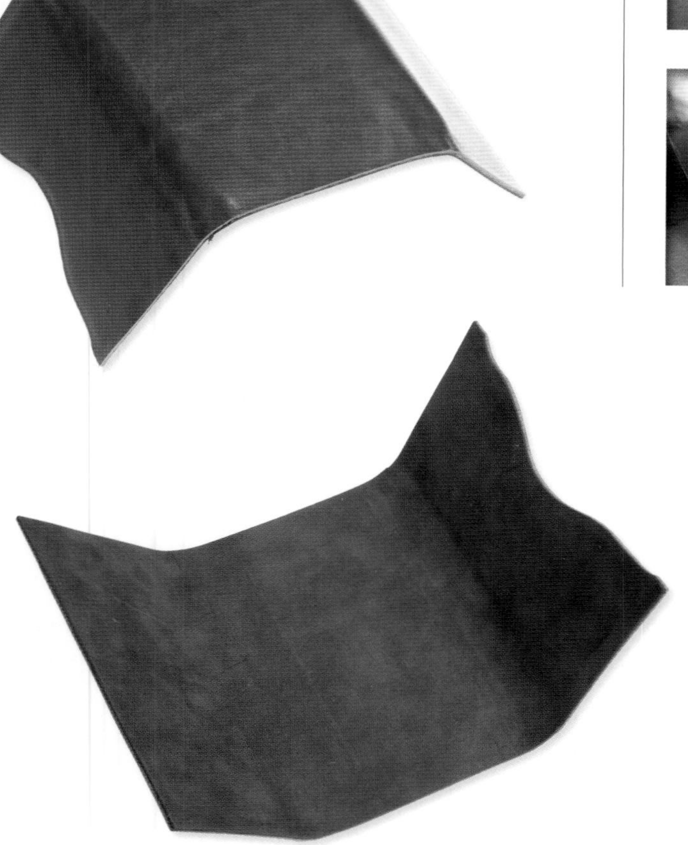

处理皮边

主体与袋口的弯曲线条部分、夹层与内挡的上下部分在缝合后便无法修整皮边，因此要先做处理。

01
用削薄刀削边，再用砂纸磨整。若是不习惯用削薄刀，则很容易就会削过头，也可以改用削边器或砂纸进行作业。

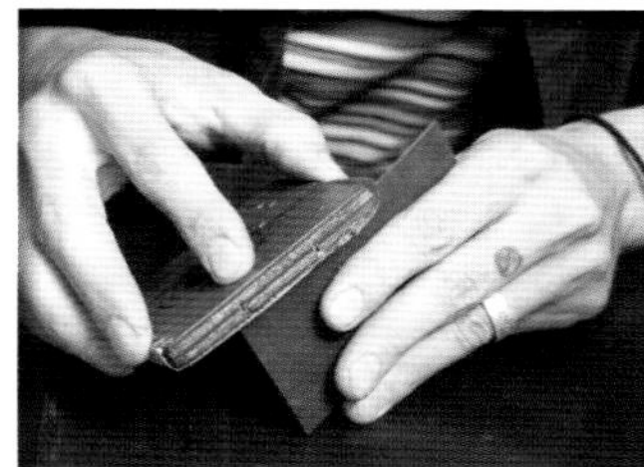

02
用海绵蘸上皮边染料后均匀地涂抹皮边。

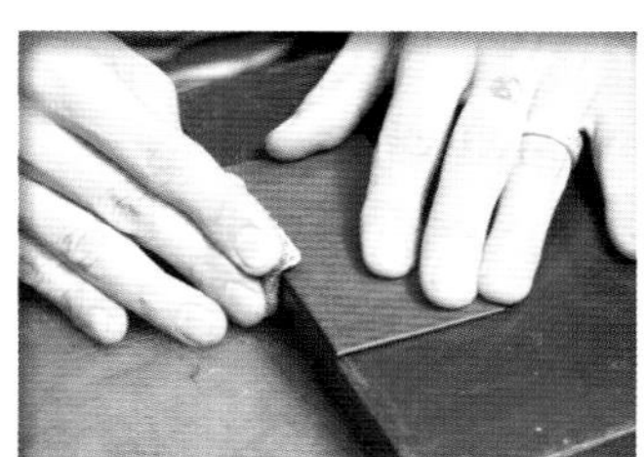

03
涂抹床面处理剂，用帆布磨出光泽。

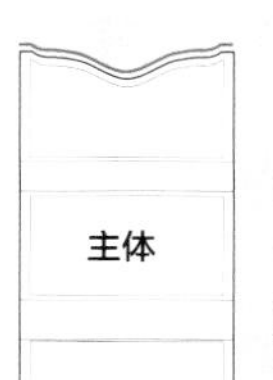

袋口

夹层

内挡

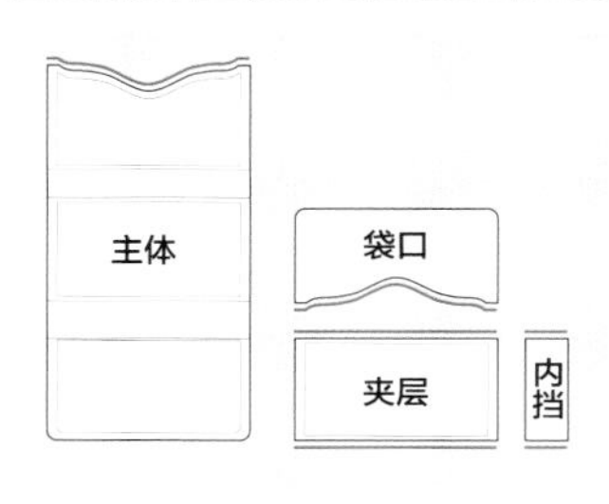

◀**CHECK!**
先处理左图红线部分的皮边。

组合所有部件

准备好所有的部件后开始进行组合与缝制的作业。缝合时要注意顺序。

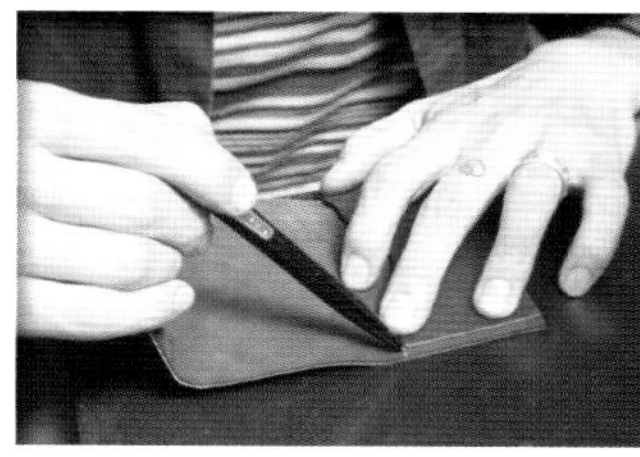

01 **内挡与袋口**
将袋口皮革放在主体上，做出黏合位置的记号。内挡也以同样的方式做出记号（黏合的位置已标注于纸型上）。

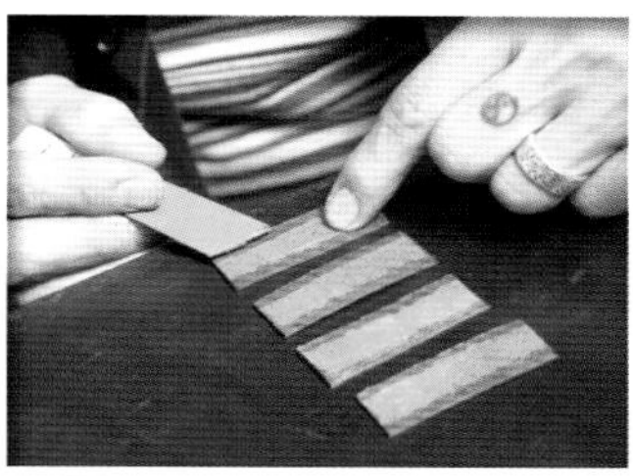

02
在内挡的两侧与主体接触的3mm范围内涂上强力胶。因为磨砂革的银面已经很容易上胶了，所以不需另外做刮粗的动作。

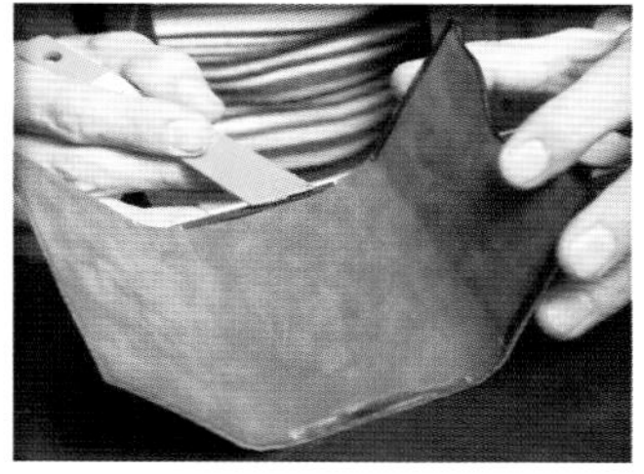

03
将内挡贴上，用铁锤轻敲、压紧。

04
在袋口的黏合范围（除了曲线部分的三个边）与主体的相对位置上涂抹强力胶。

05

对准位置将袋口皮革贴上并压紧。

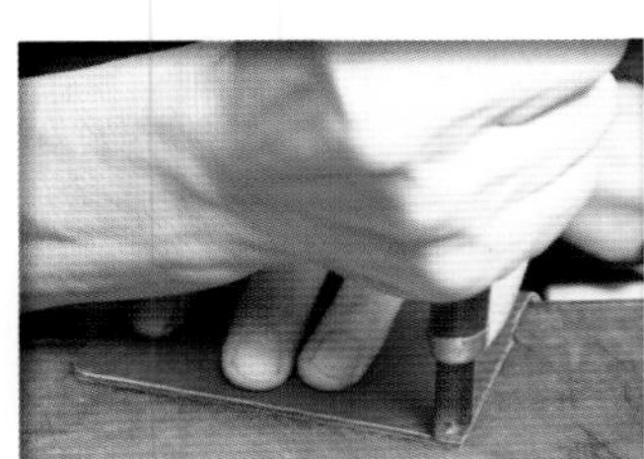

06 ◀POINT!

黏合后将主体直线边的两个角切成圆角。只要使用圆头雕刻刀便能轻松地切出两个相同的曲线。也可用裁皮刀仔细裁切。

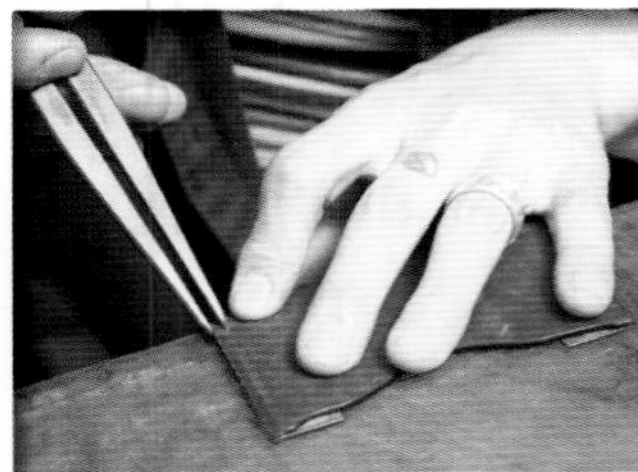

07

画出缝线并用菱斩凿孔。从曲线边的其中一端开始凿起，凿的过程中注意内挡的段差位置，凿一圈到曲线边的另一端。遇到弯曲的部分时不要将主体摊平，要利用桌边的直角进行作业。凿完孔的状态如同下图所示。

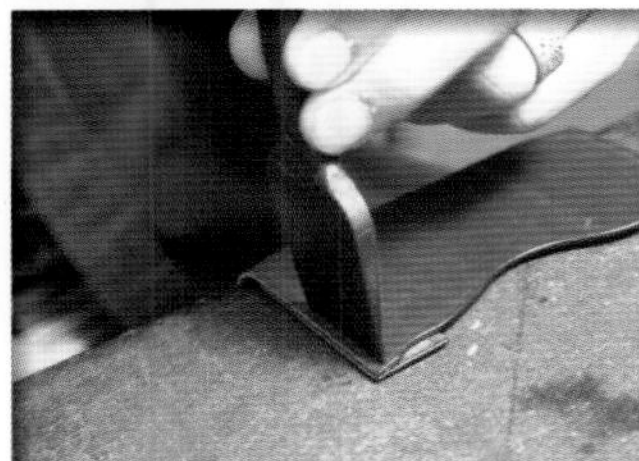

08

按照步骤 07 凿出的孔开始缝制。中途如有接线的状况，记得要尽量将连接的部分隐藏起来。

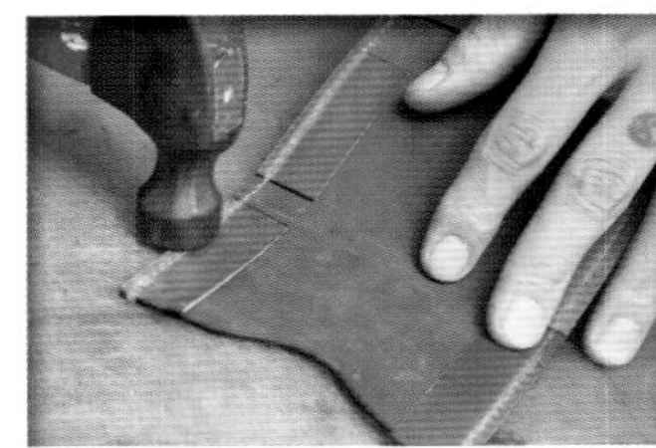

09

用铁锤敲打针脚，贴紧皮革。

10

缝合后处理皮边。先倒角处理，再以砂纸磨整，接着涂抹皮边染料，涂上床面处理剂，磨出光泽。

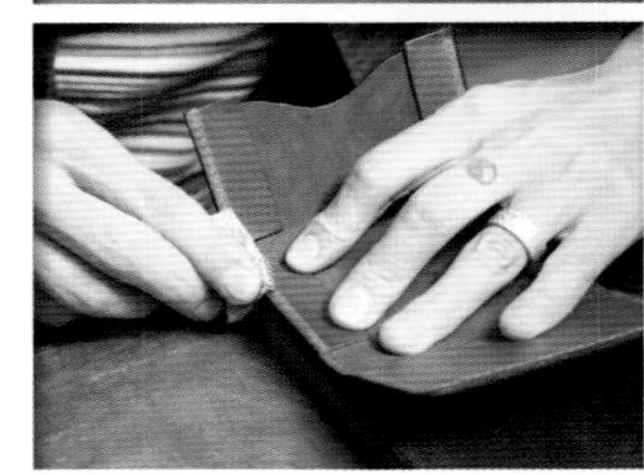

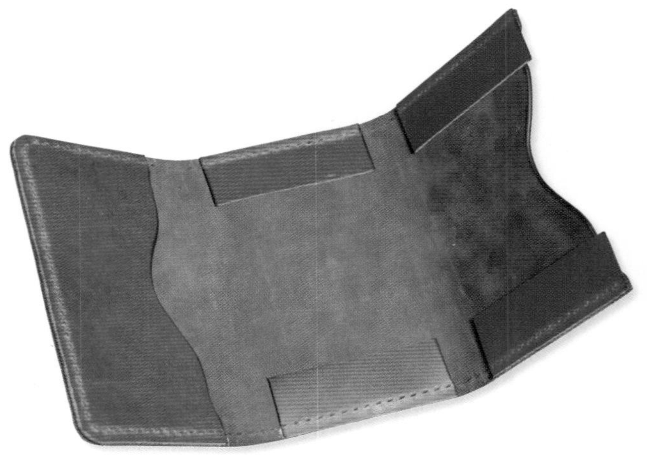

11 装上夹层

在夹层皮革两端的正反两面3mm宽的范围涂上强力胶。银面在上胶前要先做刮粗的动作。

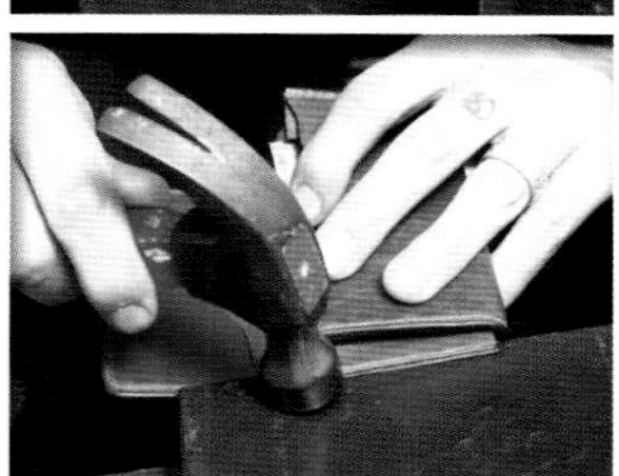

12

用内挡夹住夹层似的黏合并压紧。黏合的时候要注意夹层的正反面有没有摆对。黏合完后保持夹层凸出主体的状态，继续下一个作业。

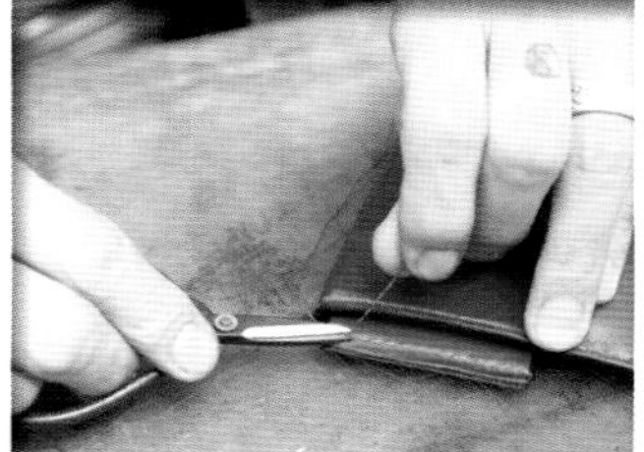

13

在夹层的边缘画出缝线，用菱斩凿孔后缝合。

14

处理夹层与内挡缝合后的皮边。

15◀POINT!

接着捏住夹层的另一端向内拉至超出主体的范围。之后按照步骤12~14的顺序进行作业。黏合并维持凸出的状态，缝合，处理皮边。

16

最后在所有的皮边涂蜡，用帆布轻轻地擦拭出光泽后便大功告成。

零钱包

COIN CASE

漆黑的马臀皮搭配深红色的线条，
造就了时尚且高质感的零钱包。
三折式的机关里隐藏了极大的空间，
大大的开口使用起来更加方便。
冷酷的外表下隐含着合理性，
理想与现实并存，
这就是成熟人士的风范。

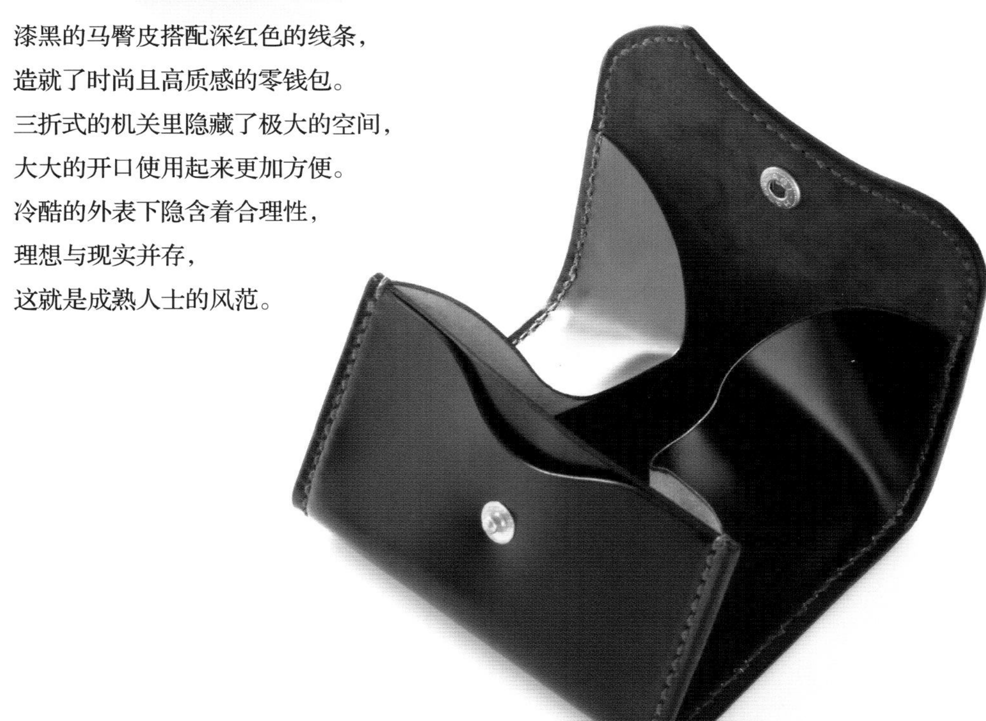

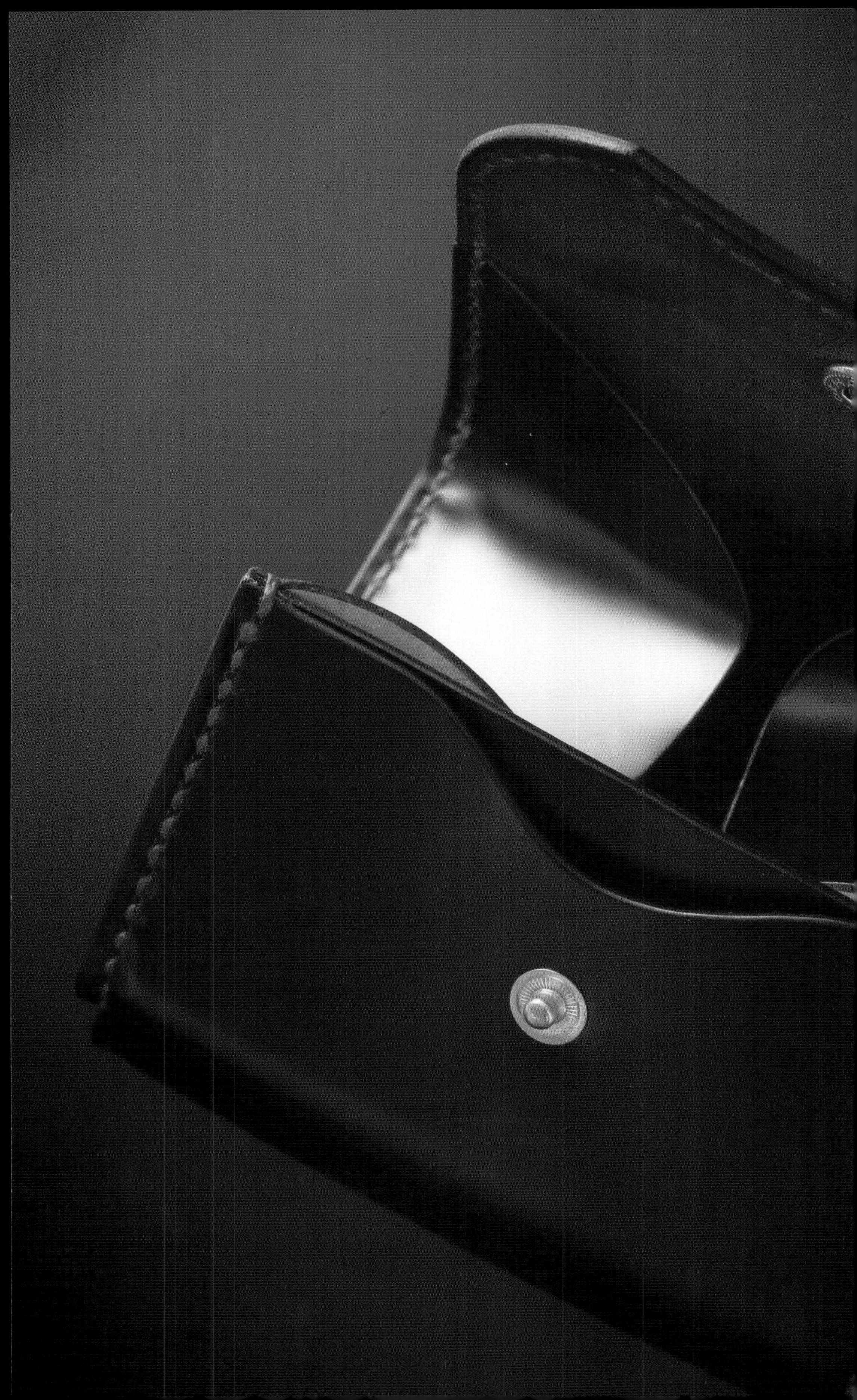

零钱包

COIN CASE

制作：伊藤拓（皮革工房 TAKU）
摄影：清水良太郎

[制作的重点]

① 在弯曲的状态下黏合皮革

从头阅读本书的读者，应该已经很习惯“弯曲黏合”一词了，此处也会利用到这个技巧。不过在顺序上稍微有些变化，请各位特别注意。黏合主体皮革的中央部位并将两边缝合后，一边弯曲皮革，一边做黏合范围的记号。

② 弯曲的部分保留活动的空隙

主体皮革就像是整个零钱包的外框，借由与其连接的内挡，做出柔软的开合动作以达到收纳的目的。也就是说，主体必须保持适度的韧性，只有弯曲的部分需要柔软性。因此，有些部分要刻意不上胶，以调整皮革的活动性。

③ 主体先凿孔，黏合后再刺穿内挡

因为主体与内挡黏合后就会变成立体的造型，这时凿孔就会变得很困难。因此要事先在主体皮革上凿孔，等到黏合后再用菱锥刺穿内挡的皮革。为了不在作业途中造成内挡的剥离，必须要准备一把充分研磨过、较容易刺穿皮革的菱锥。

[使用的皮革与材料]

如前页所述，因为主体皮革需要保持一定的强度，不适合太软的皮革。如果只是偏软，还可以利用黏合剂或芯材做细微的调整，增加到足够的强度。此处所选用的是黑色的马臀皮，内里则是使用磨砂革（详细的介绍请参考 P104）。主体表面的厚度为 1.2mm，内里为 1mm，夹层与内挡为 0.7~0.8mm。由于内挡的强度必须比主体小，如果不想使用削薄手法，可以另外准备较薄的皮革。芯材部分使用约 0.4mm 的厚纸，另外还要准备一组四合扣。

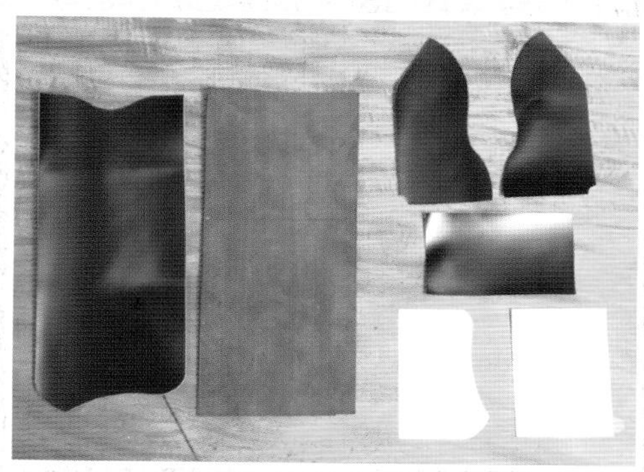

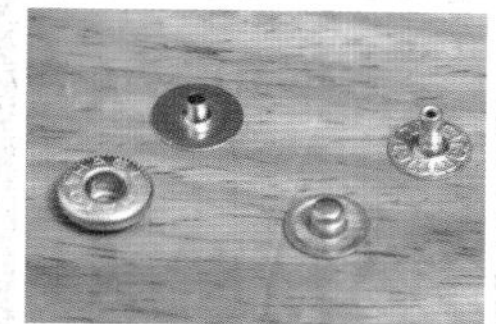

[使用的工具]

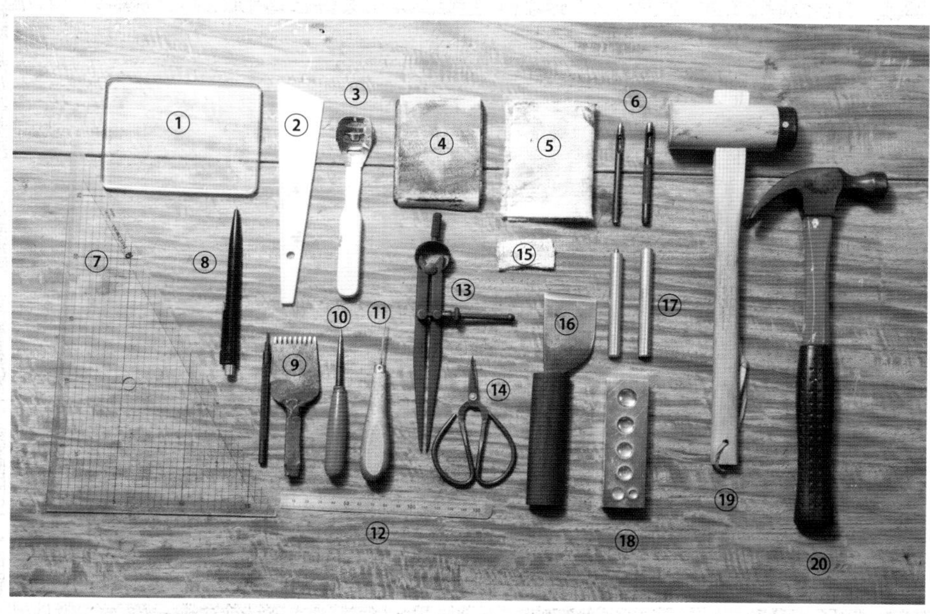

①**玻璃板**（用于摩擦、压紧） ②**上胶片** ③**削薄刀**（用于削整皮边，可以用其他顺手的工具代替） ④**砂纸**（贴在木板上可方便使用） ⑤**帆布**（用于磨整皮边） ⑥**圆斩**（配合四合扣的大小选择适当的尺寸） ⑦**三角尺**（用于画线或测量） ⑧**银笔** ⑨**菱斩**（因为转角处很多，请多准备一只单菱斩或双菱斩） ⑩**圆锥** ⑪**菱锥** ⑫**铁尺** ⑬**间距规** ⑭**剪刀** ⑮**丝瓜络**（用于研磨皮边） ⑯**裁皮刀** ⑰**四合扣打具**（配合四合扣的大小选择尺寸） ⑱**万用环状台**（装置四合扣时的底座） ⑲**木锤** ⑳**铁锤** ㉑**强力胶**（适用于皮革的合成橡胶类强力胶） ㉒**皮边染料**（配合皮革颜色，选用黑色染料） ㉓**皮边处理剂** ㉔**木工用白胶**（用于收线头） ㉕**蜡**（用于皮边处理的最后阶段，可以使用一般的线蜡）

※在此仅介绍主要的工具与较具特征的工具，基本工具请自行判断准备。

裁切皮革

主体表面与内挡依照纸型的尺寸裁切，内里以粗裁的方式处理。夹层的形状并无记载于纸型内，请特别注意。

01 ◀POINT!

依照纸型在皮革上画出形状，用裁皮刀仔细地裁切。夹层皮革并无记载于纸型中，请裁切一张 110mm×65mm 的长方形皮革备用。主体的内里用粗裁的方式，四周约比表面皮革多 5mm 的宽度。芯材的尺寸请参考纸型上“黏合位置”的框线，并依据使用的皮革做调整。

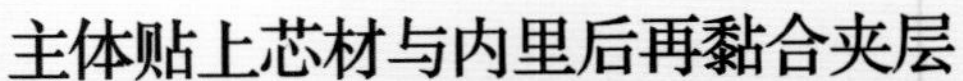

主体贴上芯材与内里后再黏合夹层

将主体表面与芯材、内里、夹层黏合，完成主体。注意弯曲黏合与缝制的顺序，且要先装上四合扣。

01 **零钱包的底层**

用纸型在主体表面皮革的床面上画出缝线与中央的芯材黏合位置。

02 ◀POINT!

首先只需黏合两条缝线中间的部分，在这个范围内涂上强力胶。

03

先在芯材的一面涂抹强力胶，然后对准步骤 01 画好的黏合位置贴上。用玻璃板等工具确实摩擦、压紧。

04

在芯材的另一面涂抹强力胶。另外，在内里皮革的床面上画出缝线，然后在黏合范围内上胶。

05

对准两张皮革的缝合线，黏合表面与内里。用玻璃板等工具确实摩擦、压紧。

06 ◀POINT!

在表面皮革的银面上画出缝线，再用菱斩凿孔。凿孔时两端各要留下一个孔的空间（下图的红圈处），等到最后与内挡缝合时再做处理。接着从中央分成夹层边与覆盖边，分别做后续的处理。

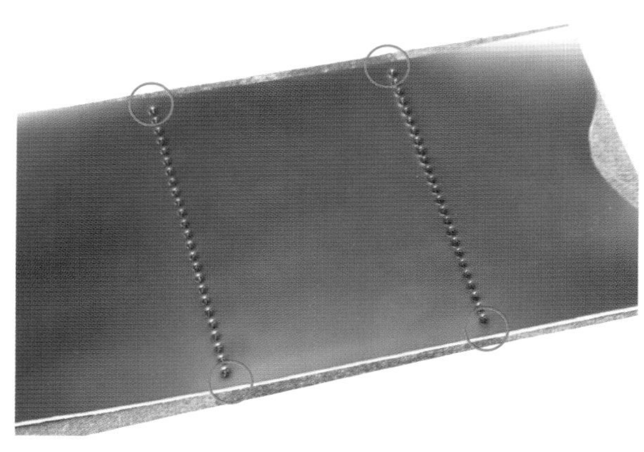

07 **处理夹层边**

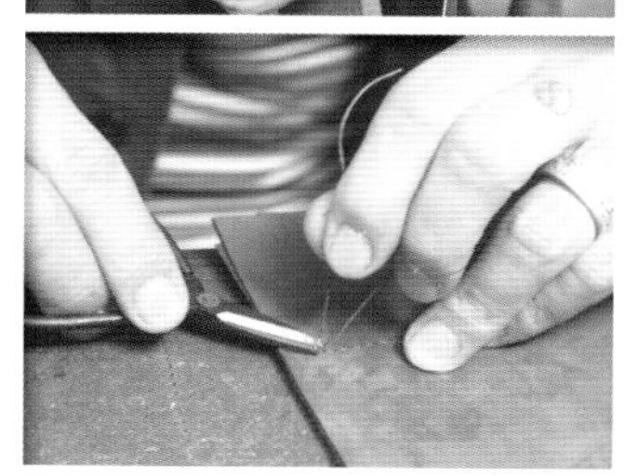

依照线孔，先缝合靠近夹层的那一边。缝完后将线头留在内侧。

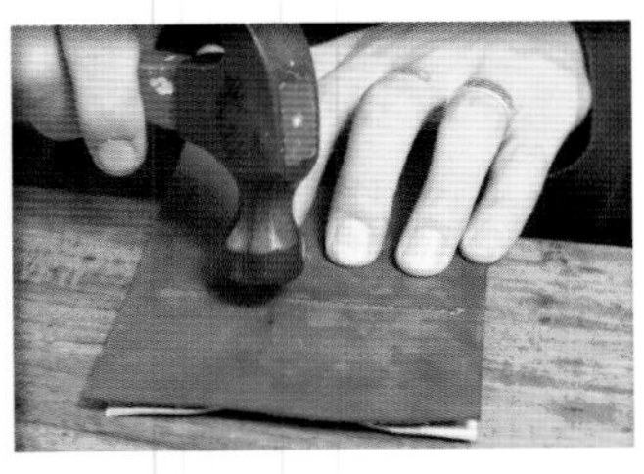

08
用铁锤敲压缝线，使其紧密。

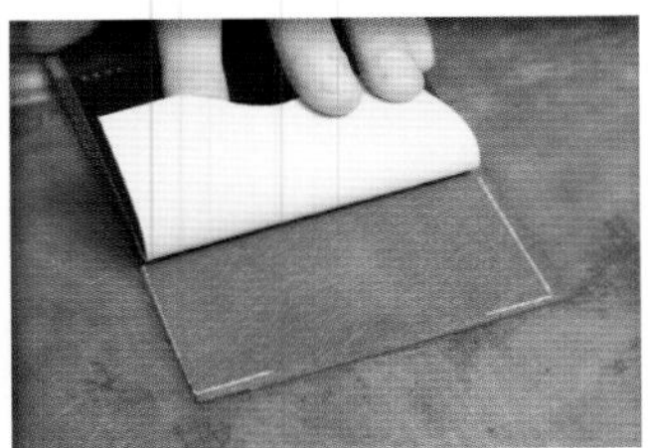

09
在黏合夹层开口部分的位置做记号。方法请参考下方的“TECHNIQUE No.33”。

TECHNIQUE No.33

弯曲皮革，计算黏合的位置

想要标记弯曲部分的黏合位置时，利用工作台的边角，让弯曲黏合的部分保持弯曲的状态，用银笔等工具沿着两张皮革重叠的末端画线，如此便能够准确地计算出黏合位置。此时的弯曲程度就依实际使用时的弯曲方式做调整。

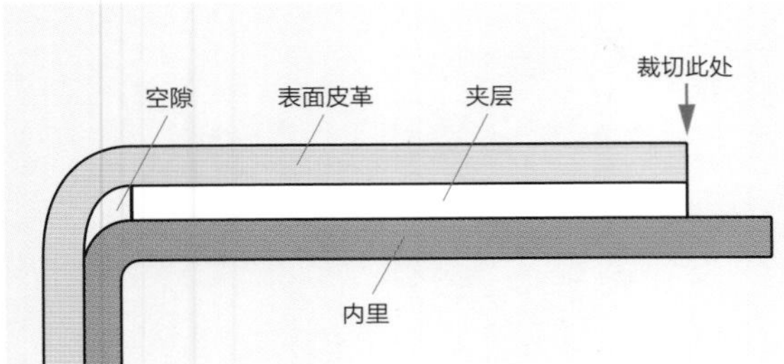

▲CHECK!
夹层会与表面以及内里皮革一起缝合，如果塞进去太多，就会妨碍主体弯曲。因此要如上图所示，预留一些空间，把多余的部分切除。

10
配合主体调整夹层皮革的尺寸。调整的方法请参考本页左下角的“CHECK!”。

11
翻开主体的表面皮革，只在内里涂上强力胶。另外夹层的床面也要上胶。

12 ◀POINT!
对准步骤 09 所做的记号黏合夹层与内里，再用玻璃板等工具确实压紧。此时要注意夹层的黏合位置。因为夹层的尺寸大于表面皮革的尺寸，所以黏合的时候要均衡地让两端都超出表面皮革。另外，也别忘了在夹层的底部预留活动的空隙（如下图所示）。

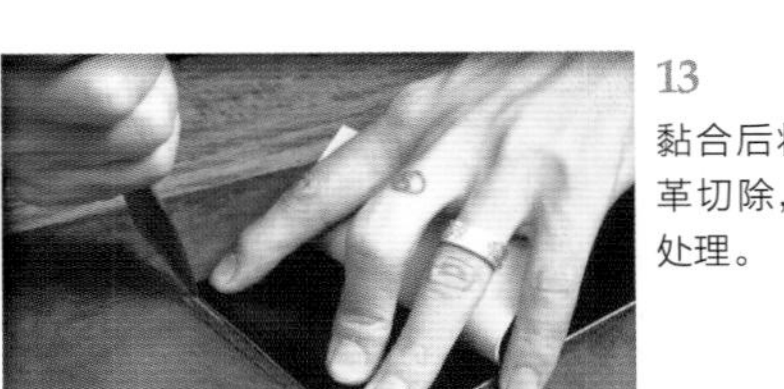

13
黏合后将前端多余的内里皮革切除，两侧的部分先不要处理。

14 **处理覆盖边**

接着进行另一边的作业。先缝合并将线头收在内侧。

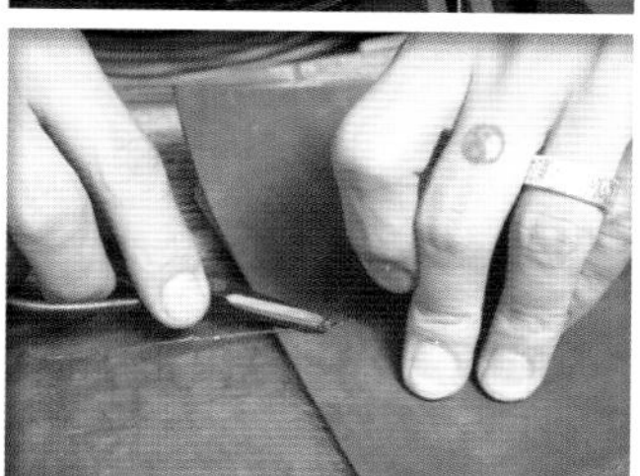

15

依照 P120 页步骤 09 的方法，标记弯曲黏合位置的记号。

16 **◀POINT!**

画出芯材的黏合位置。本书纸型所记载的黏合位置会在周围预留约 5mm 的空间。

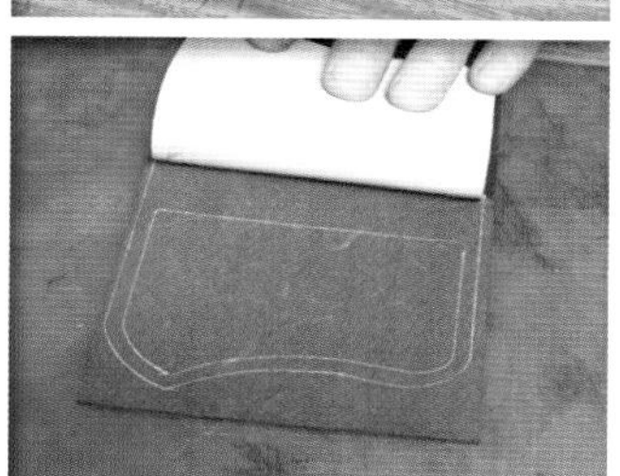

17

依照纸型中的四合扣位置画出记号。决定好扣子的尺寸后，就用相对应的圆斩先在纸型上打孔，这样就不用担心位置会标记不准了。

18

在内里的芯材黏合位置与周围的缝线处涂上强力胶。详细的范围请参考下方的“CHECK!”。

◀CHECK!

图片中颜色较深部分就是上胶范围。涂的时候要超出曲线之外，芯材与缝线的中央位置不要上胶。

19

依步骤 17 的记号凿出四合扣的孔，在内里皮革的银面装上底座与母扣。

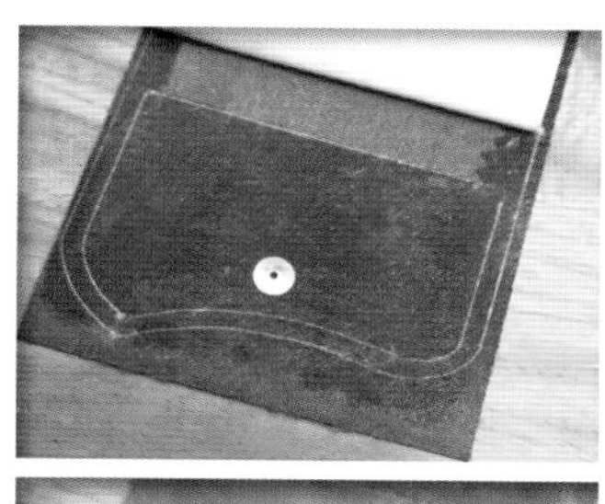

◀CHECK!

装上母扣后就如同左图的状态。母扣要装紧以防止脱落。

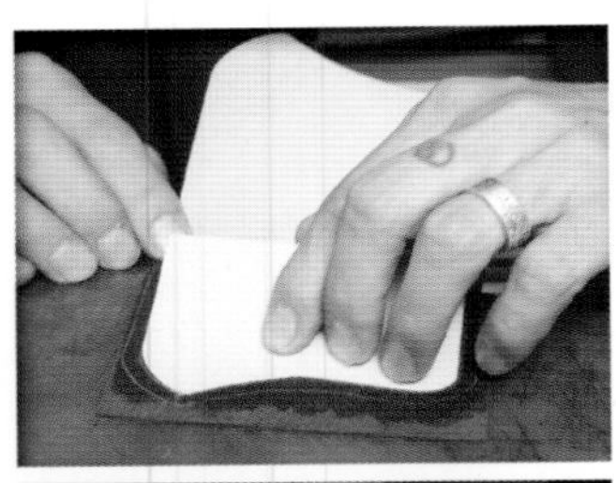

20
在芯材的一面涂上强力胶，对准记号贴上。此时若直接按压芯材，会因为扣子而使得皮革出现凹凸，所以要用玻璃板从内里的银面摩擦、压紧。

21 ◀POINT!
表面与内里皮革只需黏合周围 5mm 宽的范围。将间距规设定为 5mm，画出黏合范围的线条。

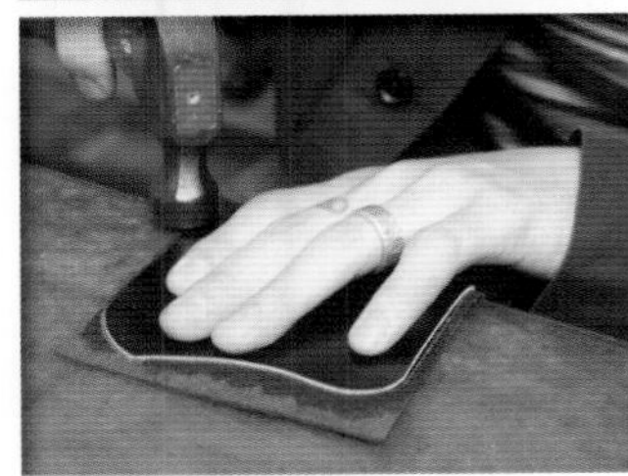

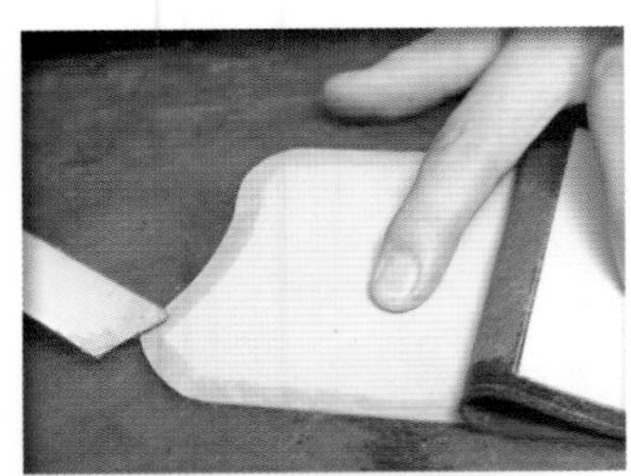

22
在步骤 21 画的线条外侧涂上强力胶，弯曲黏合表面与内里皮革。黏好后用铁锤敲打，以确实压紧。

23 ◀POINT!
切除从覆盖边到主体中央两侧为止的多余皮革，夹层部分的侧边先留着，不要切除。

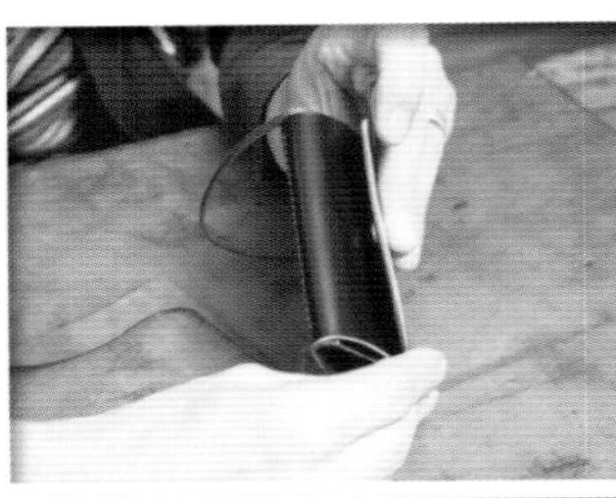

24 装上公扣
将主体变成三折的状态，用 P121 步骤 19 装上的母扣轻轻地压出公扣的位置，用银笔做出记号。此时主体的三折状态就是完成后的形状，要注意皮革的弯曲状况，调整到最理想的位置。

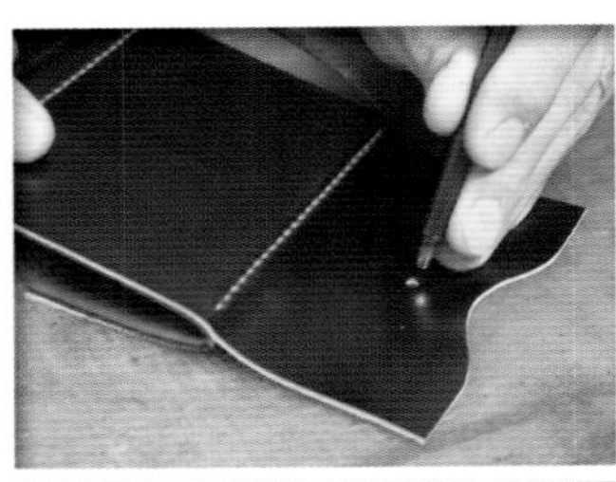

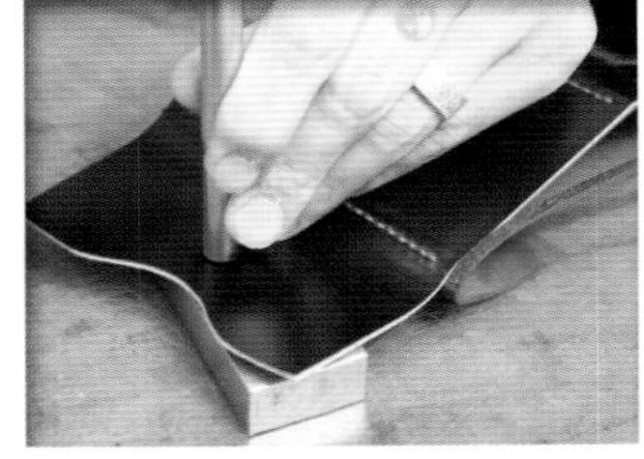

25
对准记号用圆斩凿孔，装上底座与公扣。

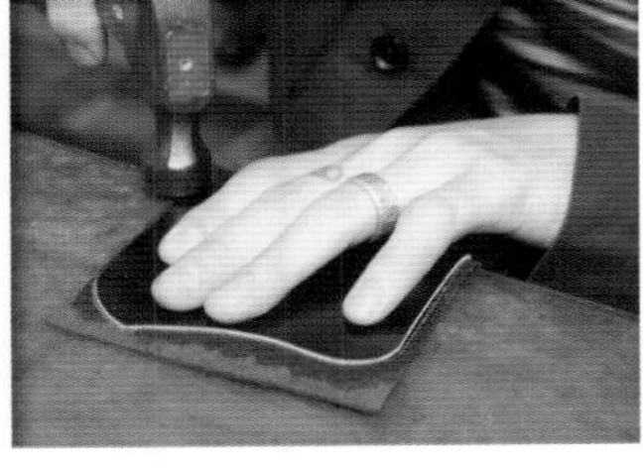

◀CHECK!
装上公扣后就如同左图的状态。公扣要装紧以防止脱落。

26 **处理部分皮边**

在此先处理缝合后无法修整的夹层开口部分的皮边。需要修整的是夹层与主体两个地方。先用削薄刀对内外两侧的皮边做倒角。若是用不习惯削薄刀，就很容易削得太多，因此建议各位选择顺手的工具。

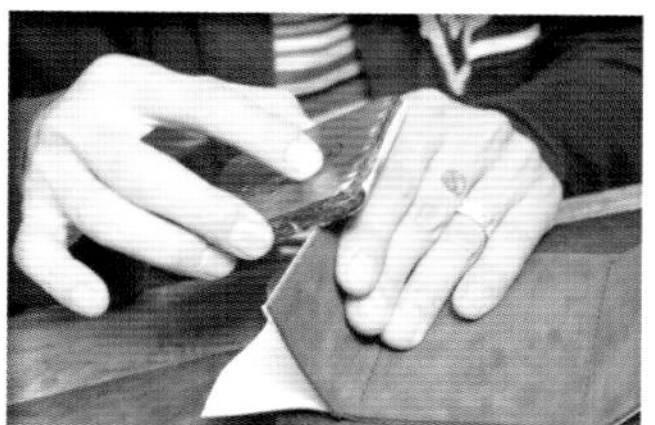

27

用砂纸将皮边的表面研磨平滑。

TECHNIQUE No.34

用刻磨机提升研磨作业的效率

若是考虑到作业的效率，刻磨机绝对会大胜手工研磨。最近，很多质量不错的刻磨机都降价了，各位不妨购入一台作为皮革工艺的研磨工具。但使用刻磨机会有磨过头的可能性，因此最好先拿余料做练习。

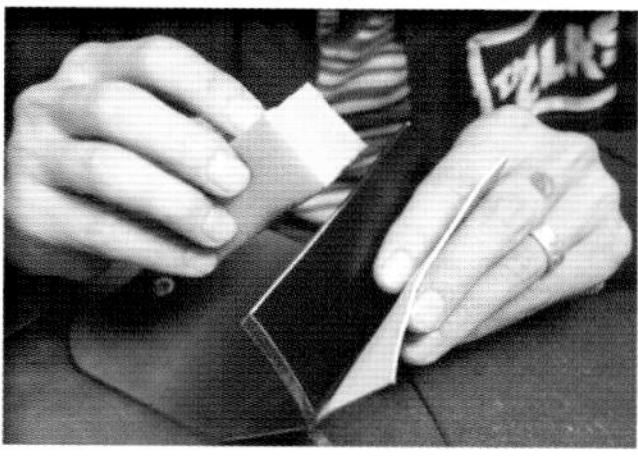

28

用砂纸研磨过后涂上皮边染料。

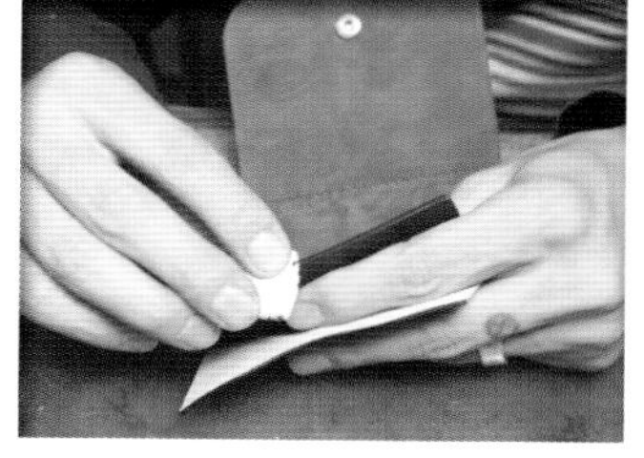

29

接着涂上床面处理剂，用丝瓜络仔细地磨出光泽。

30 **黏合夹层部位**

将夹层的两侧刮粗。因为夹层会比主体表面皮革宽上一些，所以要连同这个部分一起考虑，决定刮粗的范围。接着在刮粗的范围内涂上强力胶。

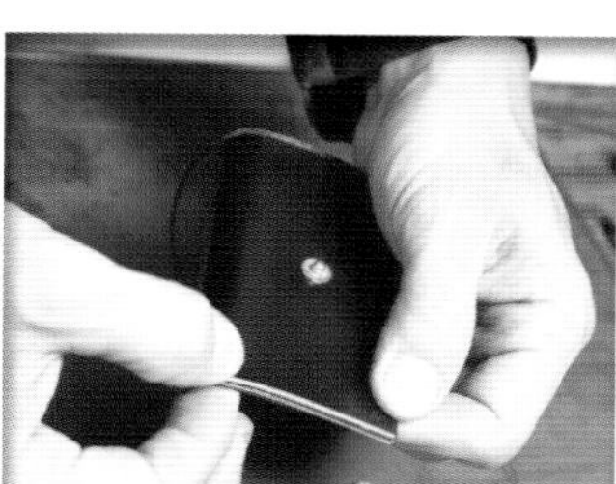

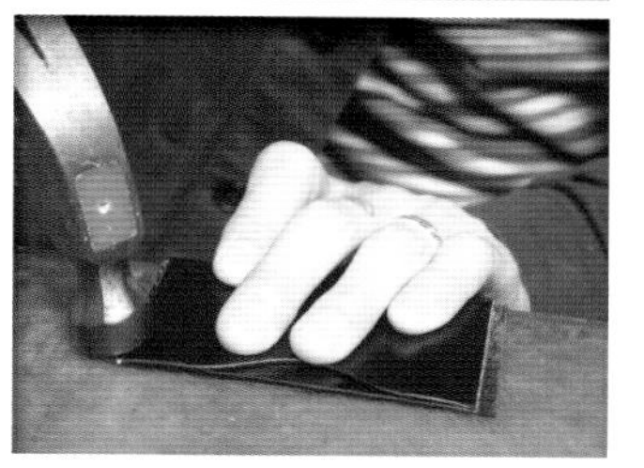

31

在弯曲的状态下将前端切齐黏合，再用铁锤敲压以确实黏紧。

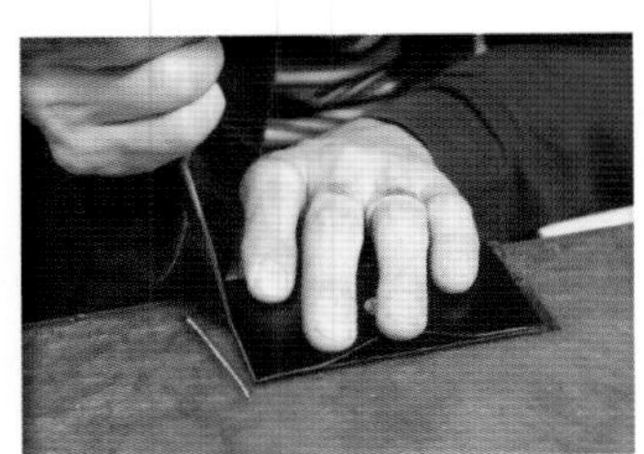

32
沿着表面的皮边，将夹层与内里的多余皮革切除。以上作业结束后主体就完成了。

◀CHECK!
可以将主体三折后扣起，在这个状态下调整作品的造型。

33 **处理内挡**
先处理内挡曲线部分的皮边，如此便完成了内挡的事前准备。

贴上内挡并缝合

先在主体上凿线孔，贴上内挡后再刺穿。缝制后处理完皮边的零钱包就完成了。

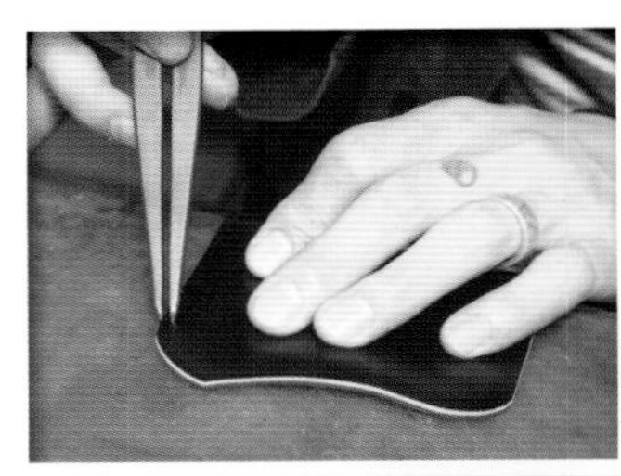

01
用间距规画缝线，从夹层边的其中一端画到夹层的另一端为止。用菱斩凿孔时在皮革的下方垫一块橡胶板，注意不要将弯曲的部分摊得太平（如左下图）。覆盖边的曲线部分建议使用单菱斩或双菱斩凿孔。

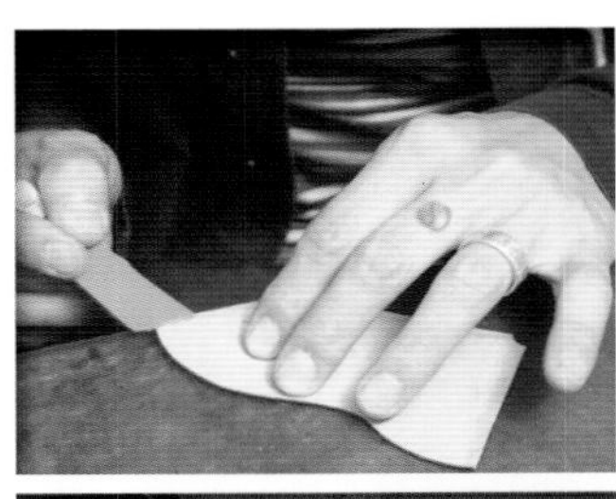

02 ◀POINT!
将内挡放在主体的旁边，决定黏合的范围，此时要将内挡的前端设定在线孔与线孔之间的位置（图片中的红圈处）。内挡除了先前处理好的皮边外，其余部分涂上约3mm宽的强力胶，主体内里与内挡黏合的范围也要涂。另外由于磨砂革的银面已经有粗面的效果了，所以不需要再进行刮粗。

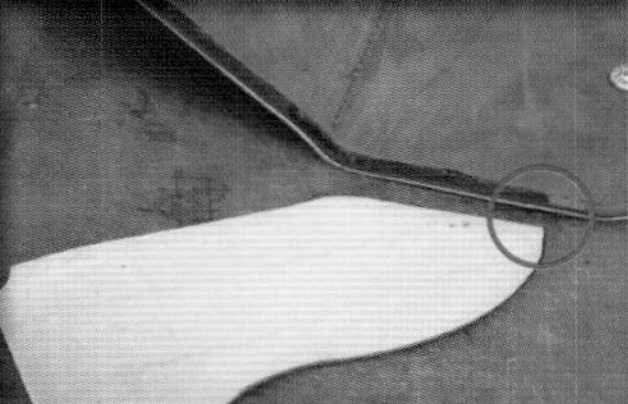

03

从夹层开口的那端开始，沿着皮边切齐皮革并将内挡贴上。细微地调整弯曲的程度，让另外一端刚好对齐步骤 02 所决定的黏合范围。

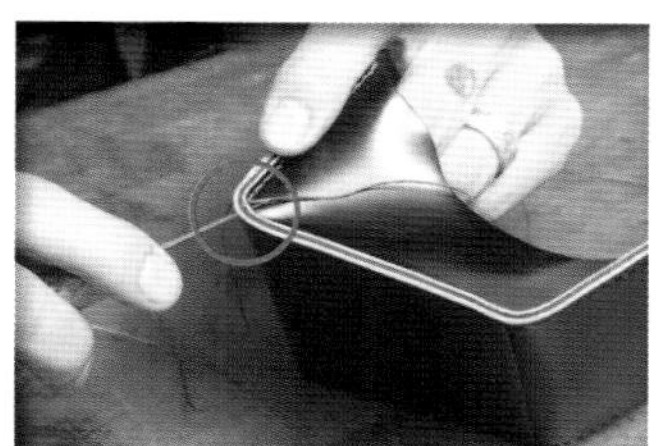

04 ◀POINT!

用菱锥刺进线孔，一边刺穿内挡，一边缝合。图片红圈处的位置会有间隙问题，刺穿时要注意别将边缘刺破。

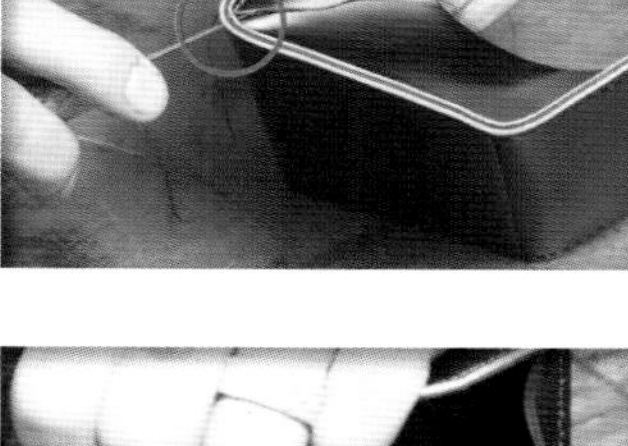

05

下针与收针时（夹层的开口位置）要用线在边端绕两圈，缝制好收完线后用铁锤敲打针脚，使其贴紧牢固。因为此时的皮件是处于弯曲的状态，没办法在平面的作业台上敲打，所以要找个适合弯曲状态的平台。如果没有适当的平台，就用上胶片等工具摩擦、压平。

06

再次修整皮边。先用裁皮刀将皮边有段差的地方切削平整，也可以使用小型刨刀等工具。

07

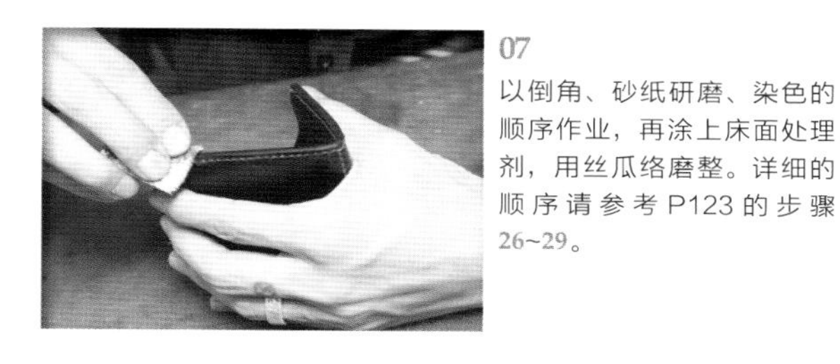

以倒角、砂纸研磨、染色的顺序作业，再涂上床面处理剂，用丝瓜络磨整。详细的顺序请参考 P123 的步骤 26~29。

08

最后给所有的皮边上蜡，用帆布擦拭。蜡会包覆住皮边的表面，以起到保护皮革与上光泽的作用。至此，零钱包便制作完成了。

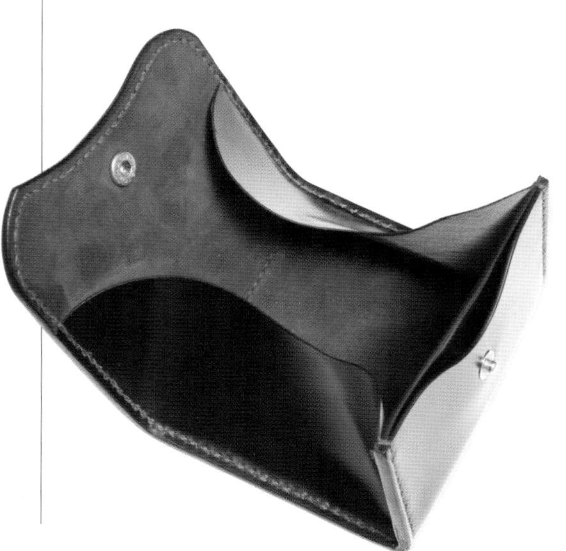

TAKU

伊藤拓

可以感受到皮革散发出的舒适氛围的工作室

皮革工房 TAKU 的店面兼工作室，坐落于日本京都著名景点渡月桥附近。一踏进店里，一种似曾相识之感油然而生。与外头观光胜地的景色截然不同，这里充满着各种令人惊叹的艺术作品。伊藤师傅所制作的每一个皮革作品，甚至是店内的装饰、地板、墙壁、摆放商品的展示台，都是他坚持之下的产物。在这敏感的空间中，这些物品所散发出的各种情绪，都能够唤起人的独创性与传统性、动与静、亲密感与距离感等各式各样的情感。用手触摸，用眼去观察，用心去感受皮革工房 TAKU 的皮革制品的细微之处吧！

伊藤拓

SHOP DATA

地址：京都市右京区京北下町釜口谷山田 14–17
电话＆传真：075–853–0836
休息时间：不定休
网址：http://www.k–taku.com
E–mail：leather@k–taku.com

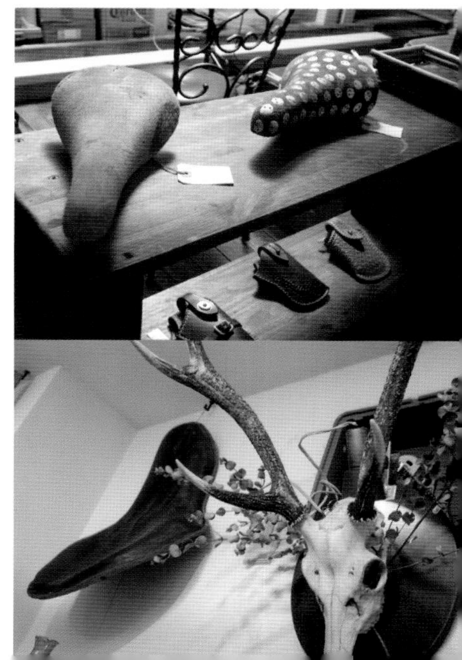

马蹄形零钱包

HORSESHOE CHANGE PURSE

优雅的曲线与极简结构的完美融合，
是职业工匠们长年累月所累积而来的结晶。
此款被称为皮革小物王者的马蹄形零钱包，
象征着成熟人士永不妥协（永不褪色）的精神。
请各位实际去感受完成时的喜悦吧！

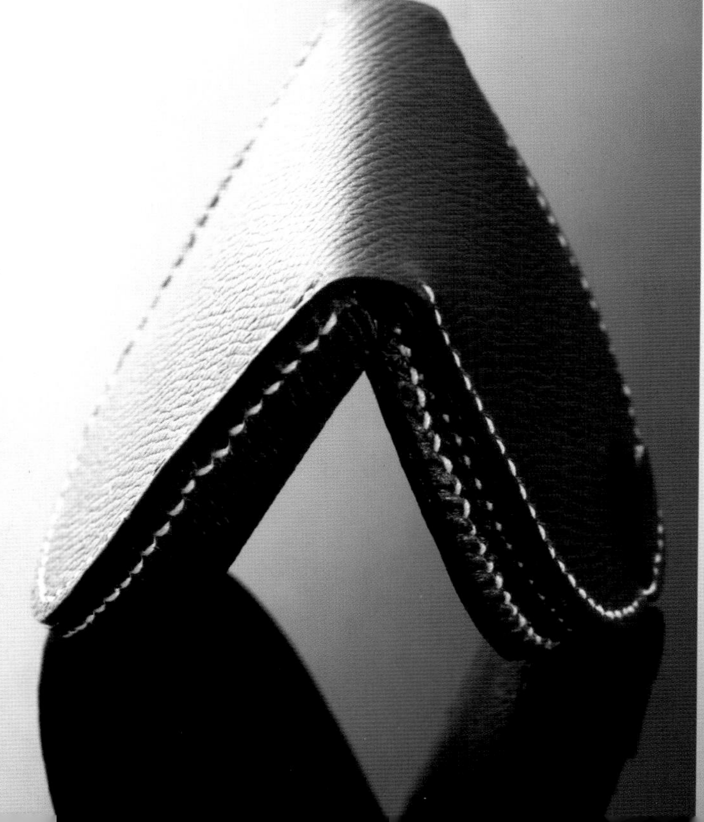

HORSESHOE CHANGE PURSE

马蹄形零钱包

制作：明石整峰（整峰皮革工房）
摄影：清水良太郎

[制作的重点]

① 使用驹合缝的方法缝制

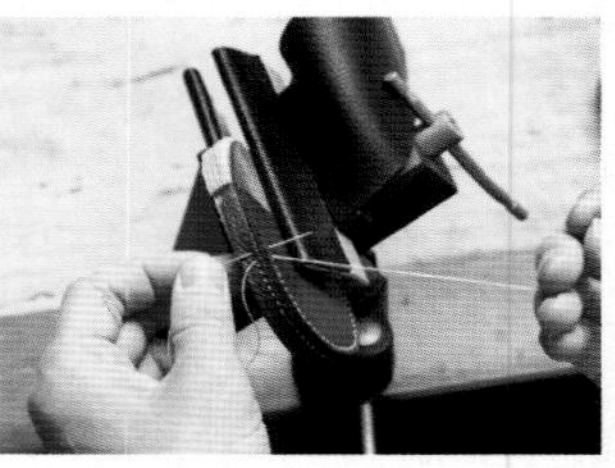

作品的所有部分都会用到驹合缝的方法。这是一种将皮边靠在另一张皮革的床面（或是银面）上，以直角的状态进行缝合的手工缝制方法（传闻市面上有一种缝纫机也能做到驹合缝）。这种方法的难度较高，需要一些诀窍。详细方法会在步骤中进行讲解。

② 利用治具整理作品形状

本作品由数个部件组合而成，有着绝佳平衡感和立体感的皮件，在黏合时要仔细地调整形状与组合。由于从缝合到完全固定为止，黏合部位都是处于非常不稳定的状态，所以要像右图一样制作“治具”以控制和固定部件的位置，才能稳定地进行作业。虽然没有治具也能够制作，但作品的完成度会有相当大的差异。

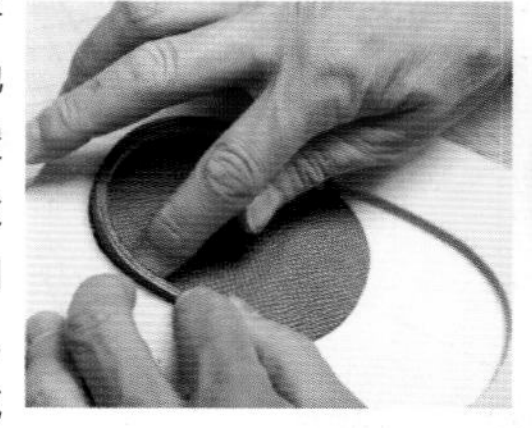
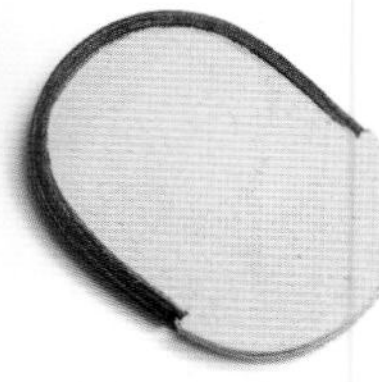

※ 治具是从事加工等作业时，作为协助控制部件位置、角度、形状的辅助工具。

③ 重复制作，追求最佳的完成品

马蹄形零钱包各部件的尺寸、角度、曲线等都必须控制得非常精准，这样才能组合成功。尤其像本作品在开关处并没有设置固定用的配件，仅以皮革间的摩擦来固定盖子，当各部件之间没有取得均衡状态时，就会出现容易翻开、盖不起来等现象。因此必须依据使用的皮革的种类与厚度，细微地调整各个部件。制作时不要想一次成功，而是要在重复调整皮革的种类与厚度、削薄的程度、组合的角度与位置的过程中，不断地提升完成度。当成功做出可以完美盖上，并且不会松脱的作品时，绝对会无比的兴奋与激动。另外，穿线与组合等细部的作业的难易度会因人而异，希望各位多观察其他人的作品，研究出对自己有帮助的制作方法。

[使用的皮革与材料]

一般的马蹄形零钱包都是使用马臀皮来制作，此处则是使用铬鞣革中韧性较强、适合维持形状的小牛皮。普通的小牛皮在鞣制加工后会形成四角形的皮纹，不过近年来也有出现较为平滑的小牛皮。小牛皮经常被应用在手提包与皮鞋上，某个知名的品牌也经常制作小牛皮的商品。除了小牛皮之外，也可以选择韧性较强的植鞣牛皮。芯材的部分使用植鞣的榔皮。盖头侧挡的厚度约 0.8mm，前体的厚度约 1.2mm，其他部分为 1.6~1.8mm，芯材的厚度为 2~3mm。以上仅为参考数值，各位可以试着调整至理想的厚度。若无削薄机，则可局部削薄，或是在组合方式上多下点功夫。

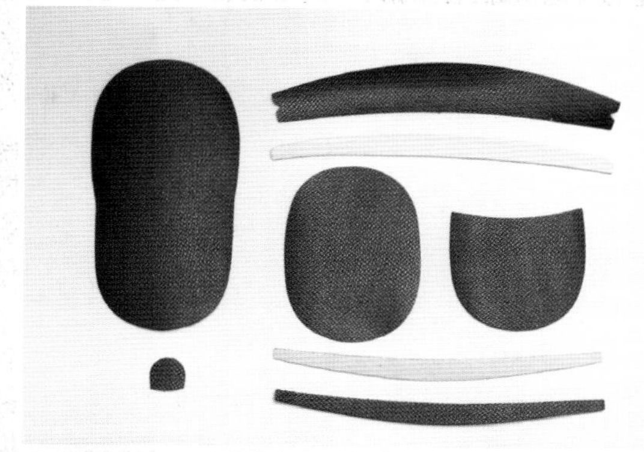

[使用的工具]

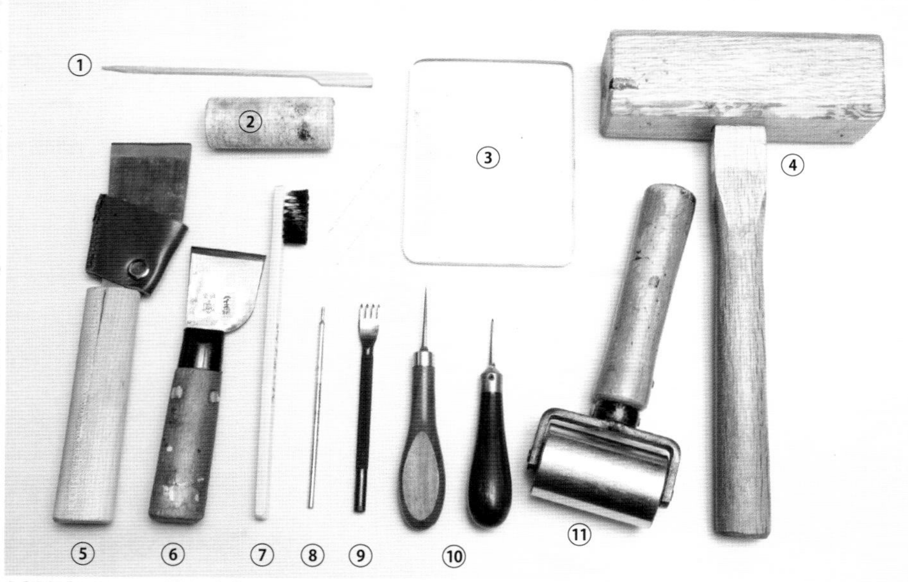

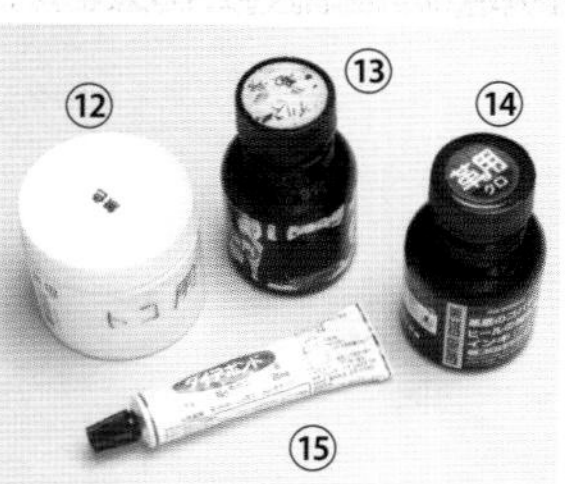

①**竹签**（用于上胶作业，用自己惯用的工具亦可） ②**砂纸** ③**玻璃板**（用于摩擦、压紧） ④**木锤** ⑤、⑥**裁皮刀**（削薄用、裁切用） ⑦**刷子**（用于上胶的刷子。不过此处是用于涂抹床面处理剂，可用上胶片代替） ⑧**银笔**（用于画线。若是使用植鞣的皮革，就改用圆锥） ⑨**菱斩** ⑩**菱锥**（驹合缝时很重要的工具，请事先保养，维持锋利度） ⑪**滚轮** ⑫**床面处理剂**（用于打磨植鞣革的床面） ⑬**颜料系的床面处理剂**（此处用的铬鞣革，所以要用颜料系的床面处理剂） ⑭**皮边染料** ⑮**强力胶**（适用于皮革的合成橡胶类强力胶）

※在此仅介绍主要的工具与较具特征的工具，基本工具请自行判断准备。

裁切皮革，打磨床面

所有的部件皆按照纸型的尺寸裁切。在主体、前体表面、前体里面的床面上涂抹床面处理剂并打磨。

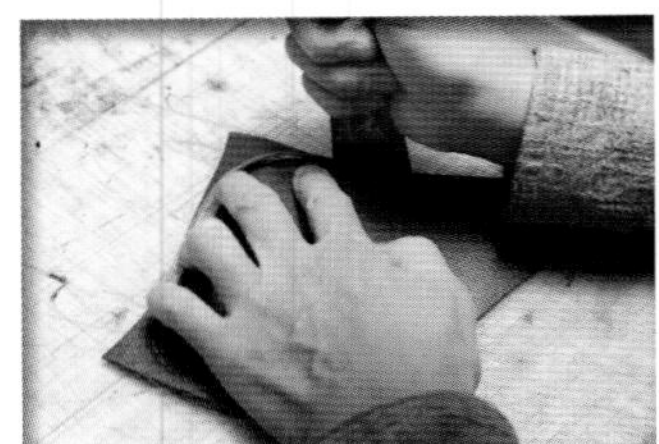

01

按照纸型将各部件切下。由于些微的差别就会造成影响，裁切时要特别细心。

02

用刷子在主体、前体表面、前体里面的床面上涂抹颜料系床面处理剂（与床面处理剂相同），用玻璃板摩擦，将凹凸填平，使床面变得更加滑顺。

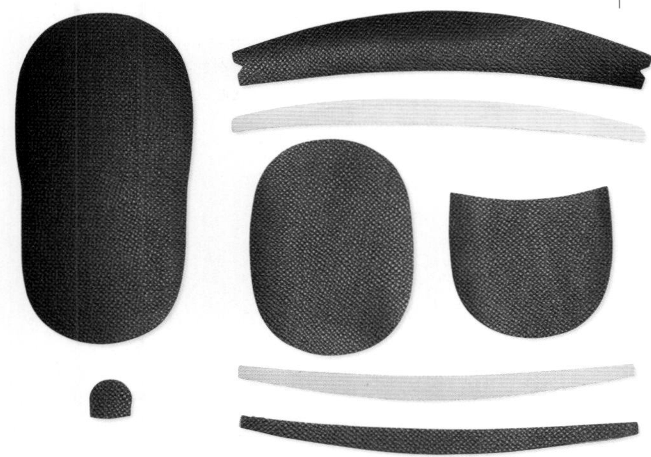

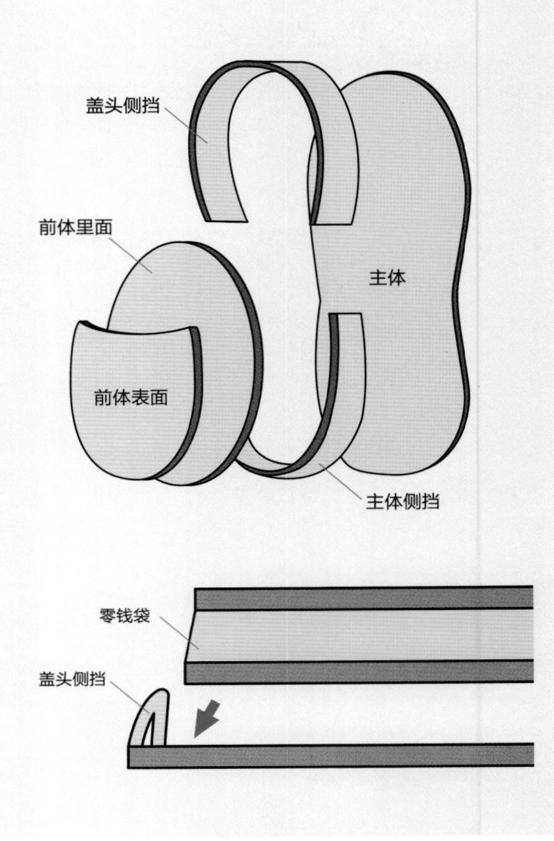

▲ CHECK!

将前体表面和前体里面的床面互相黏合，形成一个夹层，再以主体侧挡连接主体与前体，就会做出零钱袋的空间。另外，在主体的盖头侧黏合上盖头侧挡，当主体折合后盖头内挡就会成为外框，并扮演扣住零钱袋并固定的角色。盖头内挡与零钱袋接触的部分要稍微做成斜线，闭合后就不容易松脱了。

处理侧挡与前体

将侧挡皮革与芯材黏合后打磨皮边。另外，黏合前体表面与前体里面的皮革边缘，形成夹层。

01 ◀POINT!

处理盖头侧挡

将盖头侧挡芯材的其中一面的曲线边削薄 5~6mm 宽，削薄的部分保留约 1mm 的厚度。

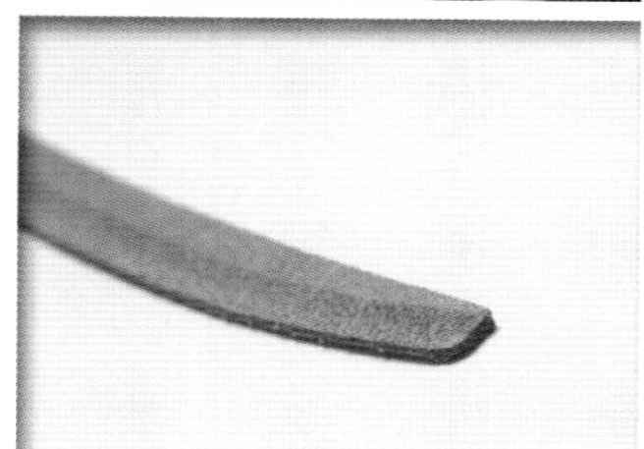

削薄

02

将盖头侧挡芯材贴到盖头侧挡的床面上。在侧挡皮革的床面涂抹强力胶，芯材则在没有削薄的那一面上胶。

03

将芯材上胶的那一面对准侧挡皮革的下缘贴上。贴紧后在削薄的芯材另一面涂上强力胶。

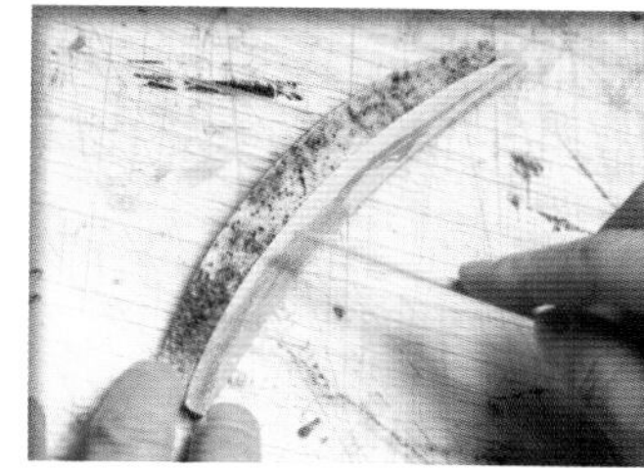

04

反折侧挡皮革并贴上，调整位置，切齐另一侧的边缘，贴紧芯材，不要留下空隙。

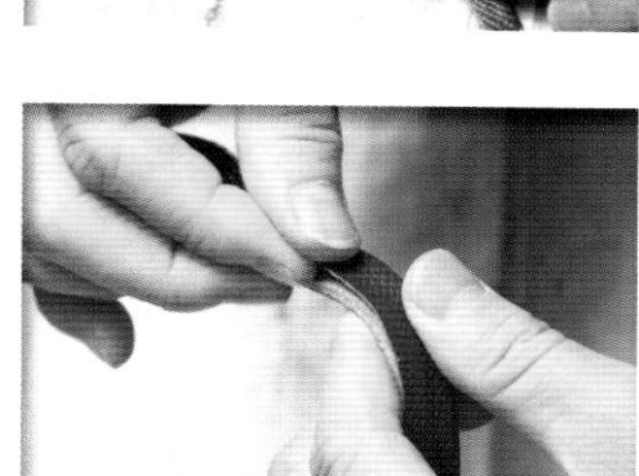

◀CHECK!

此时中央位置附近要用弯曲黏合的方式，让侧挡的弯曲程度尽量接近完成时的曲线。

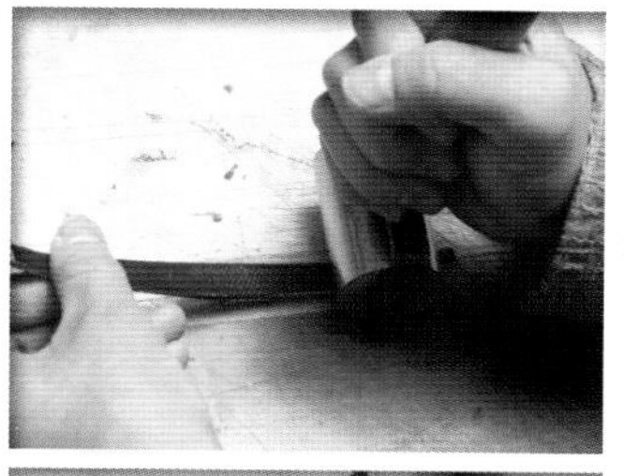

05

两面都用滚轮确实压紧。如果黏合的顺序没有搞错，那么芯材有削薄的那一面就会在侧挡弯曲的曲线外侧。

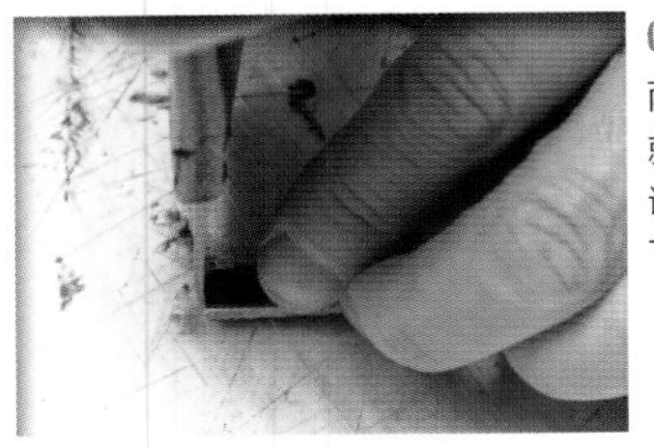

06
两端若是凸出多余的芯材，就对准侧挡皮革的边缘切除。调整侧挡的曲线后就会呈现下图的状态。

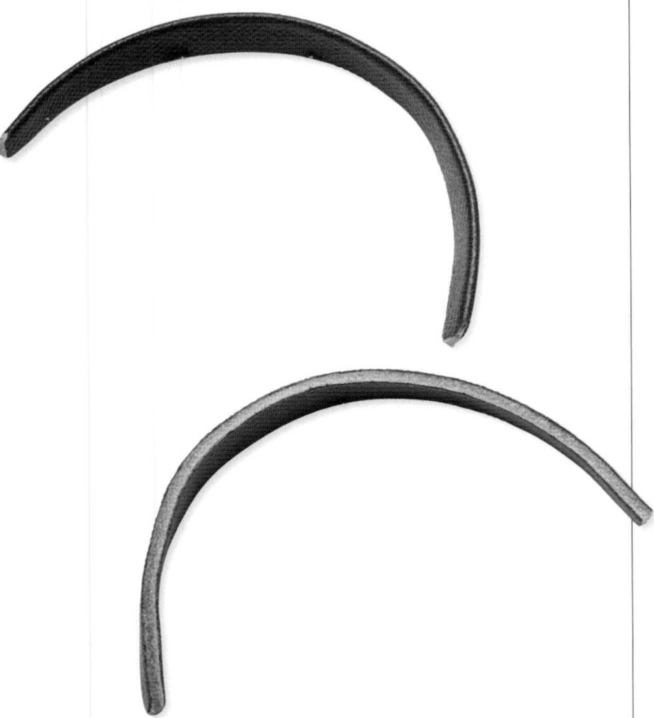

07
接着处理皮边。虽然使用驹合缝法会将缝线隐藏在内侧，但从两端的间隙仍可以隐约看到，所以要确实处理，以提升完成度。先涂上皮边染料，再用砂纸修整平滑。

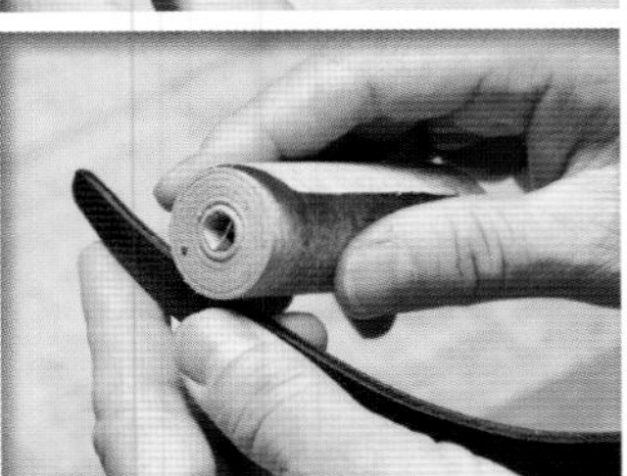

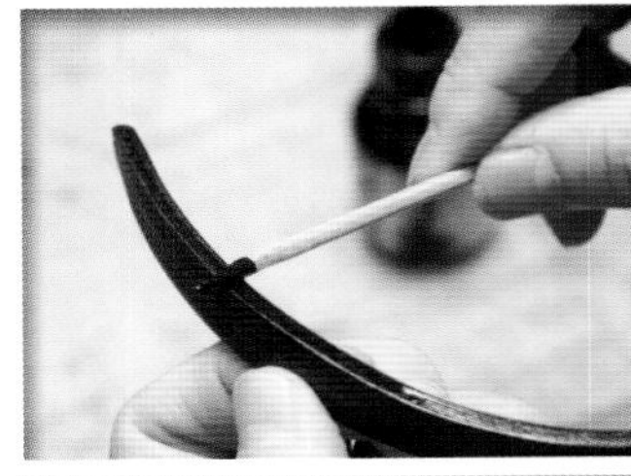

08
最后涂上颜料系床面处理剂，等到干了之后便完成了盖头侧挡。

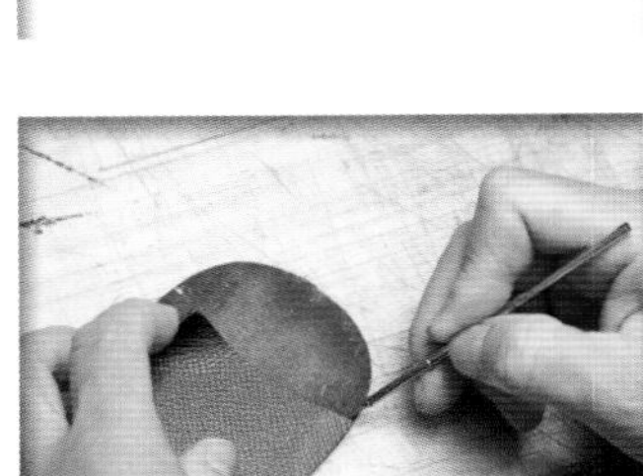

09 **处理前体**
将前体表面与前体里面重叠，在表面皮革两端的上缘做记号，记号以下就是黏合的范围。

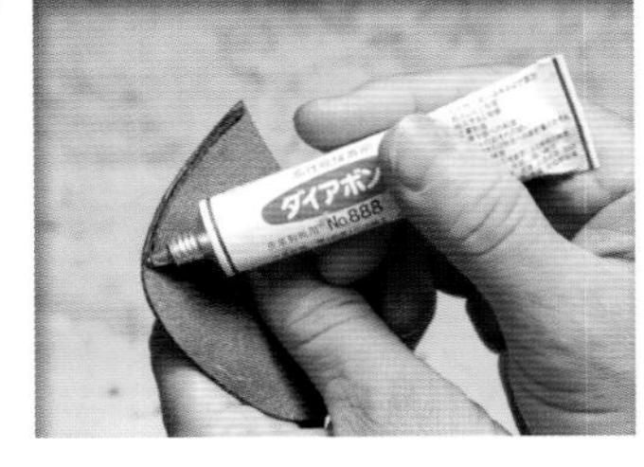

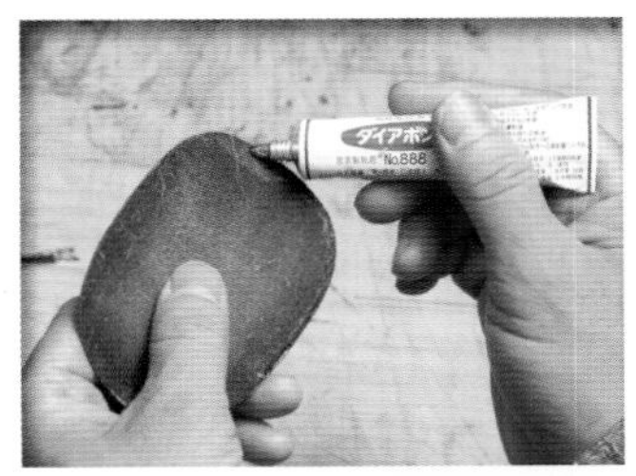

10
沿着步骤 09 记号下方的边缘涂上 2~3mm 宽的强力胶。图片中直接涂抹强力胶是熟练的师傅才会的技巧，请各位使用上胶片等工具仔细涂上薄薄的一层胶。

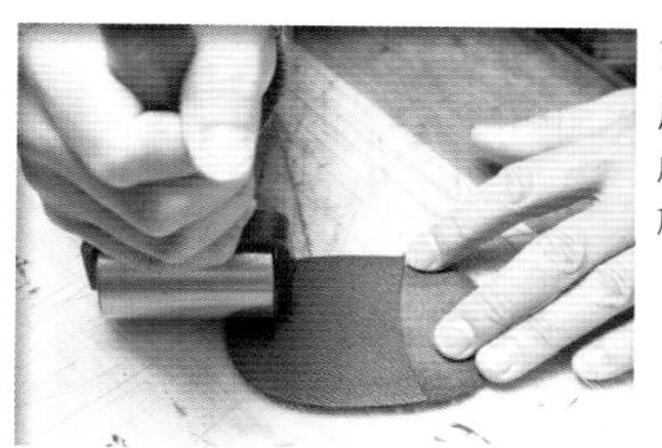

11

用滚轮压紧后前体便制作完成了。前体的夹层可以用来放置钞票等纸类品。

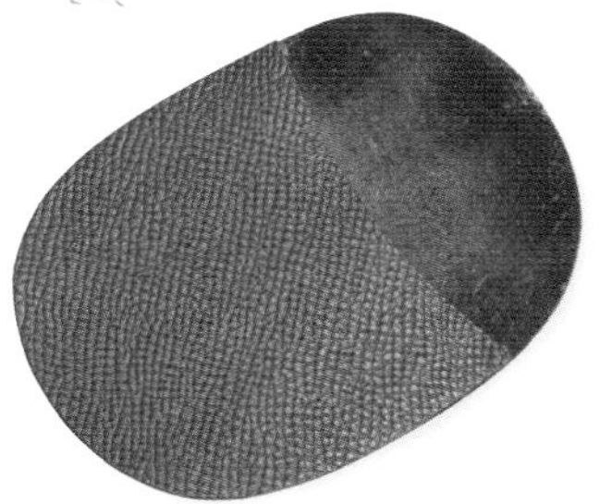

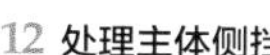

12 **处理主体侧挡**

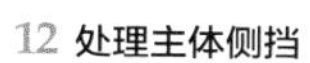

主体侧挡的皮革与芯材是相同的形状，在芯材的其中一面涂抹强力胶，与侧挡皮革黏合后用滚轮确实压紧。之后，要处理好皮边。

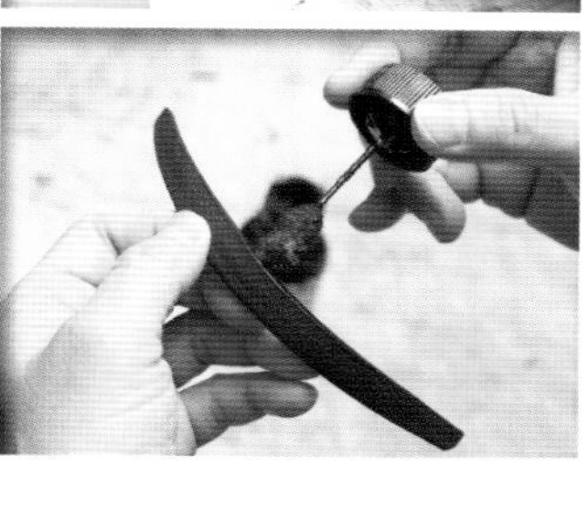

将前体、主体侧挡与主体缝合

将前体与主体内挡缝合后，再缝在主体上，做出可以放置零钱的空间。请注意驹合缝法的重点。

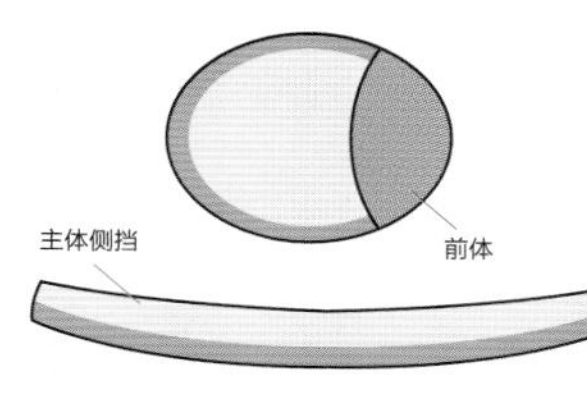

◀CHECK!

首先要缝合的部分是前体表面的边缘与主体侧挡的外侧曲线（左图中橘色的部分就是缝线的位置）。

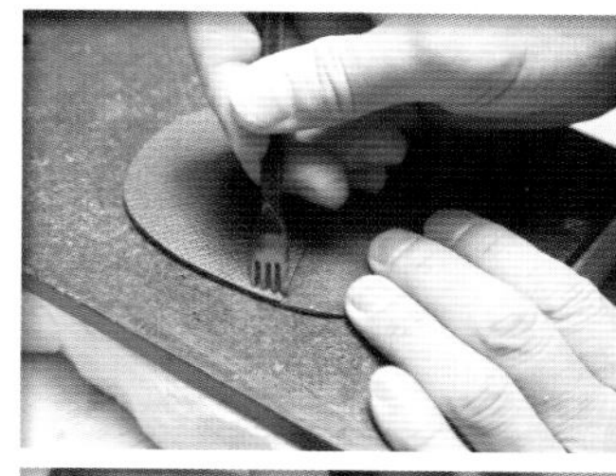

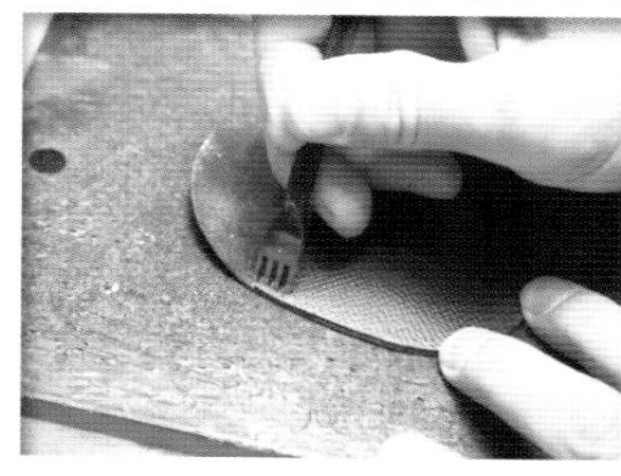

01 **在前体上凿出线孔**

使用驹合缝法时，两片皮革要先各自独立凿孔后，才能做缝制的动作，因此两边的线孔数必须要相同。首先计算前体的线孔数，缝线距离边缘2mm，一边用菱斩压出痕迹，一边计算到另一端所需的线孔数。

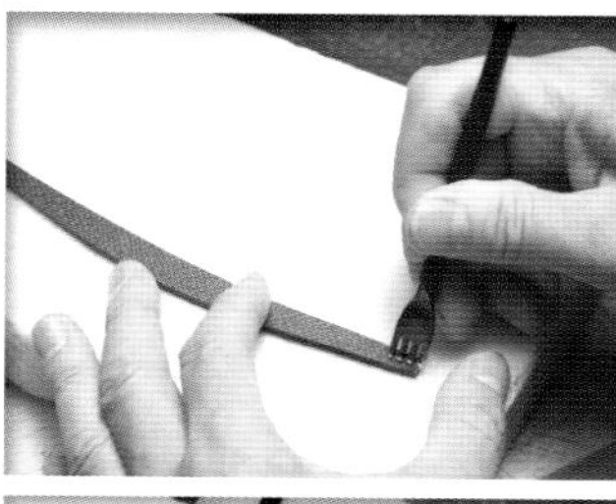

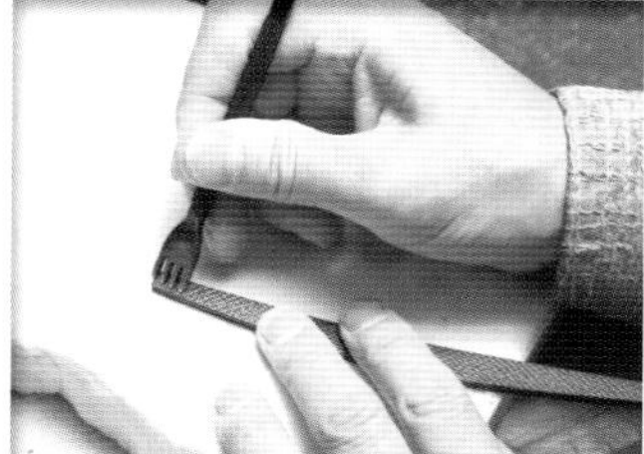

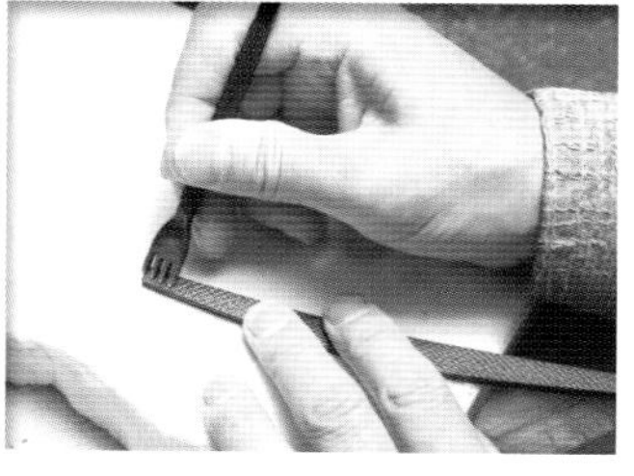

02

接着计算主体侧挡（缝线在曲线的外侧）的线孔数。因为纸型的长度都有经过计算，数目应该会一致。

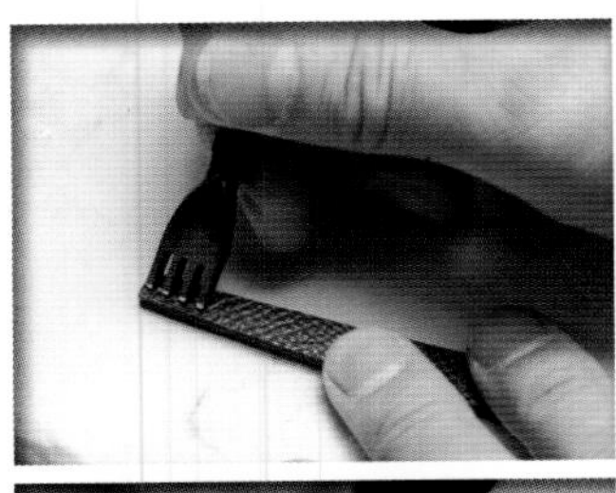

◀CHECK!

若是侧挡的长度稍长，就把多余的部分切除；若是太短，就稍微调整线孔的位置，将线孔数控制为一样的数目。

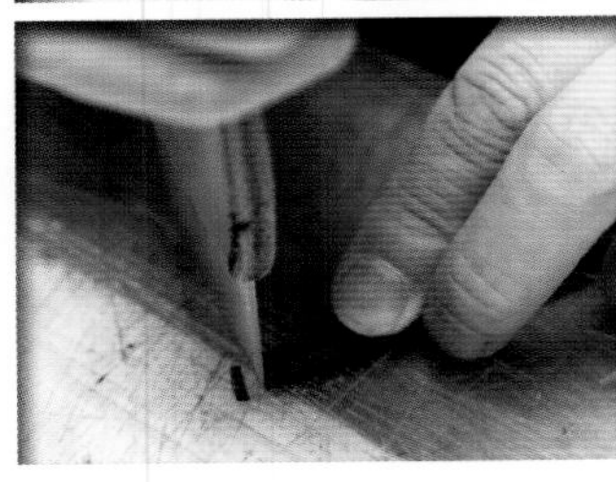

03

如果线孔数一致，也确定了线孔的位置，那么就正式对前体和主体侧挡进行凿孔。凿侧挡的线孔时不要完全打穿，详细的理由请参考下方的“TECHNIQUE No.35”。

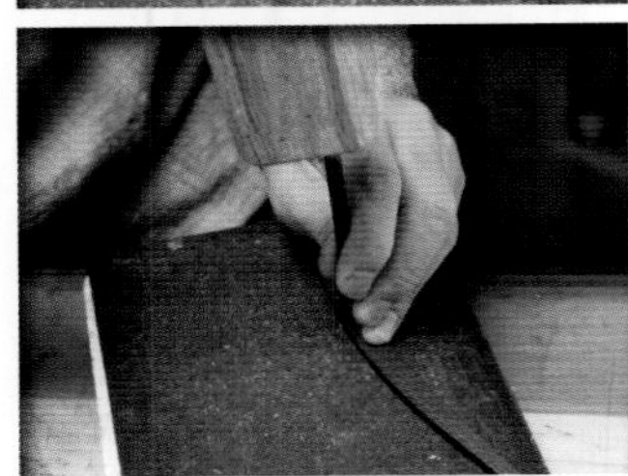

TECHNIQUE No.35

驹合缝制时不将侧挡线孔打穿的理由

使用驹合缝法的皮革在凿孔时，皮边会被隐藏起来的皮革线孔不要完全打穿，这是因为缝线会从皮边穿出。各位只要看了 P140 的断面图就会明白——如果完全打穿，就会在内侧留下多余的孔。因此凿孔时要控制敲打菱斩的力量，让孔的深度约为皮革厚度的一半。

04 给主体侧挡另一侧凿孔

接着以上的方法给侧挡连接主体那一侧凿孔。先画出缝线，再用菱斩按压并计算孔数。因为两端的宽幅较小，建议可以在两边各保留三个孔作为共享孔。

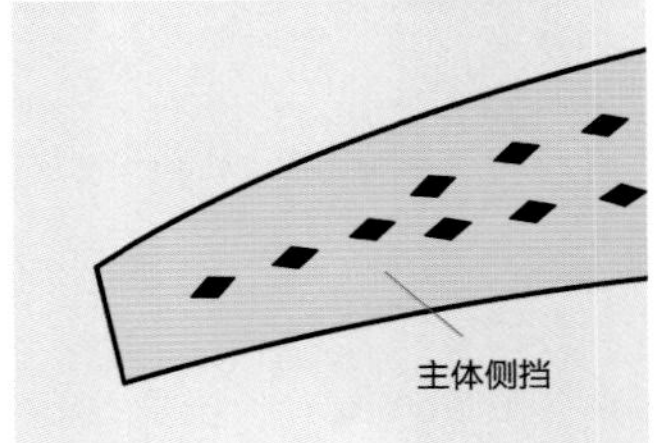

05

依据主体纸型在主体上标出与主体侧挡连接位置的记号，接着计算夹层那一侧的线孔数。如果孔数与步骤 04 的相同就没问题，若是有差异就要做调整。由于黏合的位置可能会有厚度差异或是裁切不准确，因此在制作时要随时确认尺寸，有问题就做细微的调整。

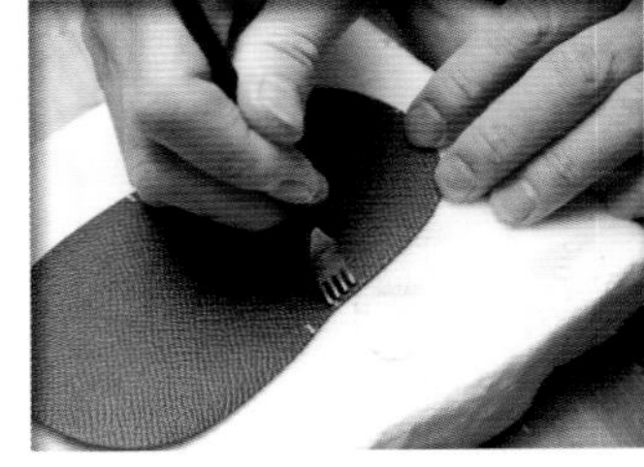

06

孔数一致并确认线孔位置后对主体进行凿孔。

07

先处理好主体的皮边。

08 **缝合前体与主体侧挡**

在前体缝线的外侧与主体侧挡的皮边涂抹强力胶。此时要涂薄薄的一层，如果涂太厚，则会有溢出的现象，也会妨碍穿针与菱锥刺穿的动作。

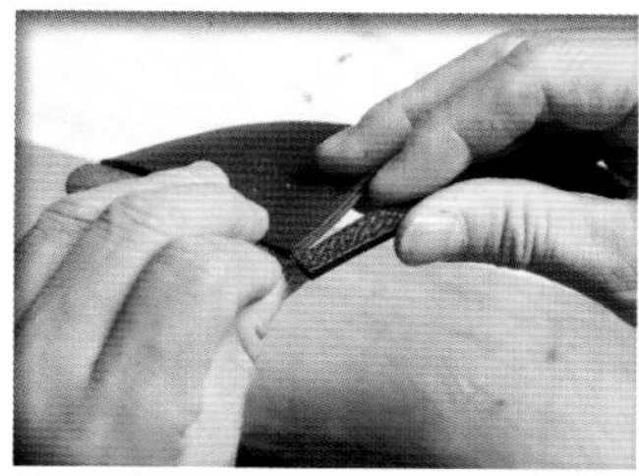

09 ◀POINT!

将主体侧挡沿着边缘贴上。在调整长度与位置时，记得要以两端的平衡为基准，如果只调整单边，很容易造成歪斜。

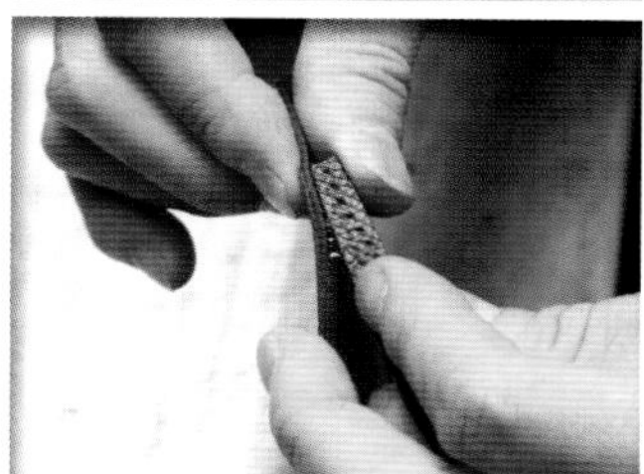

TECHNIQUE No.36

协助将侧挡贴成马蹄形的治具

黏合侧挡的时候，必须准确地沿着曲线做成立体的形状，如果只以徒手作业会不够稳定，容易造成歪斜。因此可以准备一张较厚的皮革，挖出主体的形状后贴在板子上，这样就制作成了专用的治具。制作方法很简单，只要仔细地依照主体的纸型切下皮革，再用砂纸将内侧的曲线磨平即可。将主体或前体放进治具中，沿着内壁将侧挡贴上就能够稳定地进行作业。虽然制作治具需要花一些时间，但作品完成度会有明显的提升，建议各位一定要准备治具。

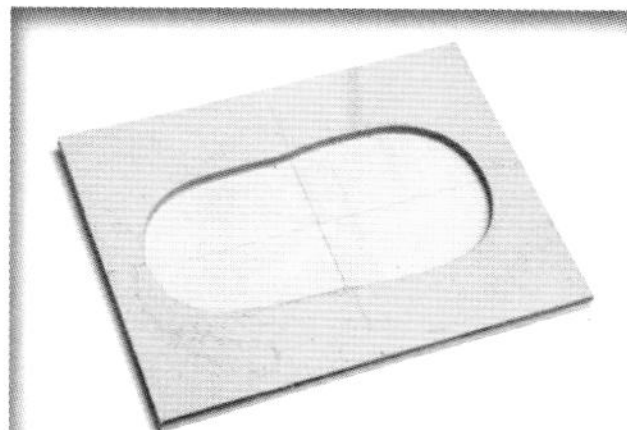

10

调整中央的位置，沿着边缘贴上。辅助此动作的治具在左下方的“TECHNIQUE No.36”中有详细的介绍。

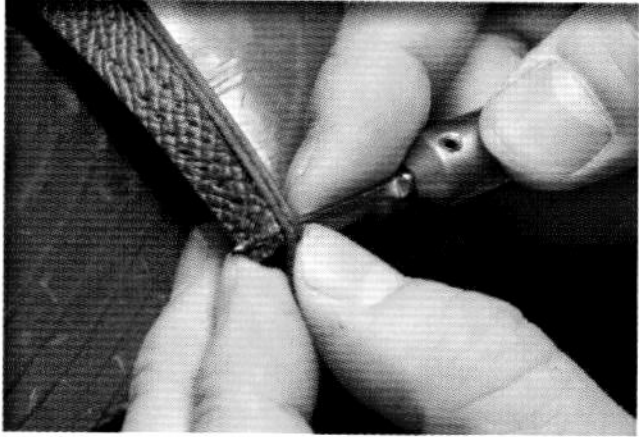

11

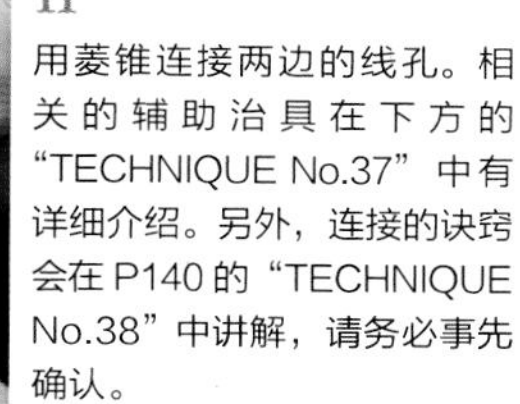

用菱锥连接两边的线孔。相关的辅助治具在下方的“TECHNIQUE No.37”中有详细介绍。另外，连接的诀窍会在P140的“TECHNIQUE No.38”中讲解，请务必事先确认。

TECHNIQUE No.37

协助驹合缝制马蹄形的治具

如果花费时间贴好的侧挡因为菱锥刺穿或缝制等作业造成了剥落或歪斜，那就白费了心血。因此要准备与“TECHNIQUE No.36”相反的从内侧固定侧挡的治具。制作方式如下：①将数张皮革重叠贴合至侧挡的高度，再切成“前体里面”的形状（图A）；②沿着边缘削除侧挡的厚度（图B）；③用砂纸修整切口。只要将治具嵌套进前体，靠着侧挡，就能够在稳定的状态下进行作业。

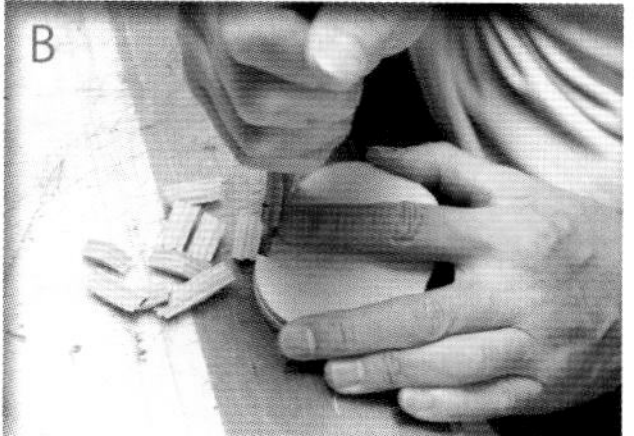

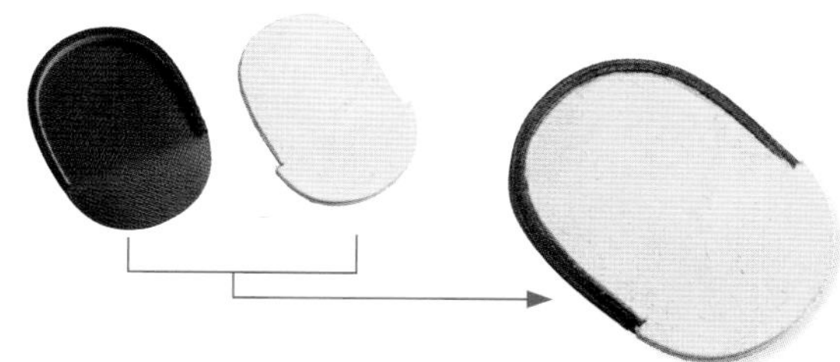

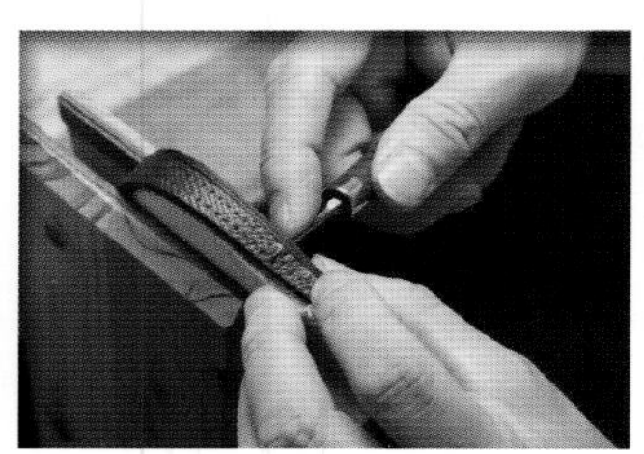

◀CHECK!
只要使用了前页介绍的治具，同时活用夹具，便能顺利缝制。

TECHNIQUE No.38

驹合缝制时连接线孔的重点

用菱锥刺穿时，不是连接外表可见的孔，而是要连接两个线孔的底部。由于侧挡的线孔深度只有约一半的厚度，因此刺穿时要让菱锥经过皮边的中央部分。

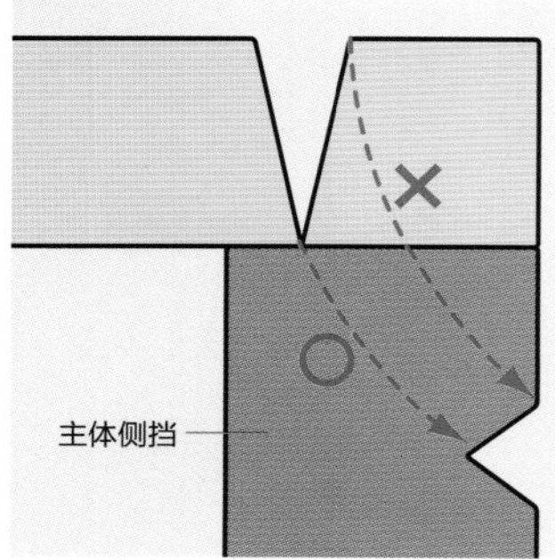

TECHNIQUE No.39

让菱锥更容易刺穿的技巧

连接驹合缝法的线孔时，一定要使用保养过、刃尖锋利的菱锥。如果菱锥的刃尖太钝，刺穿时就要用较大的力量，这样会造成剥落、线孔扩大、开出多余的孔等不良后果。这里我们可以用布蘸点硅油涂抹在菱锥刃尖上，如此菱锥就不会被胶阻挡，方便刺穿的作业。硅油是缝纫机的相关用品，可以在手工艺用品店购得。

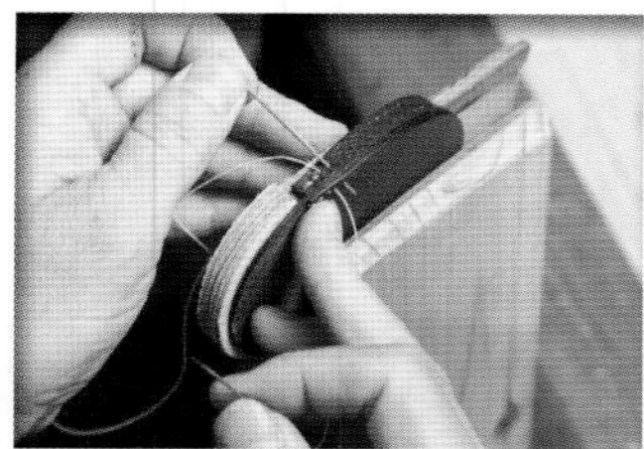

12
开始进行缝合。一边穿孔，一边缝制。

TECHNIQUE No.40

驹合缝法的重点

以露出皮边的皮革（此处为前体）为表面，用夹具固定时要将它朝向惯用手的那一侧。因为用菱锥刺穿的线孔呈弯曲状态，如果先从侧挡下针会较难作业。将针从表面那一侧稍微穿出侧挡，以此为引导将另一根针穿过，如此就能利用表面那一侧的针让线孔保持直线，方便另一侧的针穿过。接着按照平常双针缝的方法缝合。注意拉线时的力道要平均，避免针脚歪斜。

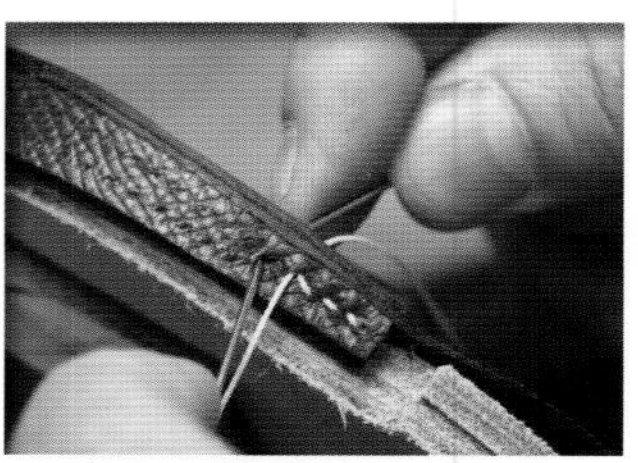

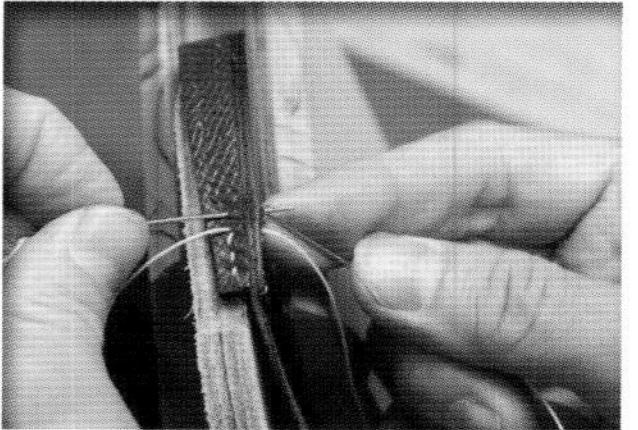

◀CHECK!
利用万向老虎钳（可自由调整角度的桌上型台钳，可以在五金行等处购得）可以让作业更加轻松。在钳子的接触部分包覆皮革，就不会伤害到作品。

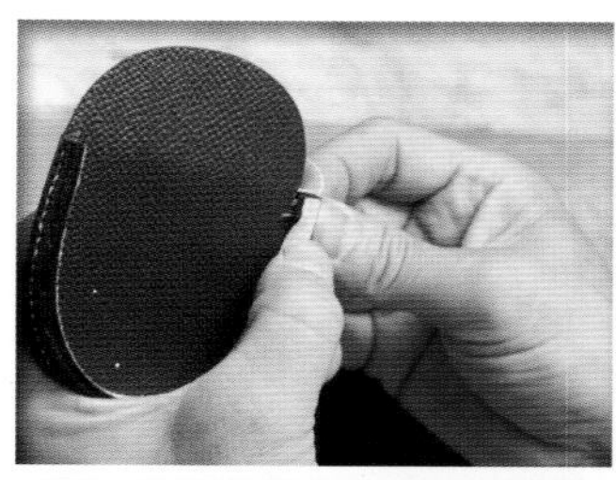

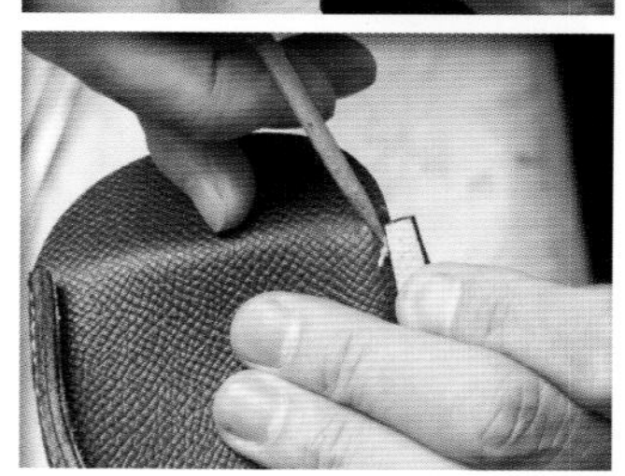

13
下针与收针时都要回缝两个孔。最后将线头留在内侧。

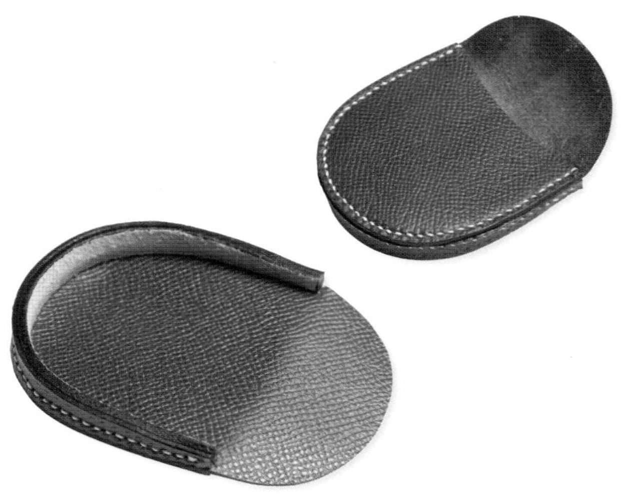

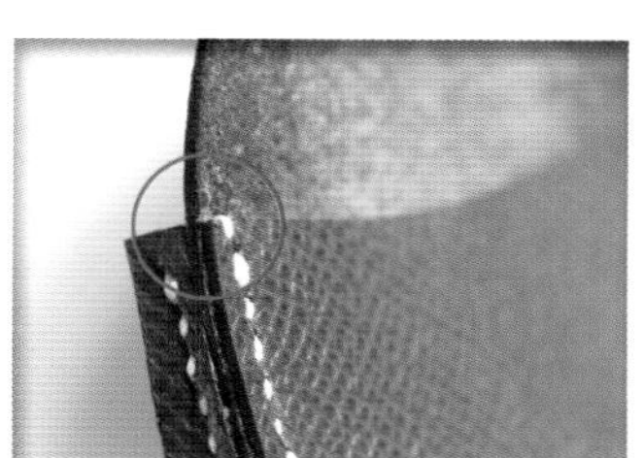

◀CHECK!

如同图片所示，在侧挡的外侧绕一圈缝线作为补强。想用这个方式时就要在前体（或是主体）上多凿一个孔。

14 主体皮革凿孔

在组合主体与侧挡前，主体和盖头侧挡也要事先凿好线孔。与处理前体时相同，要让线孔数一致，侧挡上的线孔深度也只需要凿到一半的程度。

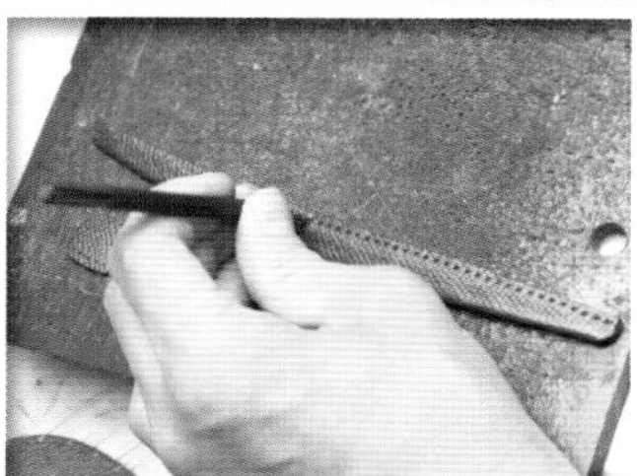

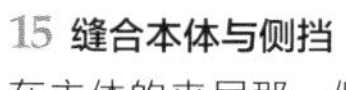

15 缝合本体与侧挡

在主体的夹层那一侧缝上握柄。将握柄置于中央处，并在两边做出记号。

16

依照步骤 15 的记号在握柄与主体上凿孔。注意不要凿到边缘部分。

17

在黏合范围内涂抹强力胶，对准黏合的位置将前体与主体组合、黏合。如果事前也在前体侧挡的中央做了记号，黏合的位置就会较为准确。

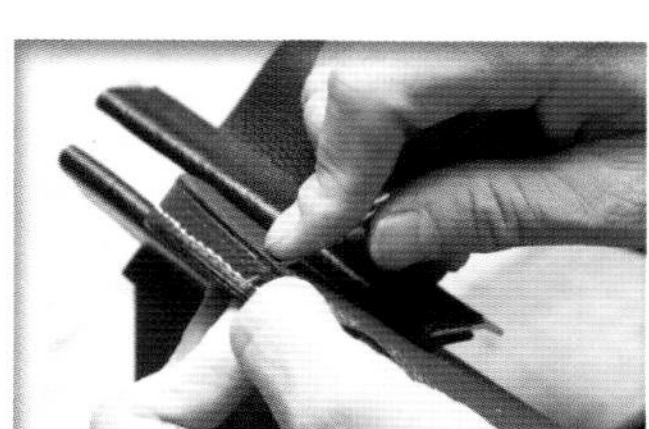

18

依照前面的方法用菱锥连接两边的线孔。

◀CHECK!

用菱锥刺穿时，注意不要将三个共享孔的缝线切断，小心作业。

TECHNIQUE No.41

缝制零钱袋部分时改变治具的形态

如果将 P139 的“TECHNIQUE No.37”中制作的治具直接塞进零钱袋的空间，缝完后就会很难拿出来，所以要稍微改变一下治具的形态以利于作业的进行。改变的方法很简单，只要如下方的图片般切出一个“V”形即可。如此一来，治具就能活动自如，方便拿取。使用治具时先塞入“V”形，再用另一块塞紧。

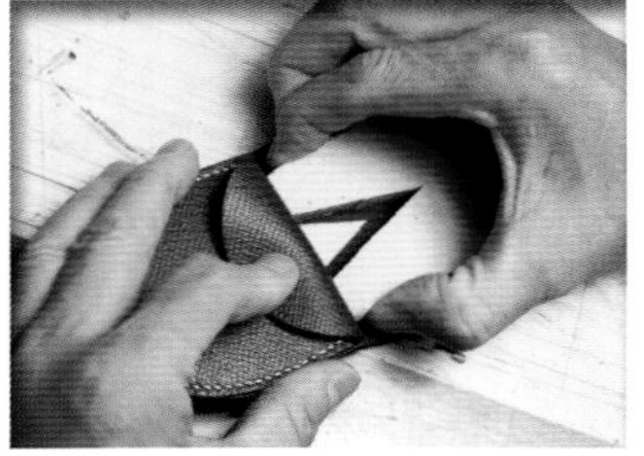

19

依照先前的方法缝合主体与主体侧挡。此处的表面要朝非惯用手的那一侧固定。

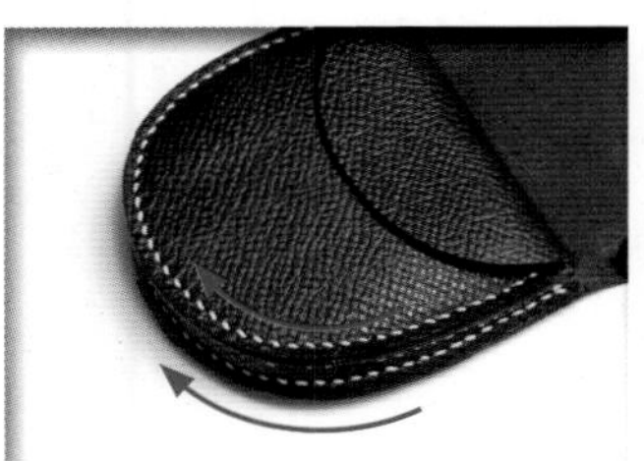

◀CHECK!

如果按照通常的固定方式缝合，上下两条缝线的方向就会相反，可能会造成皮革歪斜。因此要朝同一个方向缝合，避免类似情况的发生。

20 ◀POINT!

缝到握柄处时，先在黏合范围上涂强力胶，将握柄贴上后一起缝合。

21

缝到最后的孔时就可以把治具抽出，将线头收在内侧。固定了前体、主体、侧挡后零钱袋的空间就完成了。

装上外框完成作品

最后缝上主体的盖头侧挡，作品便完成了。此处的侧挡同样使用驹合缝法缝制。

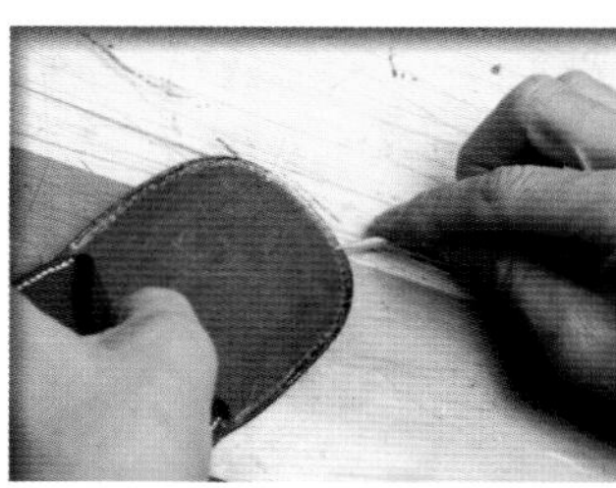

01

在主体床面的黏合范围与侧挡的皮边涂上强力胶。

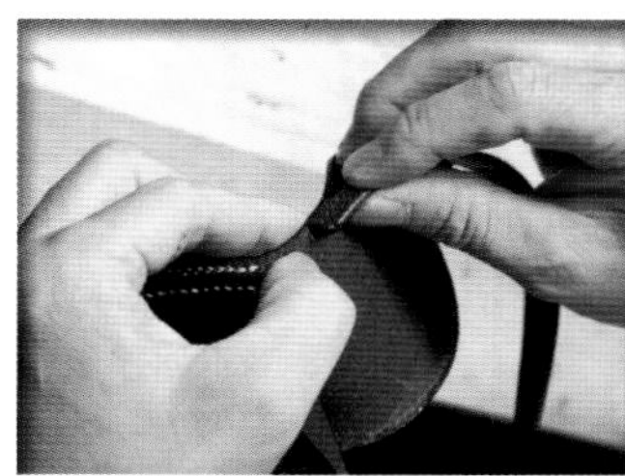

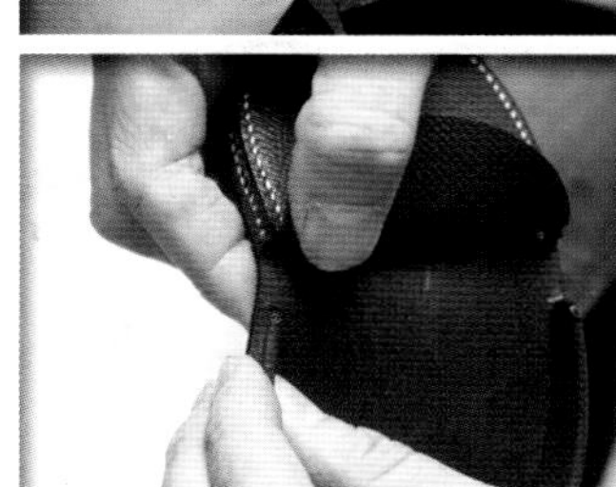

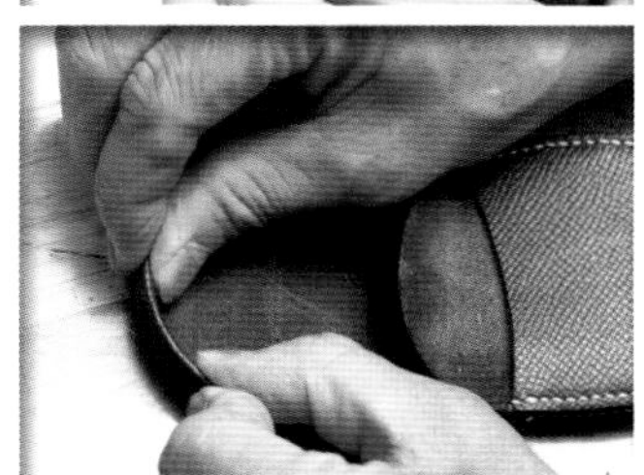

02

对准黏合范围的记号，先从侧挡的两端开始贴上，再调整中央的位置，贴齐边缘。注意侧挡的曲线不能歪曲。

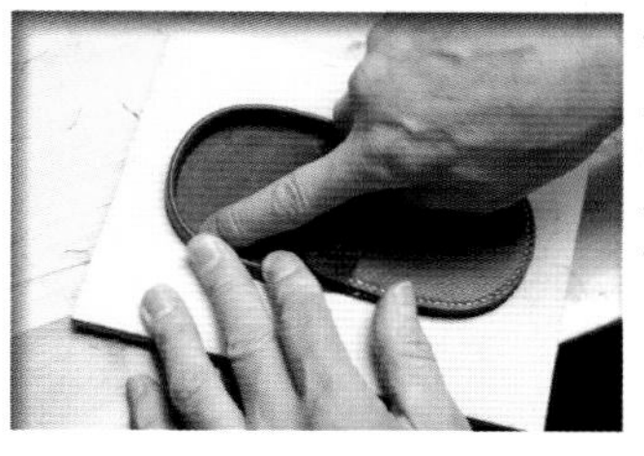

◀**CHECK!**

只要利用 P139 的“TECHNIQUE No.36”中介绍的治具，就可以稳定地进行黏合作业。

03

依照先前的驹合缝法，将盖头侧挡与主体缝合，并将线头收在内侧，便大功告成了。

SHOP DATA

皮革工房 Ido's Blanco（整峰皮革工房）
日本大阪市住之江区南港北 2-1-10
电话＆传真：06-6690-0208
营业时间：11:00~20:00
网址：http://www.bag-shokunin.com
E-mail：info@bag-shokunin.com

永无止境地探讨智慧与技术，仍是职人殿堂里的主要旋律

关于皮革工艺，正确来说只要是关于“制作”，充斥着各种工具与材料的“整峰皮革工房”可以称为职人的殿堂。它所累积的职人的创意与技术，就算是再厚重的教材也无法与之匹敌。因此，不论男女老少，众多的爱好者与担负未来的小小工匠们常会聚集于此，并持续地接收最新的创意并将它传达出去。身为制作者、设计者、修缮者、指导者等的明石师傅如是说：“职人就算年过六十，依然要不断地学习。这种永不满足的研究精神，就是催生优秀作品的原动力吧。”

明石整峰

FIVE STORIES OF LEATHER

皮革信息：协进(Kyoshin Elle)　摄影：关根统

皮革二三事

听听专家如何描述美丽的皮革、有个性的皮革、稀有的皮革。

Topic 1 欧洲皮革受欢迎的理由

一般来说，作为食用肉品副产物的皮革都会从动物的背部切成两半，这就是最简单的“半裁”。而意大利、德国、英国、比利时等欧洲国家，则是在加工成食用肉品的阶段考虑到皮革的制作和加工方式，将整张皮切割成双肩部、双臀部、肚边皮等部分。由于切下具有相同特征的部位，因此能够达到最佳的利用率。基于此点，我们可以说这种裁切方式更加珍惜皮革。

双臀部皮革的表面纤维较细，尺寸大，常会被用来制作皮包、皮鞋、皮带等较大型的作品。肩部皮革在动物活着的时候便会留下许多明显的伤痕，适合裁切成各种零件，来制作各种皮革小物。不过，近年来这种明显的伤痕被认为保留了皮革原始的自然风采，反而开始流行起来。

另外，欧洲有许多传统的皮革品牌，而且许多进口的高级皮革制品都是使用高质量的欧洲皮革所制。因此，欧洲皮革常常被视为高级皮革。

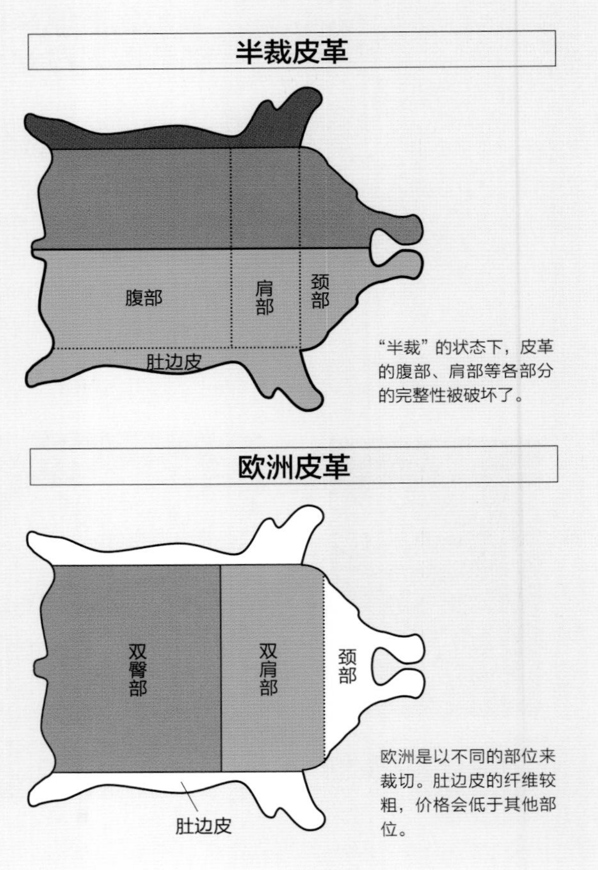

“半裁”的状态下，皮革的腹部、肩部等各部分的完整性被破坏了。

欧洲是以不同的部位来裁切。肚边皮的纤维较粗，价格会低于其他部位。

TOSCANA（肩部）

即是一般所谓的意大利肩部皮革，是常被用来制作小配件的皮革之一。含有油脂，颜色艳丽，拥有高级质感的皮纹。皮革的原厚度约为 1.6mm，有黑色、咖啡色、巧克力色等。

BULLGANO（肩部）

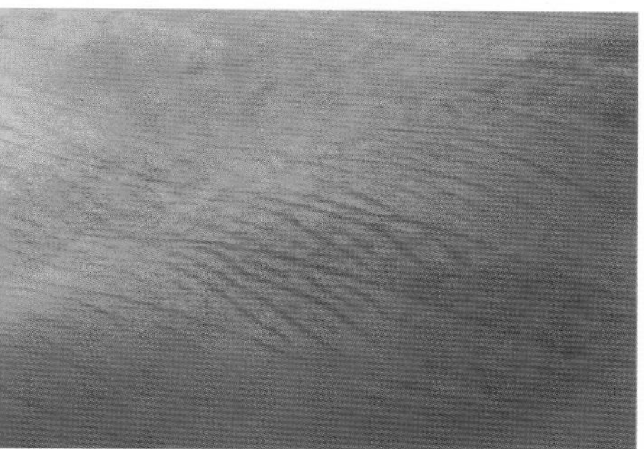

意大利产的肩部皮革。含有油脂，柔软的触感与特有的皮痕是其特征。皮纹会随着时间而变化。皮革原厚度约 2.0mm，有黑色、咖啡色、深咖啡色、红色、酒红色、绿色、深蓝色等。

RIO（肩部）

意大利产的最高级的植鞣革。因为使用了透染处理（床面也一起上染料），皮边非常漂亮。皮革原厚度有 3.0mm 与 1.6mm 两种，有黑色、咖啡色、深咖啡色等。

RUGATO（肩部）

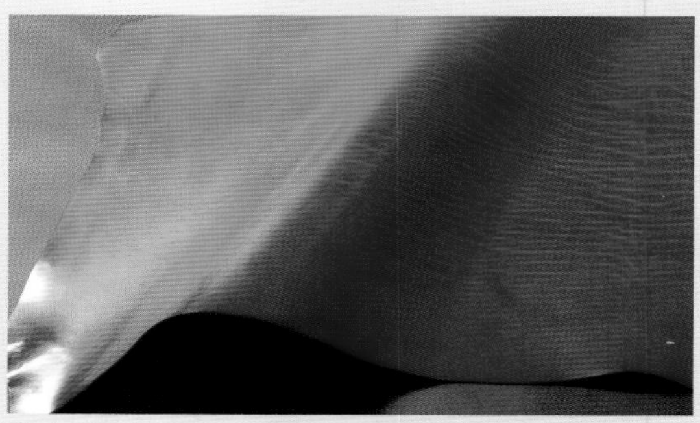

比利时产的肩部皮革。拥有鲜艳的光泽、透明感以及美丽的皮痕。皮革原厚度约为 2.0mm，有黑色、咖啡色、深咖啡色、红色、酒红色、绿色、深蓝色等。

RIO（双臀部）

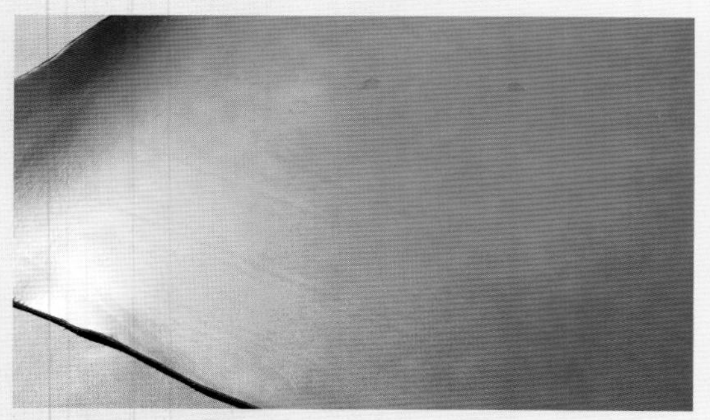

意大利产的双臀部皮革。与肩部相比，表面较为平滑、细致，面积也较大。皮革原厚度约为 4.0mm，有黑色、深咖啡色。

EU（双臀部植鞣革）

比利时产的优质植鞣革。因为是双臀部，所以银面较为细致，很适合进行皮雕。皮革原厚度有 2.2mm 与 3.6mm 两种，仅有天然色。

BIANCO肚边皮

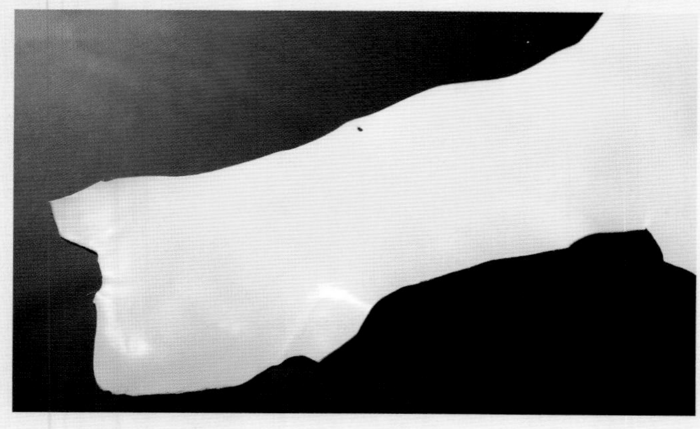

意大利托斯卡纳地区产的肚边皮。呈细长带状，纤维较松弛，因此不适合作为较大的零件，但价格也相对较为低廉，推荐用于制作小配件。皮革原厚度约为 1.8mm，有天然色、黑色、巧克力色等。

Topic 2 什么是马鞍革

马鞍革拥有着独特的模样，是制作皮包和小配件时最爱用的材料。那么，它究竟是什么样的皮革呢？

马鞍革在其发源地的英国中也算是非常古老的皮革，现在一般的皮革都是用简易的鞣制桶来制作，而马鞍革则仍是用以往的鞣制槽且花费时间制作而成。马鞍革富含单宁酸，纤维紧密，非常具有韧性，而且为了保护皮革与防水，还会进行喂蜡处理，因此具有独特的光泽与白蜡的痕迹。

拥有悠久历史、传统制作工艺、英国皮革特有色调的马鞍皮，一开始的出发点只是为了制作坚固的马鞍，但却因为它拥有其他皮革所没有的特征而受到人们的喜爱。常被用于制作男性皮制品，是具有相当高人气的皮革。

英国马鞍革

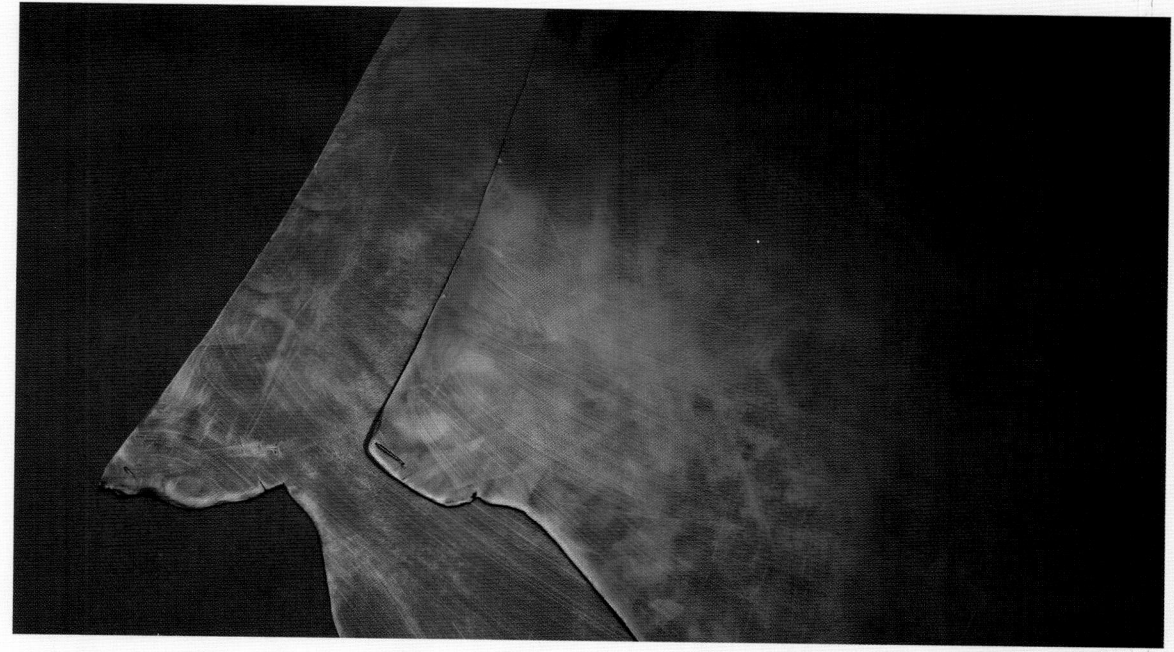

传统的马鞍用皮革，经过长时间慢慢鞣制，具有很好的耐用性与强度。由于有经过熟练制革工匠的手工喂蜡，因此长时间使用后蜡的变化也很值得玩味。肩部的原厚度约为 2.0mm，背臀部约为 4.5mm，有黑色与巧克力色。

Topic 3 皮革的品牌

随着皮革工艺制品越来越流行，许多的皮革制造商也备受瞩目。我们经常会在皮革制品的说明书或标签上看到“使用某公司的某皮革”等字眼，但各位有怀疑过皮革的质量吗？

皮革会依据鞣制后的纤维状况分为各种等级，例如 P148 介绍的 RUGATO 就分为三个等级。就算是相同厂商、相同商标的皮革也会有高低之分。另外，由于量产主义的盛行，不能否定市面上充斥着无法保证产地、低等级皮革的可能性，所以必须亲自接触皮革并做出判断。尤其身为皮革工艺家，更应该培养挑选皮革的眼力，经得起言语的迷惑。

在意大利，运用传统的技术与自然的植物单宁酸仔细鞣制后的皮革，都会在标签上加注序号以保证质量。为了守护皮革的品质，皮革业界人士也无时无刻不在努力着。

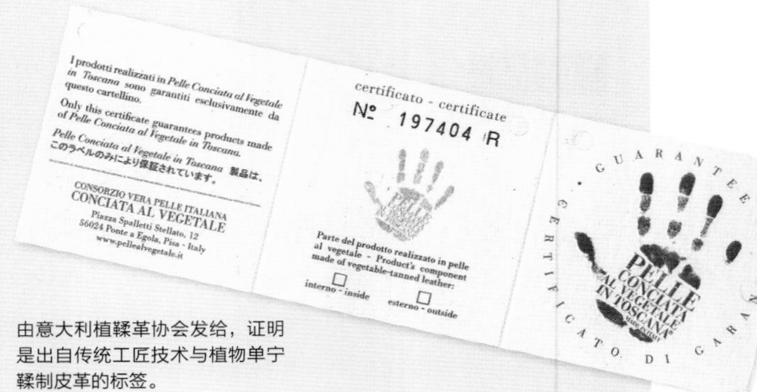

由意大利植鞣革协会发给，证明是出自传统工匠技术与植物单宁鞣制皮革的标签。

此为发源于英国，后来转移到美国的皮革制造老厂 Hermann Oak 的最高级皮革的标签。证明是以细腻的工法鞣制的传统的高质量皮革。

Topic 4 什么是马臀皮

所谓的马臀皮，指的是将马臀部的皮鞣制后削去银面与床面，只取中间的部分，再经过处理产生光泽的皮革。因为皮革原有的胶原纤维结合紧密，所以具有表面细致、重量轻且耐用的特征。由于耐用又美观，制作成皮包、皮鞋、皮带、硬式书包等都非常受欢迎。不过正因为较为坚固，制作皮革小物时就要将它稍微削薄。主要的产地是其发源地欧洲，日本与美国也有厂商在生产。

马臀皮因为产量小，所以是比较昂贵的皮革。马臀皮虽然与其他的马皮名称有所区别，但有些地方会混在一起卖，因此如果看到便宜的马臀皮时一定要多加注意。

马臀皮

具有相当高人气的高级材料，皮革的纹理细致，有着钻石般的光泽，经常被用于制作高级皮制品。皮革原厚度约为 1.7mm，有黑色、深咖啡色。

马臀皮（眼镜）

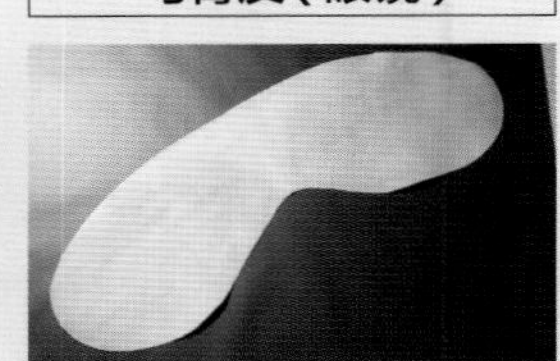

两侧臀部皮革连接在一起，被称为“眼镜”。因为很难完整取得，可以算是马臀皮中的贵重品。皮革原厚度约为 1.6mm，仅有天然色。

Topic 5 特殊皮革

除了牛、猪等一般家禽类的皮制成的皮革，用其他动物的皮所制成的皮革统称为特殊皮革。较著名的有鳄鱼皮、蛇皮、缸鱼皮、蜥蜴皮、鸵鸟皮、象皮等。

特殊皮革主要产地是亚洲与南美洲等特殊的区域，依据种类不同，产量也有所不同。流通量不稳定是特殊皮革最大的特征。就负责销售的公司而言，部分种类的皮革必须要在一定的时期内大量采购，才能够稳定地供货，也因此特殊皮革的价格始终居高不下。特殊皮革除了拥有独特的魅力，也拥有各式的质感。特殊皮革在制作的时候容易发生难以削薄、耐用性降低等障碍，这也是特殊皮革之所以珍贵的理由。

既然特殊皮革这么贵重，那么身为皮革工艺家，一定要亲身尝试使用。本书就利用了其中较容易使用的蜥蜴皮，并制作成了表带。其中所介绍的技巧也适用于质感相近的蛇皮，事先学会绝对是有益处的。

鳄鱼皮

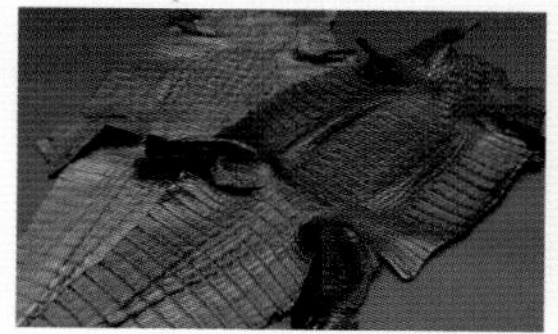

从背部切割下的腹部皮革。有 S~L 尺寸，颜色则有黑色、褐色等五色。

鳄鱼尾皮

可以用于制作皮包的肩带等部分。货量不稳定。

蛇皮

此为标准型的锦蛇皮。一张有 2.5~3.5m 长。

魟鱼皮

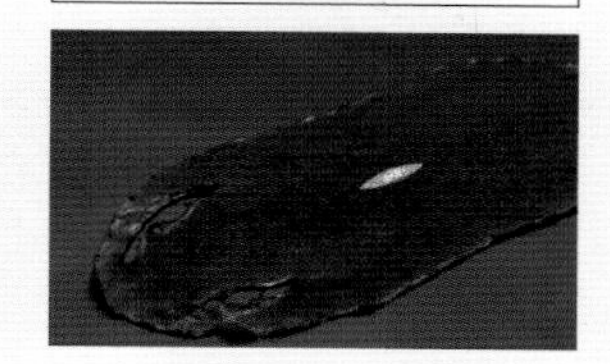

颗粒状的质感与中央的假眼部分散发着独特的韵味，是非常难处理的皮革。

蜥蜴皮

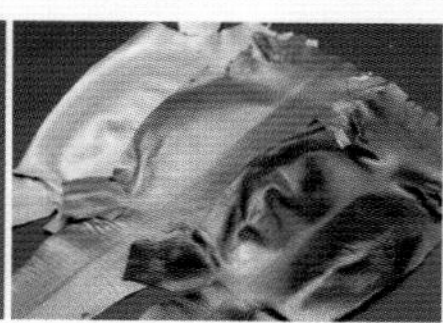

有环蜥蜴皮（左）与双领蜥蜴皮（右）等种类，后者的货量较为稳定。

SPECIAL THANKS

株式会社 协进 (Kyoshin Elle)
东京都台东区鸟越 2-10-8
电话：03-3866-3221
传真：03-3866-3226
网址：http://www.kyoshin-elle.co.jp

材料店
电话：03-3866-3221
传真：03-3851-7772
营业时间：9:00~17:00
休息时间：星期六、星期日、节假日
E-mail：alpha@kyoshin-elle.co.jp

日本的协进株式会社（Kyoshin Elle）创立于 1947 年，是间制造、进口、批发皮革相关制品的公司。因为历史悠久，材料方面的知识非常丰富。公司一楼售卖各种工具与皮革材料。

协助此处取材工作的营业部的中野先生。举凡皮革特征、处理方式、产地流通等皮革相关知识，他都相当熟悉。

纸型

KEY CASE 钥匙包［纸型］

P14

注意事项

- 请影印后贴在厚纸上使用。
- 纸型记载的尺寸仅供参考，请依照皮革的种类、厚度、样式做适当的调整。
- 请勿以此书的纸型作为商业用途。
- 皮革的纤维方向请配合右边的箭头标示。

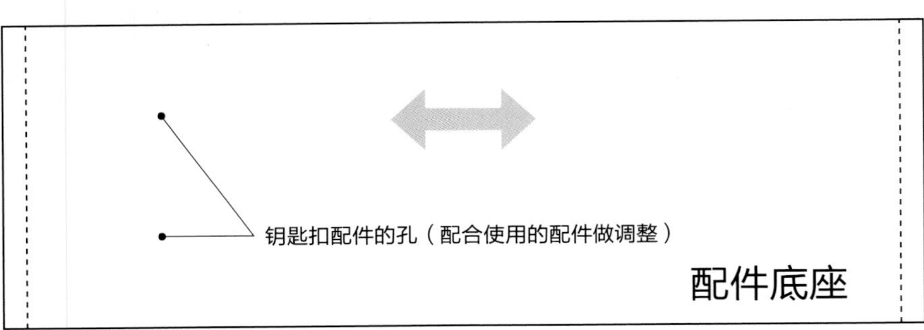

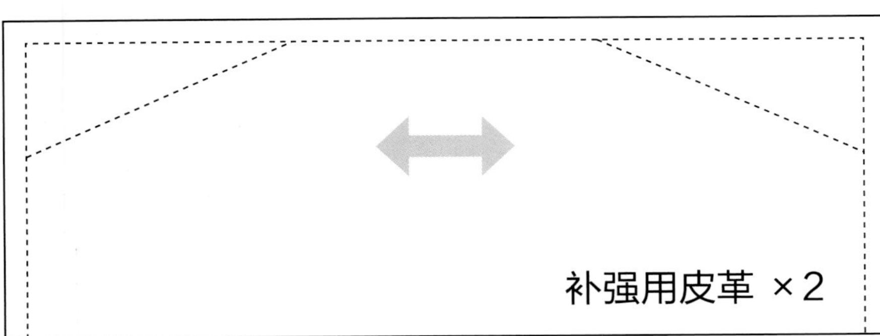

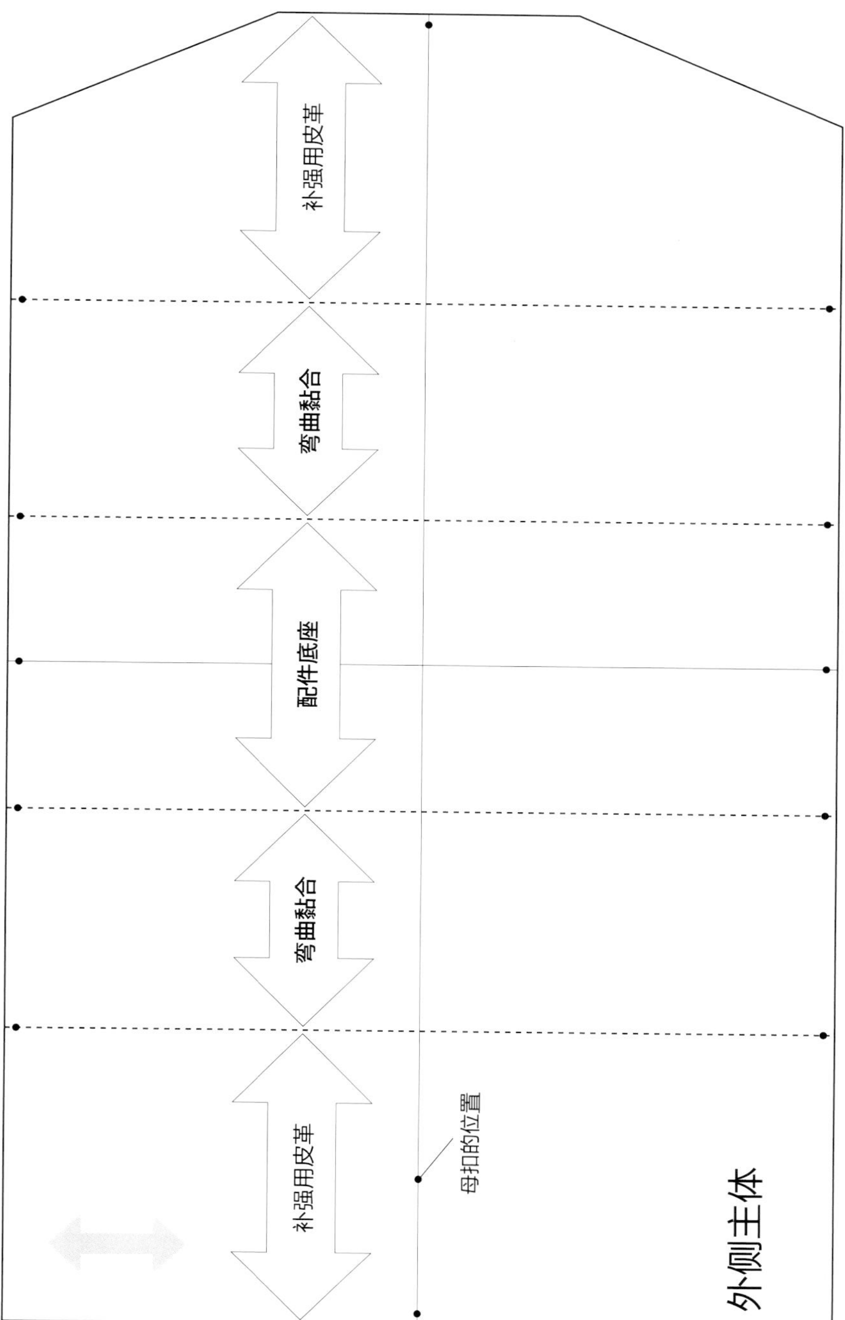
补强用皮革
弯曲黏合
配件底座
弯曲黏合
补强用皮革
母扣的位置
外侧主体

内侧主体

BILLFOLD 钞票夹[纸型]

P34

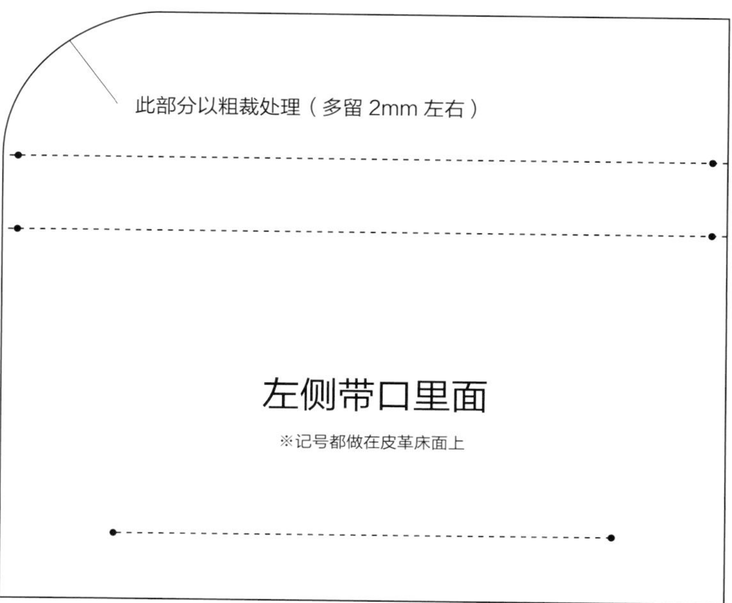

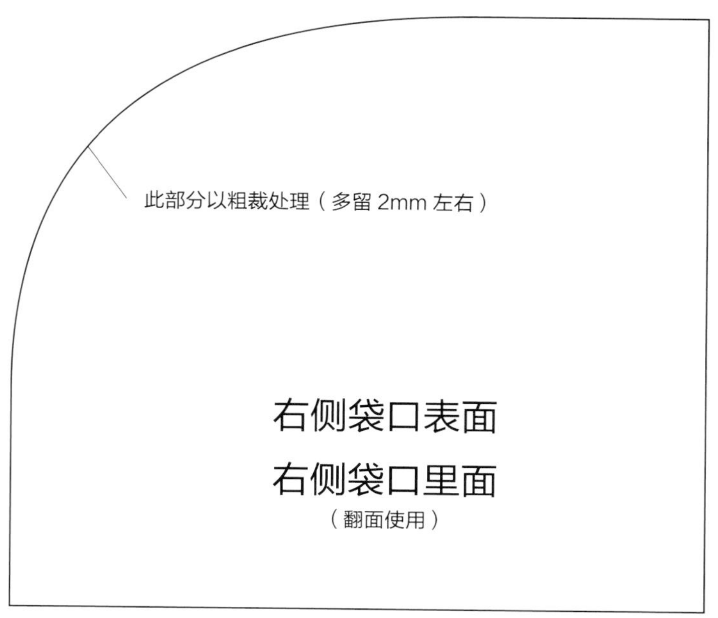

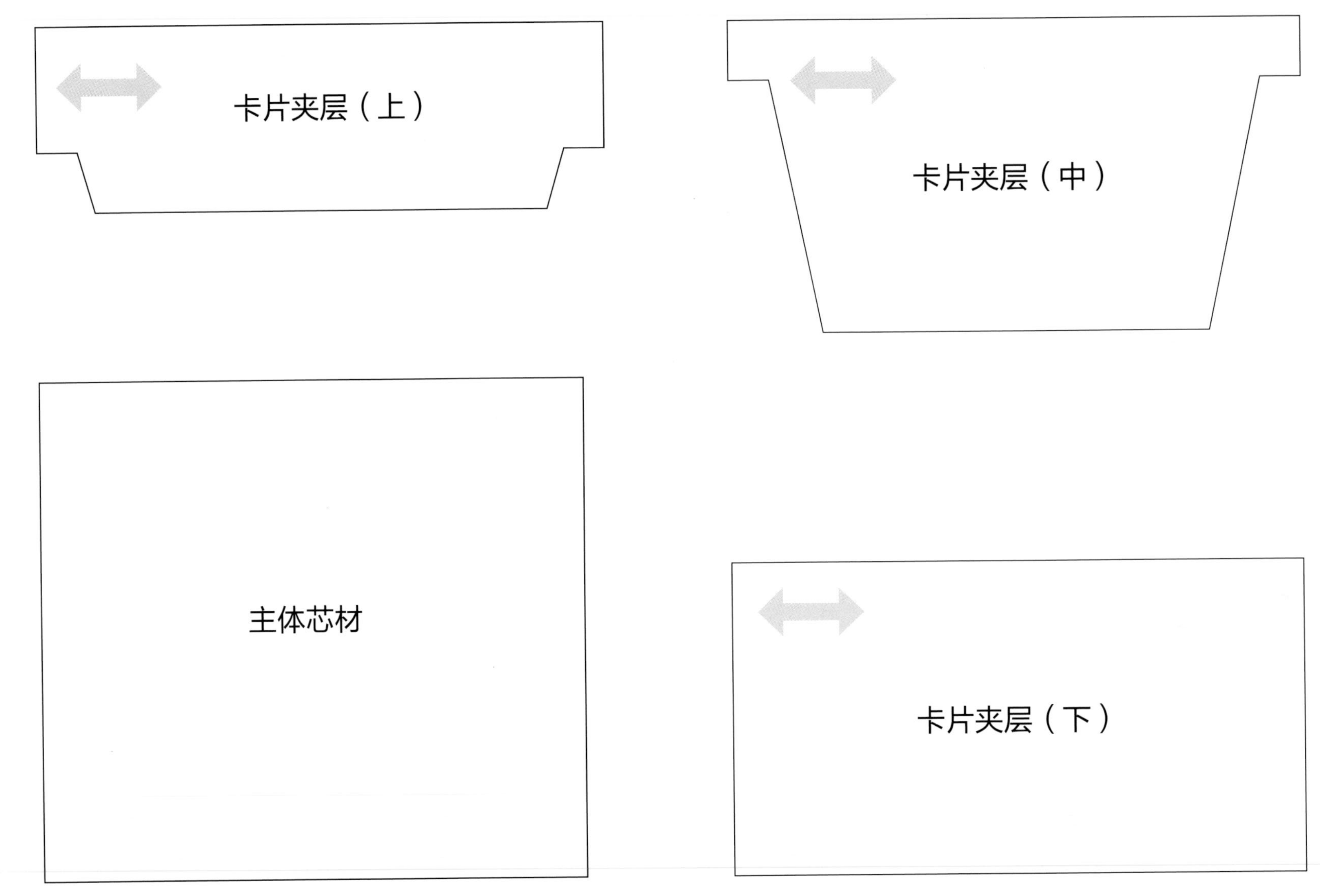
卡片夹层（上）
卡片夹层（中）
主体芯材
卡片夹层（下）

芯材黏合位置
此范围不黏合
芯材黏合位置
外侧主体

外侧主体的黏合位置
内侧主体

WATCH BAND 表带[纸型]

P54

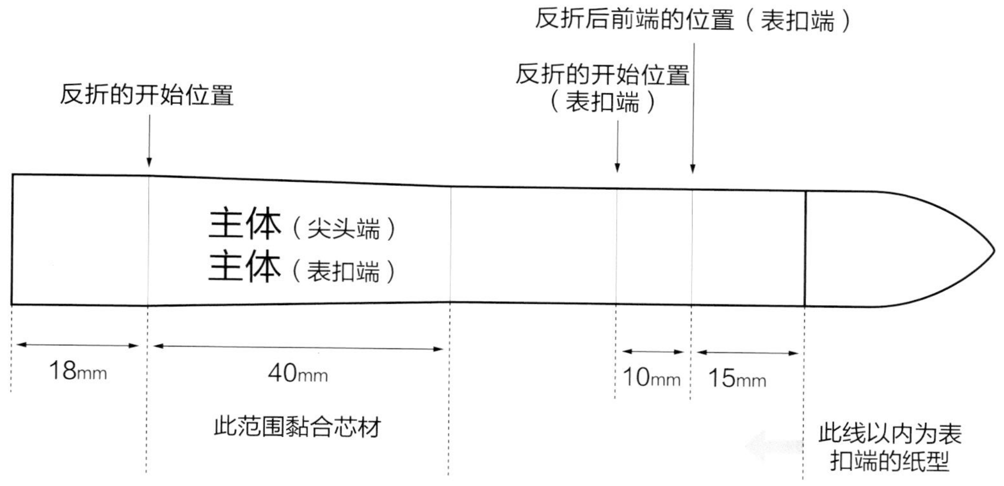

○ 表扣端内里：长 72mm（粗裁尺寸）
○ 尖头端内里：长 112mm 以上（粗裁尺寸）
○ 芯材（两张）：长 40mm（粗裁尺寸）

CARTERA 皮夹[纸型]

P80

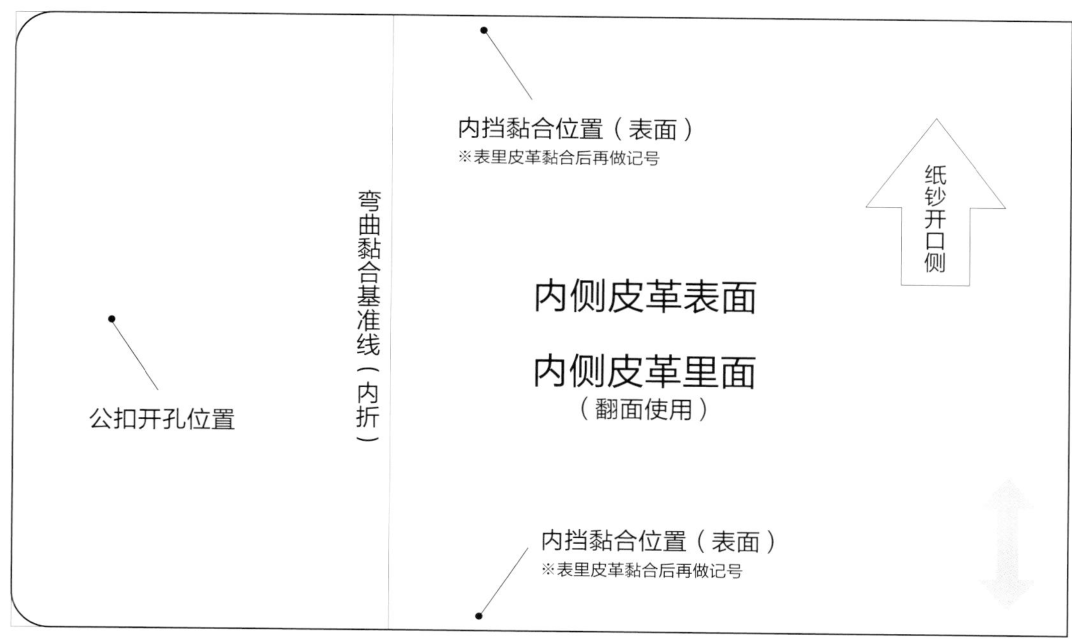

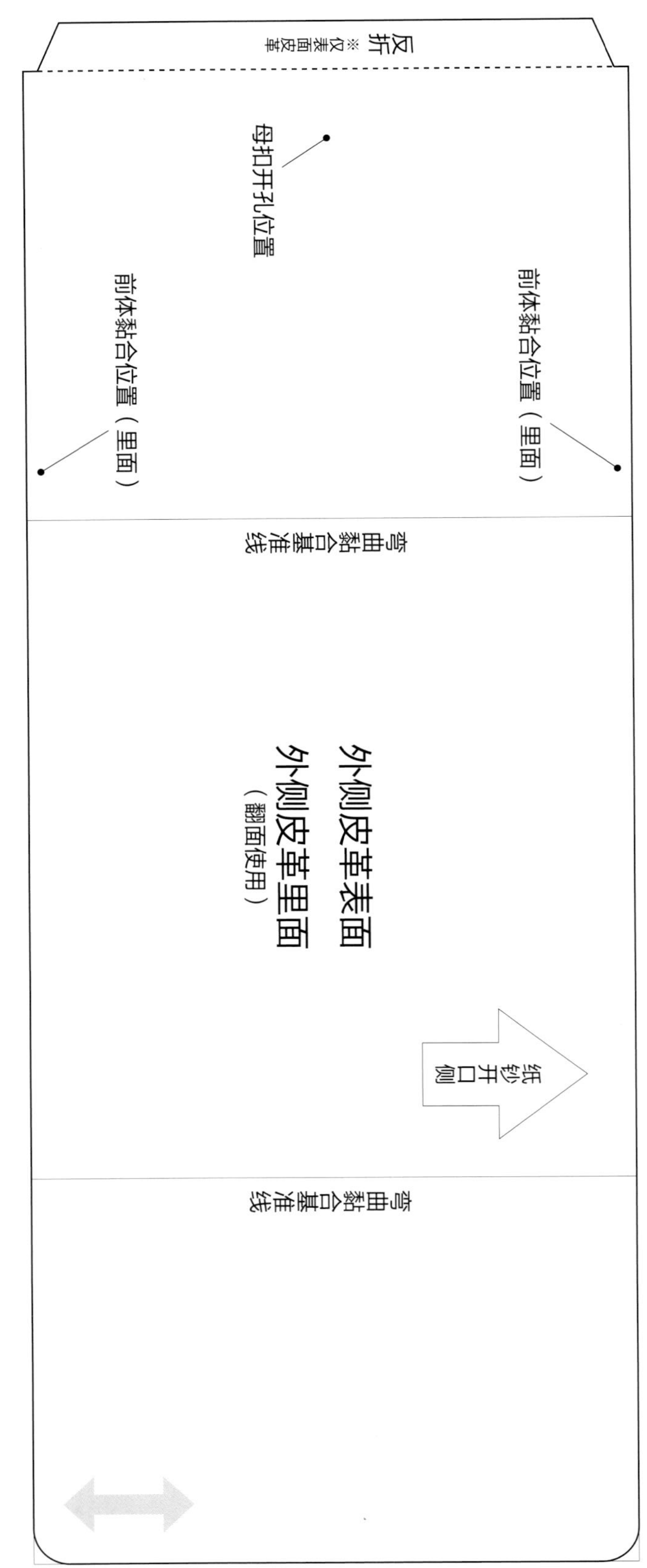
反折
※仅表面皮革
母扣开孔位置
前体黏合位置（里面）
前体黏合位置（里面）
弯曲黏合基准线
外侧皮革表面
外侧皮革里面
（翻面使用）
纸钞开口侧
弯曲黏合基准线

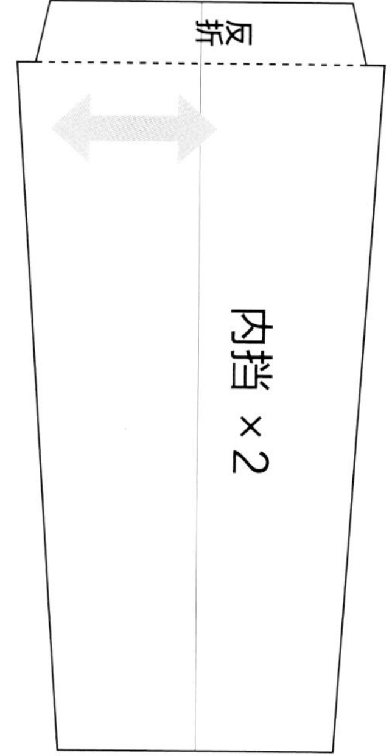
反折
内挡 ×2

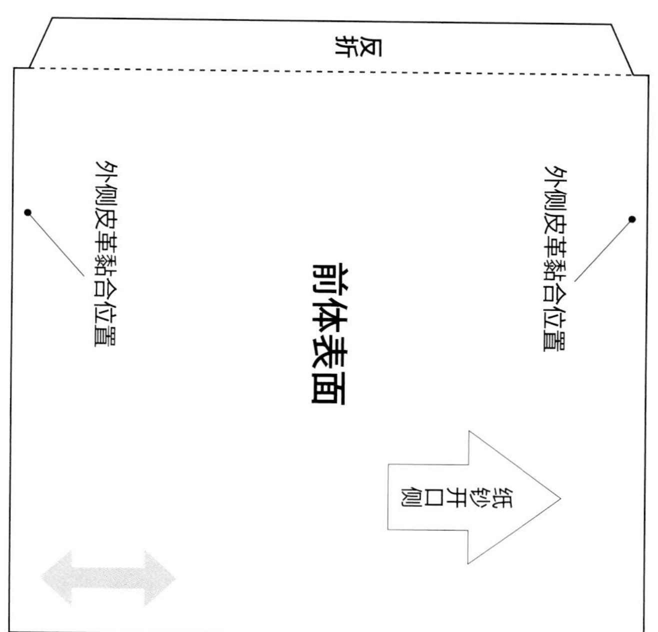
反折
外侧皮革黏合位置
外侧皮革黏合位置
前体表面
纸钞开口侧

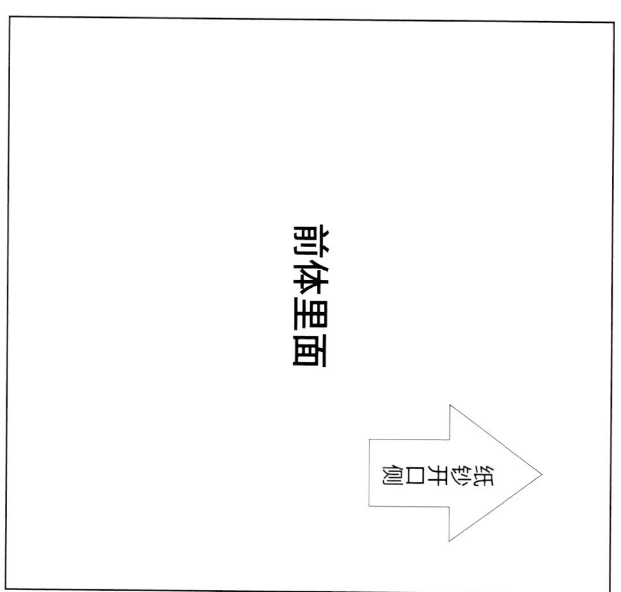
前体里面
纸钞开口侧

CARD CASE 名片夹[纸型]

P100

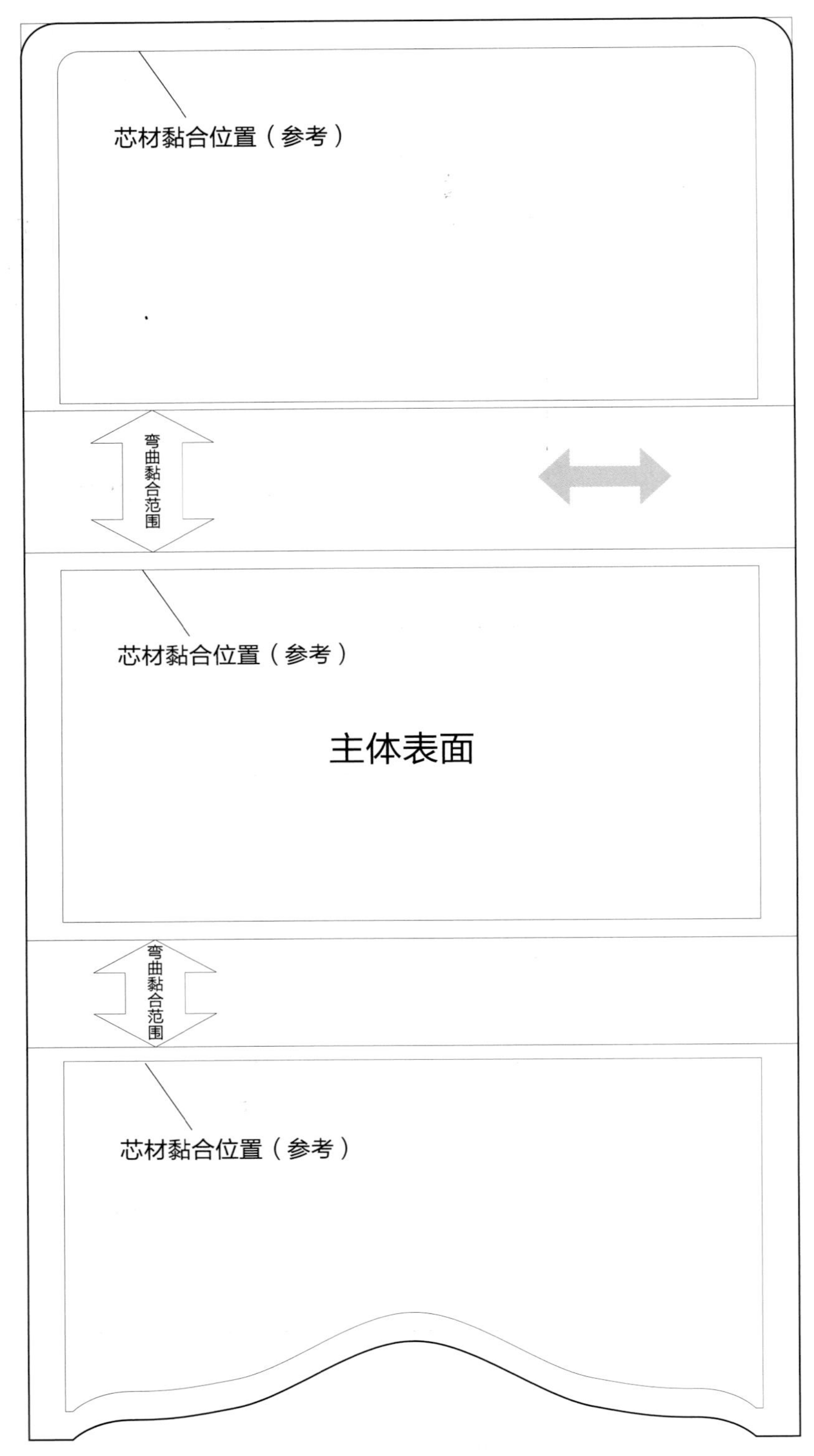

○ 主体内里：主体表面的周围多留 5mm 的宽度，以粗裁方式裁切

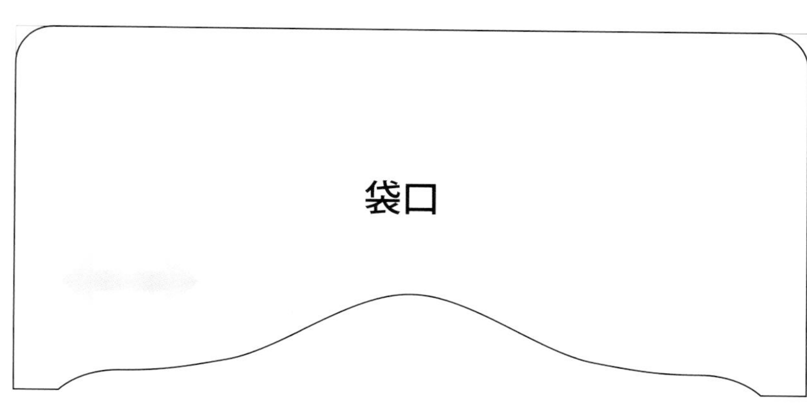

内挡 ×4

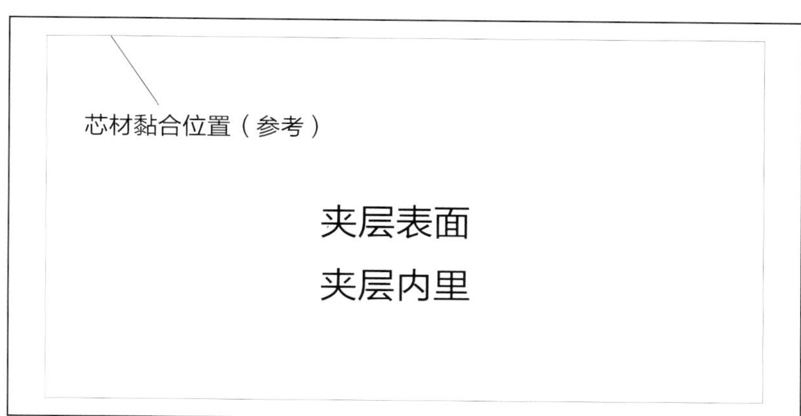

COIN CASE 零钱包［纸型］

P112

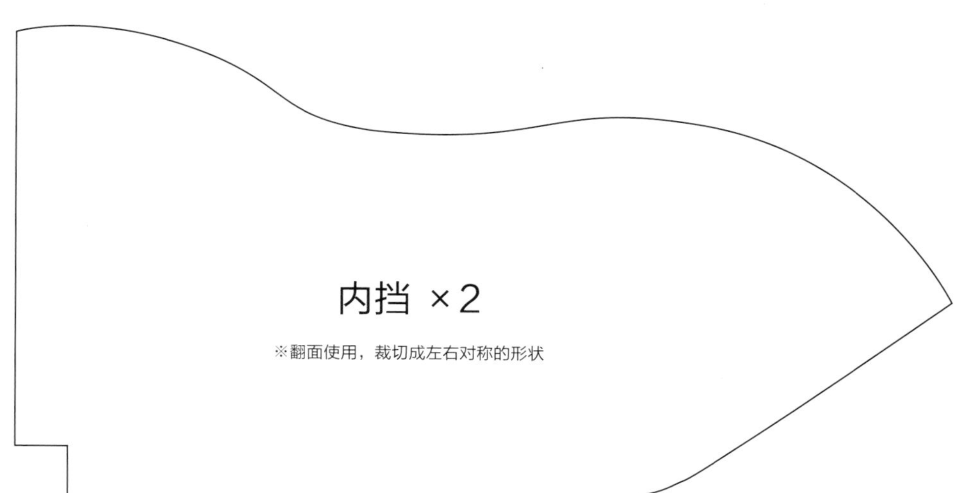

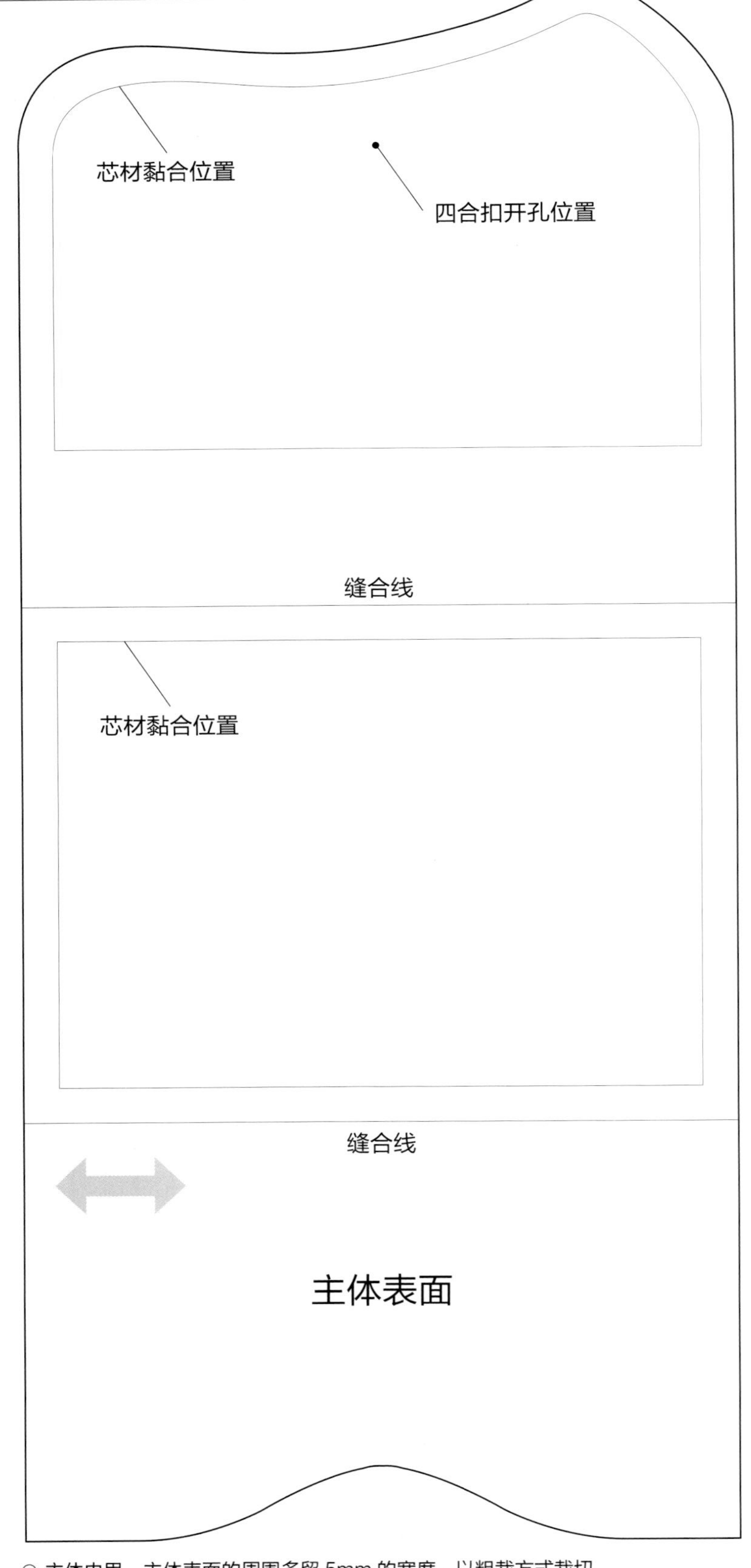

○ 主体内里：主体表面的周围多留 5mm 的宽度，以粗裁方式裁切
○ 夹层：110mm × 65mm（粗裁尺寸）

HORSESHOE CHANGE PURSE 马蹄形零钱包［纸型］

P128

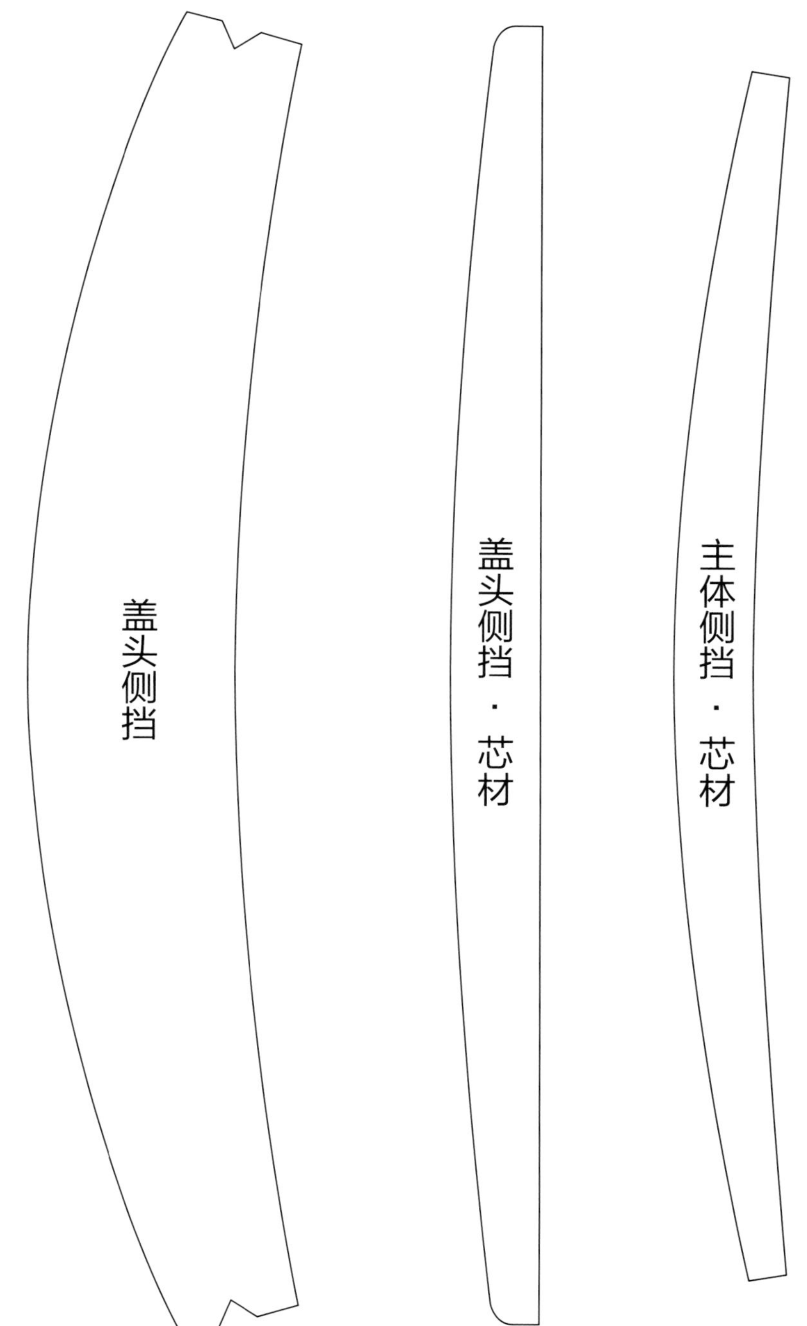

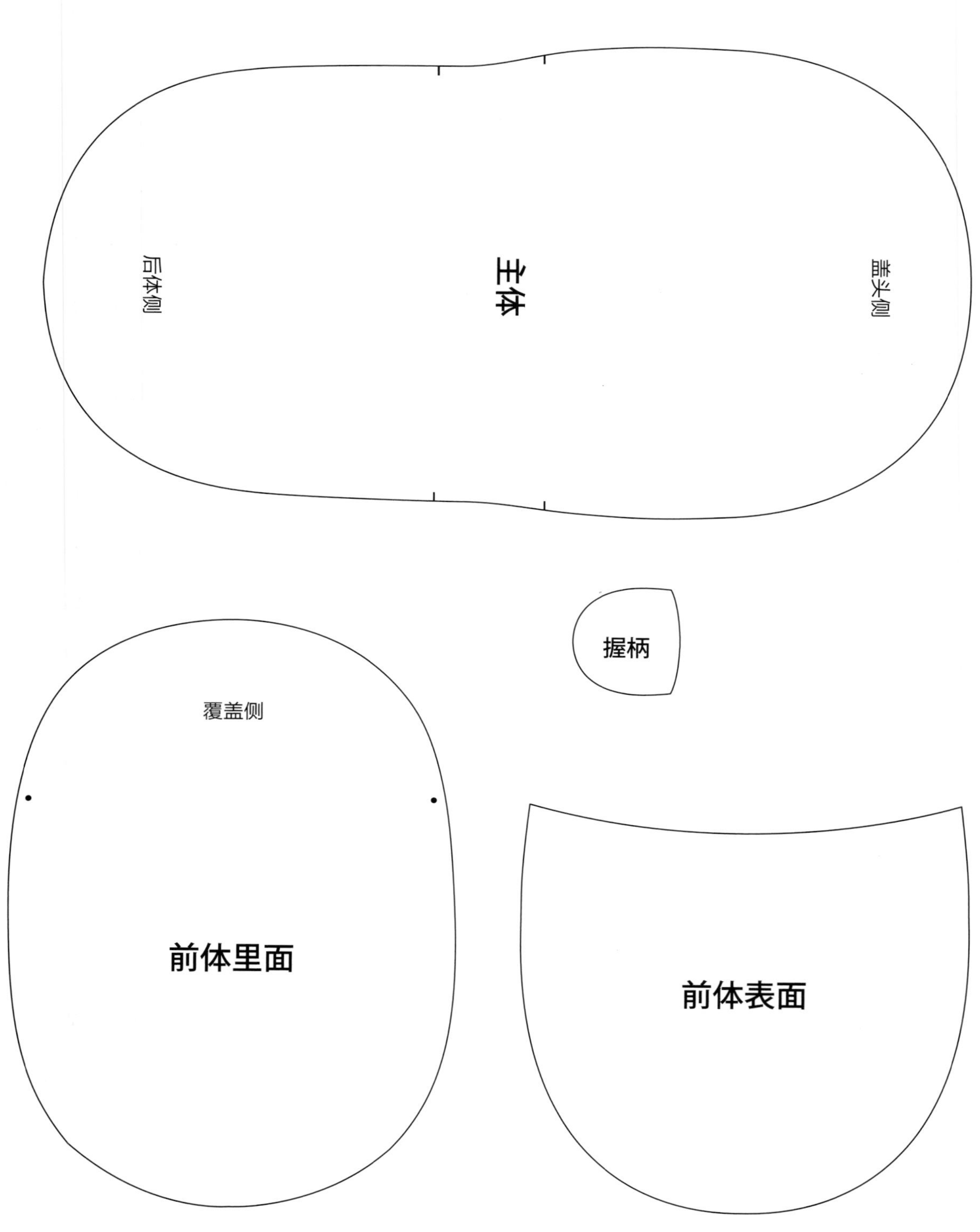
后体侧
主体
盖头侧
握柄
覆盖侧
前体里面
前体表面

TECHNIQUE INDEX

技巧索引

著作权合同登记号：豫著许可备字-2015-A-00000259
Otona No Reza Kurafuto Ichiryu Puro Ga Kossori Oshieru

First original Japanese edition published by STUDIO TAC CREATIVE CO., LTD.
Chinese (in simplified character only) translation rights arranged with STUDIO TAC CREATIVE CO., LTD., Japan.
through CREEK & RIVER Co., Ltd. and CREEK & RIVER SHANGHAI Co., Ltd.
Photographer：小峰秀世　清水良太郎　梶原崇　关根统

图书在版编目（CIP）数据

皮革工艺. 绅士配件 / 日本STUDIO TAC CREATIVE 编辑部编；李永智译.
—郑州：中原农民出版社，2017.2
ISBN 978-7-5542-1603-3

Ⅰ.①皮… Ⅱ.①日… ②李… Ⅲ.①皮革制品—手工艺品—制作 Ⅳ.①TS973.5

中国版本图书馆CIP数据核字（2016）第319806号

出版：中原出版传媒集团　中原农民出版社
地址：郑州市经五路66号
邮编：450002
交流：QQ、微信号34213712
电话：15517171830　　0371-65788679
印刷：河南省瑞光印务股份有限公司
成品尺寸：202mm×257mm
印张：10.5
字数：168千字
版次：2017年3月第1版
印次：2017年3月第1次印刷
定价：68.00元